辽宁省社科规划基金重点项目（L19AGL011）

村级公共产品自愿性供给问题研究 Ⅱ

CUNJI GONGGONG CHANPIN
ZIYUANXING GONGJI WENTI YANJIU Ⅱ

——“一事一议”财政奖补制度的运行机制及影响效应

黄利　周密　王洋　梁丽　著

中国农业出版社
北　京

FOREWORD 前　言

村级公共产品供给是影响中国农业、农村发展的关键因素之一。中国从2011年开始在全国范围推广村级公共产品自愿性供给的奖励和补助政策，即"一事一议"财政奖补制度，旨在解决农民自己筹资筹劳中存在的资金不足、缺乏议事激励等问题。该制度是提供村级公共产品的重要制度创新，亦成为目前村级公共产品供给的最主要方式。党的十九大提出实施乡村振兴战略，这是继新农村建设后又一个推进农业农村发展的重大战略。增加农村公共产品供给，是实施乡村振兴战略的重要内容。提高村级公共产品供给水平和供给质量，改进供给效率、提高供给效果，有助于改善农村生产、生活环境，缩小城乡差距，促进社会和谐，且对于巩固拓展脱贫攻坚成果和实施乡村振兴战略、确保到2035年建成社会主义现代化国家具有重要现实意义。

《村级公共产品自愿性供给问题研究Ⅱ——"一事一议"财政奖补制度的运行机制及影响效应》一书从"一事一议"制度入手，系统分析了村级公共产品自愿性供给问题。在构建"村级公共产品供给制度安排—制度具体运行机制及其绩效—制度优化设计"的理论分析框架基础上，以"一事一议"制度演变历程为主线，对该制度展开研究。分别对"一事一议"筹资筹劳制度和"一事一议"财政奖补制度展开研究，分析了其框架结构和内在的运行机制。之后通过对制度运行绩效的探讨，指出了我国村级公共产品供给制度所发挥的重要作用及存在的问题，以更好地完善我国村级公共产品供给制度。

本书由课题组最新的关于"一事一议"制度相关的研究成果汇编而成。本书共分为五大部分：导论、政策演变、村级各主体对"一事一议"财政奖补制度实施的影响研究、"一事一议"财政奖补制度实施绩效及对农村居民收入影响效应研究以及村级公共服务供给国内外经验借鉴。

第一部分导论。该部分由村级公共产品供给的重要性及我国村级公共产品供给制度的渐进改革引出本书的研究对象——“一事一议”制度，并分析指出了我国村级公共产品供给目前面临的问题，最后具体介绍了全书的内容与安排。

第二部分政策演变。本部分系统梳理了自税费改革配套实施“一事一议”制度后，“一事一议”筹资筹劳制度和“一事一议”财政奖补制度的详细演变历程，并指出各时期制度实施的原则、意义及存在的问题；以此历程为主线，从制度实施的基本原则、财政奖补范围、财政奖补标准及资金来源和工作程序四个角度比较分析了各省“一事一议”财政奖补制度实施情况的异同点；最后以辽宁省为例，分析了“一事一议”制度的具体实施历程及取得的成效。

第三部分探讨研究了村级各主体对“一事一议”财政奖补制度实施的影响。首先，依托2018年中国乡村振兴战略智库数据平台开展的乡村振兴实践调研，通过对辽宁省106个样本村的136名前任或者现任村委会主任调查，从村委会主任社会声望权威的视角，深入分析了村委会主任社会声望权威对“一事一议”财政奖补制度有效落实产生的影响以及内在作用机制。其次，探讨了村干部人格特征对村级公共产品筹资方式的影响。使用2017年辽宁省村级调查数据，通过二值选择模型分析村干部人格特征对“一事一议”财政奖补制度筹资方式的影响，回归结果显示村干部人格特征对“一事一议”财政奖补制度筹资方式有显著的影响。最后，基于2017年辽宁省271个行政村的调查数据，分析了农村集体经济对“一事一议”财政奖补政策实施绩效的影响，并探讨了村民筹资金额在其中的中介作用。研究发现，农村集体经济显著影响“一事一议”财政奖补政策的实施绩效，其中，农村集体经济对资金管理、制度建设及工作成效起到显著的提升作用；进一步的作用机制分析发现农村集体经济主要通过村民筹资金额影响“一事一议”财政奖补政策实施绩效。

第四部分进行了“一事一议”财政奖补制度实施绩效及对农村居民收入影响效应研究。首先，基于对辽宁省1 215户农户的调查数据，通过空间计量模型分析发现，“一事一议”财政奖补制度的实施存在学习效应和竞争效应，且针对县内各村在获得“一事一议”财政奖补资金中的竞争，政府的协调机制表现为：在县级政府主导的协调下，人均纯收入低的村庄更容易获得“一事一议”财政奖补资金；此外，经济欠发达地区县内各村在获得“一事一议”财政奖补资金上的竞争更激烈。其次，使用2015年“辽宁省新农村建设百村千户”项目调查数据，运用二阶段回归模型分析农户对“一事一议”财政奖补制度满意程度的影响因素。并进一步利用路径分析方法，从生产性公共产品供给和生活性公共产品供给两个角度研究该制度的实施效果。最后，基于对辽宁省59个县区271个行政村的村干部展开调研所得辽宁省村级数据和2002—2015年中国1 869个县的县域面板数据，从短期影响和长期影响两个层面深入研究财政奖补制度的收入效应。研究制度实施对农村居民收入的短期影响时，使用辽宁省271个村的调研数据分析财政奖补制度实施的收入效应及其内在作用机制；使用县域面板数据运用双重差分方法研究制度实施对农村居民收入的长期影响效应。旨在为优化财政奖补制度、提高农村居民收入水平、推动乡村振兴战略发展提供借鉴意义。

第五部分村级公共服务供给国内外经验借鉴。本部分将村级公共产品划分为生产性公共产品和生活性公共产品，分别介绍各类型公共产品供给模式及对我国村级公共产品供给的启示。首先，以财政支持小型农田水利建设为例，分析了生产性村级公共产品供给、服务的国内外经验借鉴；其次，从农村生活垃圾、污水、厕所及粪便处理三方面分析生活性村级公共产品供给、服务的国内外经验借鉴。

著　者

2021年4月

CONTENTS 目 录

第二篇　村级各主体对“一事一议”财政奖补制度实施的影响研究

第三篇 “一事一议”财政奖补制度实施绩效及对农村居民收入影响效应研究

第一章 导 论

1.1 村级公共产品供给问题的重要性

村级公共产品主要是指仅供应本村村民使用的对农业生产和农民生活水平提高有积极作用的公共产品。在其类型划分上，按其存在形式、形态可划分为两类，一是有形的村级公共产品，主要指国防、公共道路、桥梁等其他公共设施；二是无形的村级公共产品（或服务），主要指法律、规章制度、政策以及意识形态等。按其使用功能（最终用途）也可划分为两类，一是生产性村级公共产品，主要指生产道路、桥梁、机电井、小型提灌或排灌站等小型水利设施等公共产品；二是生活性公共产品，主要指与村民生活密切相关的村内安全饮水项目、村内公共厕所、生活垃圾回收和处理设施、生活污水处理设施、村内医院诊所、村内学校、养老院等。

村级公共产品的有效供给不仅有利于农业生产发展和农民生活水平的提高，也关系着乡村振兴战略实施、乡村民主治理、城乡融合发展和整个社会的和谐发展，对于巩固拓展脱贫攻坚成果和实施乡村振兴战略具有重要现实意义。村级公共产品的供给有利于改善农村居民的生活条件，缩小城乡差距，为农业农村现代化提供物质保障。

党的十九大以来，随着乡村振兴战略逐渐发力，国家对农村公共产品的投入力度逐渐加大，农村公共产品供给状况得到很大改观，但我国农村公共产品供给依然存在总量不足、结构失衡、供给效率低下和区域差距较大等问题。本书正是在此背景下，系统分析我国村级公共产品供给的历史沿革，并从多角度对目前实行的村级公共产品自愿性供给制度——“一事一议”展开讨论，探讨在乡村振兴背景下，如何创新村级公共产品供给制度、加强乡村建设活动，促进农业农村现代化建设。

1.2 村级公共产品供给制度的渐进改革

村级公共产品供给制度随着中国经济社会发展不断变迁。具体可将其划分为人民公社时期、改革以来至税费改革之前及农村税费改革后（包括“一事一议”筹资筹劳和“一事一议”财政奖补两个阶段）三个时期（表 1-1），本书将以“一事一议”制度为背景，探讨村级公共产品自愿性供给制度的实施效应。

表 1-1 不同时期的村级公共产品供给制度

时期	制度	供给主体	筹资渠道
人民公社时期		人民公社	公社财政（国家预算收入、地方预算外收入、公社社有收入）；制度外（各级集体组织所筹资金）
改革以来至税费改革之前		政府、私人、社区、第三部门	基层政府财政、乡镇自筹；制度外
农村税费改革后	“一事一议”筹资筹劳制度	政府、私人	村民筹资、财政补助
	“一事一议”财政奖补制度	政府、私人、村集体、第三部门	财政奖补、村民筹资、村集体经济、社会团体捐资

1.2.1 人民公社时期农村公共产品供给制度

1958 年《中共中央关于在农村建立人民公社问题的决议》颁布后，“人民公社化”运动在全国展开，农村地区经过社会主义改造后，乡镇建制开始撤销，人民公社体制开始确立。《农村人民公社工作条例（修正草案）》规定公共产品分摊成本，对供给机制产生重要影响。

人民公社时期，通过自上而下的决策方式，由政府计划来满足农村所需的公共产品。在这一时期，农村的公共产品供给具有高度的计划性，决策程序采取自上而下的命令方式，村公共产品集中统一供给。人民公社的这种制度创新对于农村公共产品供给来说，通过制度安排使农村社会资源得到高度整合，解决了农民的组织难题，为我国农村提供了大量的公共产品，不断推动农业现代化的发展，从而改善了我国的农业生产条件，为农业现代化的建设打下坚实的基础（表1-2）。

表1-2 人民公社时期乡村公共产品供给制度

项目	具体筹资方式	决策方式
大型水利工程	财政投入为主，部分由集体筹资筹劳	自上而下
公共卫生院	实行社办公助的方式	
教育部举办农村中学	财政支出为主，部分由集体筹资，个人承担少部分	
队社修建小型农田水利设施	贫困社队国家给予一定补助；有能力承担的社队自筹	
乡村合作医疗	财政奖补；大队统筹；社区筹资	
社队办学	集体负担为主，财政给予必要奖补，个人负担少量学杂费	

1.2.2 改革以来至税费改革之前农村公共产品供给制度

20世纪80年代初，我国开始实施家庭联产承包责任制，该制度使得农民拥有了土地的使用权，改变了之前集体所有、平均主义的分配模式，从根本上改变了公社的经济关系、生产关系以及社政关系。这一时期，农村公共产品供给主要靠“三提五统”。村级组织向农民收取“三项提留”，即公积金、公益金和管理费。公积金用于农田水利基本建设、植树造林、购置生产性固定资产和兴办集体企业等；公益金用于“五保户”供养、特困户补助、合作医疗保健等；管理费主要用于村各项管理开支。由于农村公共产品供给责任转嫁农民，导致农民负担沉重。政策允许乡级政府在全乡统筹农村教育、计划生育、民兵培训、优抚和农村道路这五项公共事业的经费。此外，农民还需承担义务工和劳动积累工，义务工主要用于植树造林、防洪抢险、公路及学校的修缮等，劳动积累工主要用于农田水利等基础建设。这一时期持续时间最长，也是农村公共产品总体供给最短缺的一个时期。

1.2.3 后税费时期农村公共产品供给制度

（1）“一事一议”筹资筹劳制度

“一事一议”筹资筹劳，是2000年农村税费改革初期适应改革村提留征收使用办法、取消统一规定的“两工”（即农村劳动积累工和农村义务工）而作出的制度安排，旨在实现村级公共产品的适度供给目标。根据党中央的精神，农业部于2000年7月印发了《村级范围内筹资筹劳管理暂行规定》。各地结合实际情况积极探索，陆续制定了村内“一事一议”筹资筹劳的实施办法，逐步建立健全了民主议事制度，有的地方还通过以奖代补等方式支持“一事一议”筹资筹劳。实践证明，“一事一议”筹资筹劳制度的初步建立，对农村集体生产公益事业的发展发挥了积极作用，符合农村的实际情况，也符合广大农民的普遍愿望。农村税费改革的深化和社会主义新农村建设的全面推进，对“一事一议”筹资筹劳提出了新的要求。

（2）“一事一议”财政奖补制度

村级公益事业建设“一事一议”财政奖补制度，是以推进社会主义新农村建设为目标，以农民自愿出资、出劳为基础，以政府财政奖补资金为引导，政府补助、部门扶持、社会捐赠、村组自筹和农民筹资筹劳等多种方式相结合的村级公益事业建设投入新机制，推动了农村社会的进步以促进城乡统筹发展。“一事一议”财政奖补制度的奖补范围主要包括以村民“一事一议”筹资筹劳为基础且目前支农资金没有覆盖的村内水渠（灌溉区支渠以下的斗渠、毛渠）、堰塘、桥涵、机电井、小型提灌或排灌站等小型水利设施；村内道路（行政村到自然村或居民点）和环卫设施；植树造林等村级公益事业建设（引自农业农村部关于开展村级公益事业建设“一事一议”财政奖补试点工作的通知），其实质是对农村社区公益事业建设实行“民办公助”。

1.3 村级公共产品供给面临的问题

新中国成立以来，我国城乡经济发展一个重要的特点就是城乡分治、工农差别，呈现出典型的城乡二元发展格局，在这种发展格局下，政府将公共资源大量持续地配置给各个大中小城市，相对城市而言，农村实行的是以农民“自给自足”的公共产品供给模式，造成农村公共品与服务存在供给不足且长期以来没有得到有效解决。特别是农村税费改革以前，农民生产生活所需的公共产品大都是以上缴税费形式负担，政府在农村公共产品的供给上是缺位的，导致农村公共产品供给严重缺乏。农业税费全面取消后，受现行财政体制的影响，农村基层政府财力匮乏，农村公共产品筹资方式不完善，转移支付制度不完善，基层政府事权与财权不统一，导致了基层政府供给公共品能力的不足。

在当前农村公共品供给过程中，农户参与度不高、贡献不足等问题普遍存在。从供给主体角度分析，当前我国各级政府的供给不力，公共品的供给与农民的实际需求存在偏差，农村集体组织的供给水平较低。目前，我国农村公共品供给体系采取自上而下、外部融资机制，效率低下，供给不平衡，严重影响了农村经济发展。“自上而下”仍是农村公共品供给的主要供给方式，“一事一议”制度实施目前面临很多困难，如村干部和村民的意见难以统一、形成的决策落实困难等。

1.4 全书内容与安排

本书主体分为四篇共十二章：第一篇为政策演变，第二篇为村级各主体对“一事一议”财政奖补制度实施的影响研究，第三篇为“一事一议”财政奖补制度实施绩效及对农村居民收入影响效应研究，第四篇为村级公共服务供给国内外经验借鉴。

第一篇梳理总结了“一事一议”制度的演变。其中，第二章对税费改革后我国村级公共产品供给制度的整体演变历程做了一个细致的归纳、总结；第三章从宏观角度出发，从实施“一事一议”财政奖补的基本原则、“一事一议”财政奖补范围、“一事一议”财政奖补的标准及资金来源、“一事一议”财政奖补工作程序等四个角度分析对比了各省“一事一议”财政奖补制度实施情况的异同点；第四章从微观角度出发，以辽宁省为例，分析了“一事一议”筹资筹劳和财政奖补时期在辽宁省的具体发展历程以及“一事一议”财政奖补制度在辽宁省所取得的成就。

第二篇进行了村级各主体对“一事一议”财政奖补制度实施的影响研

究。其中在第五章依托 2018 年中国乡村振兴战略智库数据平台开展的乡村振兴实践调研，通过对辽宁省 106 个样本村的 136 名前任或者现任村委会主任进行调查，从村委会主任社会声望权威的视角，深入分析了村委会主任社会声望权威对“一事一议”财政奖补制度有效落实产生的影响。发现村委会主任社会声望权威会对“一事一议”财政奖补制度落实产生显著的积极作用，即在农村公共产品建设中，村委会主任社会声望权威越高，越倾向于通过“一事一议”财政奖补制度来进行村级公共产品建设，也进一步说明村干部在乡村振兴战略的实施过程中将发挥重要作用。另外，本章进一步探讨了村委会主任社会声望权威对落实“一事一议”财政奖补制度的内在作用机制。首先，在村级公共产品项目筹资建设过程中，村民出资和集体出资情况在村委会主任社会声望权威与“一事一议”财政奖补制度的落实之间起到中介作用，即村委会主任社会声望权威之所以影响到“一事一议”财政奖补制度的落实，主要是在村内公共产品筹资建设过程中，村委会主任利用其社会声望权威影响集体和村民筹资筹劳情况所致。第六章探讨了村干部人格特征对村级公共产品筹资方式的影响。使用 2017 年辽宁省村级调查数据，通过二值选择模型分析村干部人格特征对“一事一议”财政奖补制度筹资方式的影响，回归结果显示村干部人格特征对“一事一议”财政奖补制度筹资方式有显著的影响。第七章研究了农村集体经济对“一事一议”财政奖补政策实施绩效影响。本章基于 2017 年辽宁省 271 个行政村的调查数据，分析了农村集体经济对“一事一议”财政奖补政策实施绩效的影响，并探讨了村民筹资金额在其中的中介作用。研究发现，农村集体经济显著影响“一事一议”财政奖补政策的实施绩效，其中，农村集体经济对资金管理、制度建设及工作成效起到显著的提升作用；进一步的作用机制分析发现农村集体经济主要通过村民筹资金额影响“一事一议”财政奖补政策实施绩效。

第三篇进行了“一事一议”财政奖补制度实施绩效及对农村居民收入影响效应研究。第八章基于对辽宁省 1 215 个农户的调查数据，通过空间计量模型分析发现，“一事一议”财政奖补制度的实施存在学习效应和竞争效应，且针对县内各村在获得“一事一议”财政奖补资金中的竞争，政府的协调机制表现为：在县级政府主导的协调下，人均纯收入低的村庄更容易获得“一事一议”财政奖补资金；此外，经济欠发达地区县内各村在获得“一事一议”财政奖补资金上的竞争更激烈。第九章使用2015年“辽宁省新农村建设百村千户”项目调查数据，运用二阶段回归模型分析农户对“一事一议”财政奖补制度满意程度的影响因素。并进一步利用路径分析方法，从生产性公共产品供给和生活性公共产品供给两个角度研究该制度的实施效果。第十章基于对辽宁省59个县区271个行政村的村干部展开调研所得辽宁省村级数据和2002—2015年中国1 869个县的县域面板数据，从短期影响和长期影响两个层面深入研究财政奖补制度的收入效应。研究制度实施对农村居民收入的短期影响时，使用辽宁省271个村的调研数据分析财政奖补制度实施的收入效应及其内在作用机制；使用县域面板数据运用双重差分方法研究制度实施对农村居民收入的长期影响效应。旨在为优化财政奖补制度、提高农村居民收入水平、推动乡村振兴战略发展提供借鉴意义。

第四篇探讨了村级公共服务供给的国内外经验借鉴。其中，第十一章以财政支持小型农田水利建设为例，分析了生产性村级公共产品供给、服务经验借鉴；第十二章主要从农村生活垃圾、污水、厕所及粪便三方面分析生活性村级公共产品供给、服务的经验借鉴。

第一篇

政策演变

第二章 “一事一议”制度的演变历程

2.1 “一事一议”筹资筹劳时期（2000年至2007年）

2.1.1 实施背景

作为一种村级公共产品供给制度，“一事一议”是随着我国农村公共产品供给制度的变迁而逐步形成的。首先，从公共财政、公共产品理论角度来讲，公共财政理论下农业基础设施的准公共产品属性，决定了政府财政支农是必要的和不可或缺的。总的来看，国家通过税收以及转移支付制度供给农村公共产品属于制度内供给，而国家对村级公共产品的供给意愿不足，导致我国制度内供给的农村公共产品数量是很有限的，这才诱发了制度外供给公共产品的机制。在我国少数比较富裕，尤其是集体经济发展较好的农村地区，制度外供给公共产品的组织者是基层政府，提供主体则是集体企业。然而，在我国大多数农村地区，村集体由于缺乏收入来源，提供农村公共产品的能力不足，因此，政府又出台了一些继税费改革之后的农村综合改革政策。其中，“一事一议”这种制度外公共产品提供机制成为农村公共产品的提供主体，这也是“一事一议”形成的原因。

2.1.2 实施历程

（1）2000年。在《中共中央、国务院关于进行农村税费改革试点工作的通知》（中发〔2000〕7号）中，中央确定在安徽省以省为单位进行农村税费改革试点。其他省、自治区、直辖市可根据实际情况选择少数县（市）

试点，具体试点工作由省、自治区、直辖市党委、政府决定和负责，试点方案报中央备案。

（2）2001年。《国务院关于进一步做好农村税费改革试点工作的通知》（国发〔2001〕5号）规定：今年（即2001年）农村税费改革是否在全省（自治区、直辖市）范围内全面推开，由各省（自治区、直辖市）党委、政府结合当地实际情况自主决定，中央不做统一规定。条件具备并决定在全省（自治区、直辖市）范围内全面推开的，其改革方案要报经国务院审批；条件暂不成熟的，要选择若干县（市）扩大试点，积累经验，为下一步全面推开做好必要的准备。

江苏省自愿以省份进行全省试点，上海市、浙江省自费改革。

（3）2002年。《国务院办公厅关于做好2002年扩大农村税费改革试点工作的通知》（国办发〔2002〕25号）新增：河北、内蒙古、黑龙江、吉林、江西、山东、河南、湖北、湖南、重庆、四川、贵州、陕西、甘肃、青海、宁夏16个省（自治区、直辖市）为农村税费改革试点省。至此，20个省份进行了全省试点。

（4）2003年。《国务院关于全面推进农村税费改革试点工作的意见》（国发〔2003〕12号），全面推进农村税费改革试点，并要做到"三个确保"。即确保改革后农民负担明显减轻、不反弹，确保乡镇机构和村级组织正常运转，确保农村义务教育经费正常需要。要加强和规范农业税及其附加征收工作，同时要健全和完善农业税减免制度，农业税（包括农业税附加）灾歉减免应坚持"轻灾少减，重灾多减，特重全免"的原则。并提出村内"一事一议"筹资筹劳制度是农村基层民主政治建设的重要内容，必须长期坚持。

（5）2004年。《国务院关于做好2004年深化农村税费改革试点工作的通知》（国发〔2004〕21号），提出要完善村内"一事一议"筹资筹劳管理办法。要求全面落实2004年农业税减免政策，加强对试点工作的分类指导，2004年在黑龙江、吉林两省进行免征农业税改革试点，河北、内蒙古、辽宁、江苏、安徽、江西、山东、河南、湖北、湖南、四川等11个粮食主产省（区）的农业税税率降低3个百分点，其余省份农业税税率降低1个百分点。

(6) 2005年。《国务院关于2005年深化农村税费改革试点工作的通知》(国发〔2005〕24号)提出：严格区分加重农民负担与农民自愿投工投劳改善自己生产生活条件的政策界限，进一步完善“一事一议”制度，在切实加强民主决策和民主管理的前提下，本着自愿互利、注重实效、控制标准、严格规范的原则，引导农民开展直接受益的基础设施建设和发展公益事业。以加强小型农田水利建设为重点，探索建立农村基础设施建设和公益事业投入新机制，鼓励农民兴办农村公益事业。

(7) 2006年。农业部办公厅关于转发黑龙江省农业委员会《关于筹补结合规范管理推进农村小型公益事业发展的报告》的通知(农办经〔2006〕20号)提出：各地要结合实际，积极争取财政支持，努力使财政支持与农民筹资筹劳相结合，更好地发挥村民“一事一议”筹资筹劳制度的作用，努力促进农村小型公益事业发展。

(8) 2007年。《国务院办公厅关于转发农业部村民“一事一议”筹资筹劳管理办法的通知》(国办发〔2007〕4号)要求：筹资筹劳应遵循村民自愿、直接受益、量力而行、民主决策、合理限额的原则。农业部负责全国筹资筹劳的监督管理工作。县级以上地方人民政府农民负担监督管理部门负责本行政区域内筹资筹劳的监督管理工作。乡镇人民政府相关部门负责本行政区域内筹资筹劳的监督管理工作。

2.1.3 农村公共产品供给特征

(1) 供给主体：以农户为主。

(2) 供给渠道：以村社自助为主。

(3) 决策机制：自下而上的需求导向。

2.1.4 实施原则

(1) 村民自愿。“一事一议”筹资筹劳以村民的意愿为基础。即议什么、干不干、干哪些、怎样干，都要听取村民的意见，尊重村民的意愿，不能强迫命令。村民自愿不仅是议事的基础，也是能否议得成、办得好的重要前提。

(2) 直接受益。“一事一议”筹资筹劳项目的受益主体与议事主体、出资出劳主体相对应，即谁受益、谁议事、谁投入。全村受益的项目全村议，部分人受益的项目部分人议。直接受益是提高议事成功率和实施效果的重要条件。

（3）量力而行。确定“一事一议”筹资筹劳项目、数额，要充分考虑绝大多数农民的收入水平和承受能力。筹资数额和筹劳数量较大的项目可制定规划，分年议事，分步实施。

（4）民主决策。“一事一议”筹资筹劳项目、数额等事项，必须按规定的民主程序议事，经村民会议讨论通过，或者经村民会议授权由村民代表会议讨论通过，充分体现民主决策、民主监督。这是“一事一议”筹资筹劳制度的核心和关键。

（5）合理限额。农民的整体收入水平不高，全国各地农民收入差距较大。省级政府应根据当地经济发展水平和农民承受能力，分地区制定筹资筹劳的限额标准，村民每年人均筹资额、人均筹劳量不能超过限额标准。

2.1.5 “一事一议”筹资筹劳制度实施的意义

（1）解决了政府管不好，市场不愿管，而群众急需要解决的村内生产公益事业建设问题。对于类似这样的棘手问题，通过农民的自己讨论协商，可以得到有效的解决，可以避免很多干群矛盾的产生和激化。

（2）推动了农村基层民主建设进程。实行“一事一议”制度后，村内兴办生产公益事业所需资金从预算到筹集、从使用到决算等环节，都要充分发扬民主，实行“民主决策、民主管理、民主监督”，使农民真正成为当家人，调动了农民参与管理的积极性，有效地推动了农村基层民主建设的进程。

（3）改善了农村干群关系。改革前，许多村“集资摊派年年有，干部常年忙收费，干群关系理不顺”。改革后，干部依法办事、按程序办事的意识明显增强，村内兴修水利、道路建设等集体生产公益事业，群众能监督，干部有责任，改变了过去“村干部上门要，老百姓不愿交”的局面，干群关系明显改善。

（4）有效控制了农村“三乱”。“乱集资、乱摊派、乱收费”是加重农民负担，危及农村稳定的重要原因，单靠清理整顿、限制分摊项目等办法来控制很难根治。采取“一事一议”后，农民筹集资金数量标准是由村民大会或村民代表大会集体讨论决定的。对未经讨论投票表决而任意向农民摊派、集资或收费，村民均有权拒绝缴纳，从源头上堵住了“三乱”行为的发生。

2.1.6 “一事一议”筹资筹劳制度实施存在的问题

(1)“一事一议”开展不平衡。全国尚有多数村庄未开展“一事一议”筹资筹劳，有的根本未议，有的未议成。议事程序不规范。按政策文件规定，村级“一事一议”筹资筹劳应先编制预算方案，预算方案经村民会议讨论通过后再报乡镇政府审批。村申报预算方案时需同时附报筹资筹劳农户花名册和村民会议通过的情况说明材料。多数村组上报的筹资筹劳预算方案比较简单，缺农户花名册和村民会议通过情况等附件材料。

(2) 开会议事难。按照规定，开展“一事一议”，必须召开村民会议或村民代表会议讨论和决定，但是，目前农民外出务工经商人数多，有议事能力的和经济能力的人往往不在家，留在家中务农的往往是没有议事能力和经济能力的人，再加上农民居住分散，开会议事人数难以达到规定要求。当然也不乏“有事难议”的例子。村里为了办一件集体生产公益事业，要么开会时村民不参会，要么参会时部分村民，特别是不直接受益的村民故意刁难、极力反对，从而形成“有事难议”的局面。

(3) 筹资执行难。村干部力量强的村，“一事一议”资金能收95%，村干部力量弱的村，“一事一议”资金只能收70%左右。少数人不交钱给已经交款的村民造成消极影响，给下次筹资增加了难度。

(4) 筹资标准低，满足需要难。现行“一事一议”制度规定，平均每人每年一般为10至20元，筹资标准偏低，难以满足农村兴办公益事业的需要。

(5) 跨乡跨村工程组织难。由于“一事一议”筹资筹劳政策规定仅限于村内生产公益事业，跨乡、跨村的工程难组织，比方说，沿河的村屯，税改前，沿河乡镇互相联合利用秋冬季节，组织劳力可对堤防进行除险加固，税改后，这样跨乡跨村的工程难以“一事一议”、组织施工。

(6)“一事一议”规范难。“一事一议”筹资筹劳制度在各地实施过程中难以规范操作。有的地方扩大“一事一议”范围，把计生投入、村聘教师待遇、五保户供养等不属于“一事一议”的收费项目列入议事范围，有的地方

“一事一议”项目明显超过上限，有的村筹资前不张榜公布，不召开村民代表会议讨论，不征求群众意见，即使召开群众代表大会也是走过场，没有按规定进行运作；有的所筹资金不单独建账、专人管理、专款专用。

2.2 “一事一议”财政奖补时期（2008年至今）

2.2.1 实施背景

“一事一议”财政奖补政策是中央政府回应农村税费改革后村庄资金匮乏、基础设施破败等问题而采取的对策，旨在改善民生与推进民主。民生目标一方面是通过国家财政投入减轻农民负担，同时保证财政资金安全和使用绩效，另一方面中央政府也试图发挥国家财政“四两拨千斤”的杠杆效应，吸引更多的社会投入，以加强公共服务，推动公共服务均等化。而民主目标则是激活、培育和发展村民自治、村民自决，通过“一事一议”方式来促进基层民主政治有序发展，激发村庄内部的政治活力。民生目标与民主目标是相互绞合在一起的，农村民生改善一方面可以推动基层民主发展，另一方面也需要基层民主的支持。中央政府希望通过财政补贴激活基层民主机制，提升村庄的自我供给能力，促进农村良性公共服务供给机制的建设。

自农村实行家庭联产承包责任制以来，中国的城乡差别日益严重，“城市像欧洲，农村像非洲”。特别是公益事业的差别表现得最为突出。“户外村内”的道路、桥梁、水利等农村小型基础设施建设，直接关系到农民的切身利益，是改善农村生活环境、提高农民生活水平、增加农民收入的关键问题。

农村税费改革前，村提留、乡统筹和农村劳动积累工、义务工（简称“两工”）是村级公益事业建设的主要资金、劳务来源。农村税费改革逐步取消了村提留、乡统筹和“两工”，大幅度减轻了农民的负担，规范了涉农收费的行为，遏制了各方面向农民乱收费的现象。同时，国家规定，村级兴办集体公益事业所需资金，实行“一事一议”筹资筹劳，由村民大会民主讨论决定，实行村务公开、村民监督、上限控制和上级审计。但由于这项制度当时相关配套措施不完善，没有建立相应的激励机制，农民积极性调动不起来，出现了“事难议、议难决、决难行”的局面，从农村税费改革到“一事一议”财政奖补试点前，村级公益事业建设投入总体上呈下滑趋势，成为农民反映强烈、要求迫切的问题。

“一事一议”筹资筹劳面临的困境和难题以及“一事一议”制度落实中存在的问题，影响到了新农村建设的推进，引起了各级党委、政府的高度重视，一些地方开始积极研究和探索解决的办法。从2005年起，黑龙江省省财政安排专项资金，对村民通过“一事一议”筹资筹劳建成的村内公益事业建设项目按照省确定的每人每年12元的筹资限额给予一半的财政奖补。这一制度的实行，调动了农民筹资筹劳开展村内公益事业建设的积极性，促进了“一事一议”制度的落实，2008年，《关于开展村级公益事业建设“一事一议”财政奖补试点工作的通知》将“一事一议”的政策内容界定为“准公共服务”，被国务院农村综合改革办公室在全国范围做了总结推广。从此，全国各地采取局部试点、逐步推进的方式，有选择地开展了“一事一议”财政奖补试点工作。

2.2.2 实施历程

（1）小面积试点阶段：黑龙江、河北、云南（全省试点）。2008年2月1日，为进一步巩固农村税费改革成果，扎实推进社会主义新农村建设，全面深化农村综合改革工作，按照《中共中央、国务院关于切实加强农业基础建设，进一步促进农业发展农民增收的若干意见》（中发〔2008〕1号）的精神和国务院有关规定，经国务院领导同意，国务院农村综合改革工作小组、财政部、农业部三部门以国农改〔2008〕2号文件，联合发布《关于开展村级公益事业建设“一事一议”财政奖补试点工作的通知》。各省、自治区、直辖市农村综合改革领导小组办公室、财政厅（局）、农业厅（委、局、办），新疆生产建设兵团农村综合改革领导小组办公室、财务局、农业局做好全国村级公益事业建设“一事一议”财政奖补的试点工作。“一事一议”财政奖补，拉开了全国村级公益事业建设“一事一议”财政奖补的序幕。

（2）扩大试点范围阶段：黑龙江、河北、云南、江苏、内蒙古、湖南、安徽、贵州、重庆、宁夏等地区全面试点；湖北、广西、甘肃、福建、山西、陕西、江西等地区局部扩大试点。2009年，国务院农村综合改革工作小组、财政部和农业部《关于扩大村级公益事业建设“一事一议”财政奖补试点的通知》中，进一步提出要充分认识扩大“一事一议”财政奖补试点的重要意义，并明确指出扩大“一事一议”财政奖补试点的指导思想和基本原则、实施步骤，并且要求各地做到因地制宜地制定“一事一议”财政奖补办法，“一事一议”财政奖补试点相关配套措施仍需进一步健全。

（3）继续扩大实施范围阶段：黑龙江、河北、云南、江苏、内蒙古、湖南、安徽、贵州、重庆、宁夏、湖北、广西、甘肃、福建、山西、陕西、江西、浙江、辽宁、山东、四川等地区全面试点；新疆、海南、河南、吉林、青海、西藏等地区局部试点。2010 年，国务院农村综合改革工作小组、财政部和农业部《关于做好 2010 年扩大村级公益事业建设“一事一议”财政奖补试点工作的通知》又明确试点范围要继续扩大；要精心制定试点工作方案；完善“一事一议”财政奖补的操作程序及资金、劳务管理办法，加强制度建设；建立健全村级公益事业建设投入的有效机制；加强对“一事一议”财政奖补试点的监督检查。按照中央关于扩大“一事一议”财政奖补试点范围、探索建立新形势下村级公益事业建设有效机制的要求，2010 年，除已在全省、区、市开展试点的黑龙江、云南、河北、江苏、内蒙古、湖南、安徽、贵州、重庆、宁夏等 10 个省份外，从已开展局部试点、工作基础扎实和有扩大试点意愿的省份中，选择确定浙江、福建、湖北、广西、甘肃、山西、陕西、江西、山东、辽宁、四川等 11 个省份在全省（区）范围内进行试点，新疆、海南、河南、吉林、青海、西藏等 6 个省（区）进行局部试点。新增扩大试点的省份试点方案要尽快报国务院农村综合改革工作小组，国务院农村综合改革工作小组会同财政部、农业部于 3 月底前审核批复后实施。其他省（区、市）按照中央有关政策要求，自主开展试点。

（4）全面实施阶段：全国推行。2011 年起，“一事一议”财政奖补工作将在全国所有省（区、市）展开。中央财政 2011 年预算安排奖补资金 160 亿元，部分奖补资金已提前拨付到地方，并将根据各地预算执行情况，按程序适当增拨奖补资金。同时努力将政府对农民筹资筹劳的奖补比例提高到 50％以上，中央财政占政府奖补资金的比例提高到 40％，建立“一事一议”财政奖补资金稳定增长机制。

2017 年 2 月印发《国务院办公厅关于创新农村基础设施投融资体制机制的指导意见》，在文件中体现出充分调动农民参与积极性。尊重农民主体地位，加强宣传教育，发挥其在农村基础设施决策、投入、建设、管护等方面作用。完善村民“一事一议”制度，合理确定筹资筹劳限额，加大财政奖补力度。鼓励农民和农村集体经济组织自主筹资筹劳开展村内基础设施建设。推行农村基础设施建设项目公示制度，发挥村民理事会、新型农业经营主体等监督作用。

2018年农业农村部为贯彻落实《中共中央国务院关于实施乡村振兴战略的意见》和《农业部关于大力实施乡村振兴战略加快推进农业转型升级的意见》（农发〔2018〕1号）的要求，扎实做好2018年农村经营管理工作，研究制定了《2018年农村经营管理工作要点》。其中强调了规范开展“一事一议”，充分调动农民群众参与乡村振兴的积极性、主动性、创造性；推广“一事一议”、以奖代补等方式，鼓励农民对直接受益的乡村基础设施建设投工投劳，让农民更多参与建设管护；坚持村民自愿、直接受益、量力而行、民主决策、合理限额的原则，完善村级公益事业“一事一议”筹资筹劳办法；向农民筹资筹劳要严格落实贫困、伤残等特殊群体减免政策；推行农村基础设施建设项目公示制度，发挥农民群众、新型经营主体和村务监督委员会监督作用。

2019年6月国家出台强农惠农富农政策措施，在此政策措施中提出村级公益事业“一事一议”财政奖补政策。“一事一议”筹资筹劳制度是农村税费改革后建立的村级公益事业建设投入机制。为鼓励农民、农村集体经济组织和社会组织开展村级公益事业建设，政府对“一事一议”筹资筹劳开展村级公益事业建设进行奖励或补助，奖补资金主要由中央和省级以及有条件的市、县财政安排；奖补范围主要包括农民直接受益的村内农田水利基本建设、村内道路、环卫设施、植树造林等公益事业建设，优先解决群众最需要、见效最快的公益事业建设项目；奖补方式主要由县级政府确定，既可以是资金奖励，也可以是实物补助。通过推广“一事一议”筹资筹劳和财政奖补，鼓励农民对村内直接受益的乡村基础设施建设投工投劳，让农民更多参与建设管护，建立政府、村集体、村民等各方共谋、共建、共管、共评、共享机制。2019年，根据新的形势和要求，将进一步完善村民“一事一议”制度，合理确定筹资筹劳限额，加大财政奖补力度，提高资金使用效率。

2.2.3 农村公共产品供给特征

（1）供给主体：政府和农户。

（2）供给渠道：国家财政与村社自助。

（3）决策机制：自下而上的需求导向。

2.2.4 实施原则

（1）民主决策，筹补结合。“一事一议”财政奖补项目必须尊重民意，以村民民主决策、自愿出资出劳为前提，政府给予奖励补助，使政府投入和农民出资出劳相结合，共同推进村级公益事业建设。

（2）直接受益，注重实效。“一事一议”财政奖补项目必须考虑村级集体经济组织、农民和地方财政的承受能力，县乡政府要加大规划指导力度，重点支持农民需求最迫切、反映最强烈、利益最直接的村级公益事业建设项目，适当向贫困村倾斜，提高项目效用，防止盲目攀比。

（3）规范管理，阳光操作。建立健全各项制度，确保筹资筹劳方案的制定、村民议事过程、政府奖补项目的申请、资金和劳务使用管理公开透明、公平公正，接受群众监督。

2.2.5 “一事一议”财政奖补制度实施的意义

（1）经济、社会效益明显。

①改善了农村生产生活条件，构建了村级公益事业建设的新机制，促进了乡村振兴。通过试点，初步构建了“财政资金引导、农民筹资筹劳、社会捐资赞助”的农村公益事业建设投入新机制，促进了新农村建设。建立“一事一议”财政奖补制度，加大政府对村内道路、水利、环境卫生和文化设施等公益事业的投入力度，特别支持解决农民生产生活中最紧迫的现实问题，不仅可以有效缓解农村公共产品供给不足的矛盾和问题，而且有利于引导农民自觉主动地参与社会主义新农村建设，改善农村基础设施，加快改变农村落后面貌。

②解决了群众一家一户想办而办不了的最紧迫、最现实的困难，充分体现了党和政府执政为民的理念和公共财政的公共属性。

③大力激发了农民自我发展的意识，充分调动了农民建设自己家园的积

极性。在“一事一议”财政奖补政策实施过程中，由农民民主决策、自主建设、自主管护村级公益事业建设项目，通过试点，许多村干部和村民转变了观念，自发组织议项目，主动要求搞试点，从“要我干”转变为“我要干”，激发和调动了广大农民民主议事、办事、管事的积极性和创造性，议出了农村团结、发展的和谐景象。

④推动了基层政权职能的转变，锻炼了基层干部的组织协调能力，增强了向心力和凝聚力。通过试点，为农村基层组织和干部联系群众、为农服务搭建了一个良好的工作平台，解决了村民最关心、最迫切的现实问题，基层组织和干部找到了工作抓手，服务得到了认可，群众得到了实惠，增强了基层组织的凝聚力和向心力，促进了农村和谐稳定。

（2）积累了新鲜有益的经验，为进一步建设好村级公益事业奠定了坚实基础。

①要坚持农民自愿，自建自管。农民是村级公益事业的直接受益主体，也是直接的建设主体之一，只有在坚持农民自愿的基础上才能够更好地发挥农民的主观能动性和创造性，进而促进村级公益事业的建设和后期管护工作的落实。

②要坚持因地制宜，形成各具特色的奖补模式。目前，主要有四种基本类型：一是捐赠赞助型。主要是浙江、江苏、福建等经济发达地区，以民营企业家、个人捐款为主，村民适当筹资筹劳建设村级公益事业项目。二是实物补助型。主要是贵州、云南等欠发达地区农民现金收入少，开展村内公益事业建设以农民出工出劳为主，政府主要补助水泥、钢筋等物资。三是定额补助型。主要是一些地方对农民开展公益事业建设实行定额补助。四是分类奖补型。江苏、云南、河北、江西、甘肃等地根据不同地区经济发展水平，确定不同的奖补比例，适当向落后地区和少数民族地区倾斜。

③要坚持民办公助，阳光操作。村级公益事业建设以农民筹资筹劳为主，政府奖补为辅。农民筹资和财政奖补资金实行“专户管理、专账核算、直接支付、公开公示”管理方式，确保专款专用，规范透明，阳光操作。

④要坚持统筹推进，以县为主。在试点组织实施上，强化省级统筹安排，县级具体组织，乡村具体落实的责任，对一定限额以下的奖补资金，由县级直接审批，省市重在政策指导、督促检查。

⑤要坚持统一规划，有效整合。在新农村建设规划指导下，以“一事一

议”财政奖补机制为支点，撬动涉农专项资金集中使用，实现公共资源有效整合，推进新农村建设。

各地财政奖补试点的实践表明，实行“一事一议”财政奖补，有利于更多财政资金投向“三农”，扩大公共财政惠及农村的覆盖面，加快城乡公共服务均等化进程；有利于激发农民“一事一议”筹资筹劳的积极性，引导社会资金参与投入，推进村级公益事业建设机制创新；有利于发挥农民主体作用，健全和完善基层民主制度，有效防止农民负担反弹。“一事一议”财政奖补制度是一项得民心、顺民意的“民心工程”和“德政工程”，是扩内需、保增长、重民生、促稳定的一项持久有效的惠民强农政策，得到了广大基层干部群众的衷心拥护和支持。“一事一议”财政奖补，事关广大农民群众的切身利益，事关农村经济社会的长远发展，意义重大而深远。这就要求我们，必须按照中央的决策和要求，扎扎实实搞好财政奖补试点，不断总结试点经验，完善财政奖补政策，加大奖补支持力度，积极探索建立以“一事一议”为基础，以财政奖补为引导，整合部门专项资金，鼓动社会各界投入，筹补结合、多元参与，建管并举、稳定投入的村级公益事业建设新机制。

2.2.6 “一事一议”财政奖补制度实施存在的问题

（1）村民开会集中难，意见难统一。

（2）“一事一议”制度操作还有待进一步完善。在实际操作中，难以避免农民“搭便车”行为，部分村民不履行筹资筹劳义务，影响了村级公益事业的健康发展。

（3）现有的财政奖补政策标准低，难以解决实际问题。

（4）变相增加农民负担。

（5）诱发村干部贪污腐败。

（6）凸显出“覆盖面窄”“议事难、议决难、事难议”“资金来源渠道少”“项目建设管理薄弱（有人建、无人管）”等问题。

（7）认识到位难、组织管理难、事项议定难、筹资落实难、机构不够健全。

（8）试点项目奖补资金清算兑现严重滞后，“先建后补”不利于工作开展。

（9）在实践的过程中产生了审批程序过多、审批时间过长的问题。

第三章 各省“一事一议”财政奖补制度实施情况的异同点

3.1 三个首批试点省

2008 年选取中国北部的黑龙江、中部的河北、南部的云南三省全省为试点实行“一事一议”财政奖补制度。三个省均根据《国务院农村综合改革工作小组、财政部、农业部关于开展村级公益事业建设“一事一议”财政奖补试点工作的通知》(国农改〔2008〕2 号)精神，结合本省实际情况制定了符合实际的实施方案。

3.1.1 从实施“一事一议”财政奖补的基本原则角度看

黑龙江省的实施要求是：①民办公助，适当奖补；②明确政策，规范运作；③严格管理，专款专用。由此可见，黑龙江省在执行政策时注重的是规划和规范。河北省的实施要求是：①规划先行，有序推进；②先议后筹，先筹后补；③因地制宜，量力而行；④公开公示，阳光操作。由此可见，河北省在执行政策时注重的是规划和公平。云南省的实施要求：①民主决策，筹补结合；②量力而行，注重实效；③规范管理，阳光操作。由此可见，云南省在执行政策时注重的是实效和民主。由三省制定的基本原则可以看出实施“一事一议”财政奖补制度均要做到筹补结合、阳光操作。

3.1.2 从“一事一议”财政奖补范围角度看

三个省的奖补范围均是以农民“一事一议”筹资筹劳为基础、目前支农资金没有覆盖的村级公益事业项目。黑龙江省具体奖补项目为：经确定保留的行政村（屯）内的道路、边沟、绿化、亮化、自来水、文化广场、村容村貌改造项目；农户室内改厕、村屯配备环卫设备；农民通过民主程序议定需要兴办的其他公益事业建设项目。河北省将奖补项目分为：村内街道硬化，包括行政村到自然村或居民点之间的道路；村内小型水利设施修建，包括支渠以下的斗渠、毛渠、堰塘、桥涵、机电井、小型提灌或排灌站；村内人畜饮用水工程修建，包括集中供水设施的购建、主管道的铺设；村内街道照明设施的购建；村内公共环卫设施购建，包括村内垃圾存放点、果皮箱、公共厕所等；村内公共绿化，包括村内主街道两侧、公共绿地、公园绿地、公共闲散空地和村庄周围绿化；村民认为需要兴办的村内其他集体生产生活等公益事业。而对于超出省级人民政府规定的筹资筹劳限额标准、农民（农工）意愿、承受能力以及举债兴办的公益事业建设项目，三个省均规定一律不予财政奖补。在黑龙江省，跨村以及村以上范围的公益事业建设，以及农民庭院内的建设项目，不列入“一事一议”财政奖补资金范围。在河北省，跨村以及村以上范围的公益事业建设项目继续通过现有专项资金渠道解决，不得列入“一事一议”财政奖补范围；村民房前屋后的修路、建厕、打井、植树等投资投劳由农民自己负责；“一事一议”财政奖补资金不得用于村办公场所建设、弥补村办公经费、村干部报酬等超出财政奖补范围的其他支出。云南省，跨村和村以上范围的公益事业建设项目投入主要由各级政府分级负责，由已有的投入渠道解决，对于农民房前屋后的修路、建厕、打井、植树等投资投劳应由农民自己负责。

3.1.3 从“一事一议”财政奖补的标准及资金来源角度看

黑龙江省实行补助与奖励相结合的奖补机制；河北省实行“重点倾斜、兼顾一般”和“双挂钩、双奖励”的奖补办法；云南省实行区别对待、分类奖补的奖补办法。三个试点省在财政奖补标准和资金来源方面出台的政策相差较大，可能的原因是三省地理位置和经济条件存在较大差异，各省因地制宜地制定了符合本省的财政奖补政策。

黑龙江省实行补助与奖励相结合的奖补机制。其中补助是按村级（农场）公益事业“一事一议”财政奖补政策，财政按照每人每年筹资额的

80%予以补助，行政村（农场）可用集体积累和企业自有资金代替农民（农工）筹资开展的公益事业建设，该种情况也被列入补助范围。奖励是指对村级（农场）开展公益事业建设“一事一议”筹资筹劳工作成效显著、农民（农工）积极参与筹资筹劳以及所议项目是农民（农工）急需的公益事业项目（新农村建设试点村优先；修建村内道路、植树造林和自来水项目优先），实行财政奖励资金重点倾斜。各地、各有关部门根据本地、本部门农村（农场）公益事业建设规划，每年按照不超过所辖行政村（农场）总数5%的比例（国有农场按照比例计算不够1个的，允许推荐1个农场），推荐公益事业建设先进行政村（农场），由省财政厅、省农委审核后，省级财政予以每年每行政村（农场）基本能够辅助其建设公益事业奖补范围内某一项目所需资金的奖励。享受奖励的行政村（农场），当年不再重复享受前款规定的补助。

河北省实行“重点倾斜、兼顾一般”和“双挂钩、双奖励”的奖补办法。将列入当年省文明生态村创建行列的村兴办的“一事一议”项目，作为重点项目，在农民每人每年筹资20元限额内，由中央和省财政按照农民筹资总额1∶3给予奖励补助；将没有列入当年省文明生态村创建行列的村兴办的“一事一议”项目，在农民每人每年筹资20元限额内，由中央和省财政按照农民筹资总额1∶1给予奖励补助。对市、县财政配套安排奖补资金的，省财政再按市、县配套额的10%增加奖励补助。

云南省在使用中央和省安排的“一事一议”财政奖补资金时，由省财政在兼顾公平、确保普遍受益的前提下，根据各县、区、市农村实际人口、地方财力状况和“一事一议”筹资筹劳开展情况等，实行区别对待、分类奖补。经批准列入“一事一议”财政奖补项目，对于村集体经济水平高、农民收入水平高、筹资筹劳能力强并能够争取社会捐赠赞助的，财政奖补资金可占到投资总额的40%；对于集体经济薄弱、农民收入水平较低、筹资筹劳能力弱的贫困山区和边境少数民族村寨，财政奖补资金可占到投资总额的60%，个别情况特殊的，财政奖补资金可占到80%。

3.1.4　从“一事一议”财政奖补工作程序角度看

黑龙江省的工作程序包括：①农民委员会（农场）对“一事一议”筹资

完成的项目提出资金补助（奖励）申请。其中奖励资金的申报为每年5月底前，补助资金申报为每年11月底前，逾期不报的列入下一年度申报。②“一事一议”财政奖补项目的审核。③“一事一议”财政奖补项目的审批。④“一事一议”财政奖补资金的拨付。省财政厅对县、市和省直农场主管部门拨付财政奖补资金，县、市财政局和省直农场主管部门接到资金后，及时拨付到应奖补乡（镇）财政所（农场）和省直农场的财政奖补资金专户。⑤“一事一议”财政奖补资金的发放。由乡（镇）财政所拨入乡（镇）财政所“一事一议”集体公益事业筹资资金专户对应村的账户；农场奖补资金按照财务隶属关系拨付。⑥“一事一议”筹资筹劳及财政奖补资金的管理。各级农业部门负责对村级范围内筹资筹劳的审查、监督和管理，实行专人、专账、专户运行。

与黑龙江省相比河北省、云南省“一事一议”财政奖补工作程序坚持先批后建、建补同行、自下而上、分级负责的原则。①项目建设申请。由拟开展“一事一议”筹资筹劳的村通过所属乡镇政府向县级农民负担监管部门和财政部门提出“一事一议”项目建设申请，县级农民负担监管部门和财政部门审批后，村民委员会收缴筹资，组织筹劳，开展项目建设。②奖补资金申请。乡镇财政所应分村设立“一事一议”筹资专户，村民委员会收缴农民筹资并全额交存所在乡镇“一事一议”筹资专户后，可向县级财政部门和农民负担监管部门提出财政奖补申请。县级财政和农民负担监管部门按职责分工对奖补申请审核后，汇总上报设区市财政部门和农民负担监管部门。设区市财政部门和农民负担监管部门审核汇总后上报省财政厅和省农业厅审定。扩权县（市）直接将奖补申请汇总上报省财政厅和省农业厅，并抄报所在设区市财政和农民负担监管部门备案。③奖补资金的拨付。省财政厅按省级审定的“一事一议”项目，将中央和省级财政奖补资金按规定标准和程序逐级拨付到县级财政部门。“一事一议”项目竣工后，县级财政部门和农民负担监管部门组织有关部门验收，对验收合格的项目出具验收报告。奖补资金5万元以上的，经村委会申请，县级财政部门可以按项目建设进度分期报账，完工验收后清算补齐；奖补资金5万元以下的，项目完工验收后，经村委会申请，由县级财政部门一次性拨付给项目筹资主体或垫资人（表3-1）。

表 3-1 2008 年三个试点省"一事一议"财政奖补政策汇总

省份	基本原则	奖补范围	财政奖补标准及资金来源	工作程序
黑龙江	1. 民办公助，适当奖补； 2. 明确政策，规范运作； 3. 严格管理，专款专用。	"一事一议"财政奖补资金的奖补范围，已经确定保留的行政村（屯）、国有农林场（含已改制农林场，不含农垦系统国有农场和大兴安岭林业集团公司系统国有林场，下同）为主。 "一事一议"财政奖补资金的使用对象，为经确定保留的行政村（屯）内的道路、边沟、绿化、亮化、自来水、文化广场、村容村貌改造项目；农户室内改厕、村屯配备环卫设备；农民通过民主程序议定需要兴办的其他公益事业建设项目。 跨村以及村以上范围的公益事业建设，以及农民庭院内的建设项目，不列入"一事一议"财政奖补资金范围。	省级财政年度"一事一议"财政奖补资金的分配，按照各市（地）、县（市）行政村数量、农业人口、区域面积等因素确定。 每年年初，省财政厅根据当年资金来源及规模，将村级公益事业建设"一事一议"财政奖补资金直接分配下达到市（地）、县（市）财政部门，由市（地）、县（市）财政部门负责筛选确定行政村（屯）内的具体公益项目并上报省财政厅备案，省财政厅依据项目备案情况进行监督检查。	1. 项目申报； 2. 项目审核； 3. 项目审批； 4. 资金拨付； 5. 资金发放； 6. 资金管理。
河北	1. 民主决策，筹补结合； 2. 农民受益，注重实效； 3. 整体推进、重点突破； 4. 规范管理，阳光操作。	以农民"一事一议"筹资筹劳为基础、目前支农资金没有覆盖的村内街道硬化、村内小型水利的修建、村内人畜饮用水工程、需要农民筹资的电力设施的修建、村内公共环卫设施的购建、村内公共绿化以及农民认为需要兴办的村内其他集体生产生活等公益事业。 跨村和村以上范围的公益事业建设项目投入应主要由各级政府分级负责，由现有的投入渠道解决。农民房前屋后的修路、建厕、打井、植树等投资投劳应由农民自己负责。对于不符合《河北省农民"一事一议"筹资筹劳管理办法》的规定、举债等兴办的村内公益事业项目，不予奖补。	实行"重点倾斜、兼顾一般"和"双挂钩、双奖励"的办法。将列入当年省文明生态村创建行列的村兴办的"一事一议"项目作为重点项目，由中央和省财政按照农民筹资总额 1∶3 给予奖励补助。将没有列入当年省文明生态村创建行列的村兴办的"一事一议"项目，由中央和省财政按照农民筹资总额 1∶1 给予奖励补助。对市、县财政配套安排奖补资金的，省财政再按市、县配套额的 10%增加奖励补助。 鼓励有条件的市、县、乡政府加大对村级"一事一议"项目的投入力度，倡导社会各界捐赠、赞助、投资村级公益事业建设。	1. 村民议定； 2. 村级申报； 3. 乡镇初审； 4. 县级审批； 5. 省市备案。

（续）

省份	基本原则	奖补范围	财政奖补标准及资金来源	工作程序
云南	1. 民主决策，筹补结合； 2. 量力而行，注重实效； 3. 规范管理，阳光操作。	以农民“一事一议”筹资筹劳为基础，目前支农资金没有覆盖的自然村村内户外道路、小型农田水利、人畜饮水、环卫设施、植树造林、文化体育设施等农民迫切需要并直接受益的公益事业建设项目。 跨村以及村以上范围的公益事业建设项目投入，应主要由各级人民政府分级负责，由现有的投入渠道解决，原则上不向农民筹资筹劳；农民宅前屋后的修路、建厕、打井、植树等投资投劳，应由农民自己负责。	经批准列入“一事一议”财政奖补项目的，财政奖补资金可占到投资总额的40%；对集体经济薄弱、农民收入水平较低、筹资筹劳能力弱的贫困山区和边境少数民族村寨，财政奖补资金可占到投资总额的60%，个别情况特殊的，财政奖补资金可占到80%。 财政奖补资金主要由中央和省通过财政转移支付安排，省级财政按照中央奖补资金1∶1配套。倡导社会各界捐赠赞助，形成政府补助、部门扶持、社会捐赠、村组自筹和农民筹资筹劳相结合共同推进村级公益事业建设的投入新机制。	坚持先批后建、建补同行、自下而上、分级负责的原则。 1. 项目建设申请。 2. 奖补资金申请。 3. 奖补资金的拨付。

资料来源：查阅政策文件所得。

3.2　2009年新增十四个试点省、自治区、直辖市

2009年新增江苏、内蒙古、湖南、安徽、贵州、重庆、宁夏七个省（区、市）在全省范围内开展试点，选择湖北、广西、甘肃、福建、山西、陕西、江西七个省（区）局部为试点实行“一事一议”财政奖补制度。目前没有开展试点的省份由各省（自治区、直辖市）选择1～2个县（市）自主开展试点，积累经验。

3.2.1　从实施“一事一议”财政奖补的基本原则角度看

各省、自治区、直辖市均要求规范管理、阳光操作，说明“一事一议”财政奖补在实施过程中政府规范操作、合理管理很重要。内蒙古自治区坚持“规划先行，有序推进；先议后筹，先筹后补；因地制宜，量力而行；公开公示，阳光操作”原则。由此可见，内蒙古自治区更加注重政策的公平性以及政策实施效果。湖南、安徽、广西、江西省则更加注重政策的实施效果以

及农民、地方财政承受能力。江苏、贵州、重庆、湖北省、宁夏回族自治区更加注重政策实施过程中的统筹规划问题。福建、山西、陕西更加注重政策实施过程中的规范管理和责任机制。

3.2.2 从“一事一议”财政奖补范围角度看

各省、自治区、直辖市均是以农民“一事一议”筹资筹劳为基础，目前支农支牧专项资金没有覆盖的村级公益事业项目为重点，主要分为生活性公共产品和生产性公共产品。最基本的包括：村内小型农田水利设施、村内道路、植树造林、安全饮水工程、户外村内环卫设施、公共文化设施等项目建设。而对于跨村以及村以上范围的公益事业建设项目投入，均是主要由各级人民政府分级负责，由现有的投入渠道解决，不向农民筹资筹劳，不予财政奖补；农民宅前屋后的修路、建厕、打井、植树等投资投劳，也应由农民自己负责，不予财政奖补；对于超过国务院和省委、省政府规定的筹资筹劳限额标准、举债兴办的村级公益事业建设项目，不予财政奖补。

由于各省地理条件、经济结构等存在差异，各省所需村级公益事业建设项目也有所差异。如内蒙古自治区横跨中国东北、华北、西北三大地区，有“东林西矿、南农北牧”之称，同时也是中国最大的草原牧区。因此，在确定财政奖补范围时加入牧区可以结合地域特点实施针对单个牧户受益的项目的规定。贵州省还包括电力设施以及体育设施建设；福建省还包括村容美化亮化以及新能源设施。

3.2.3 从“一事一议”财政奖补标准及资金来源角度看

在村级公益事业建设过程中实施了“一事一议”财政奖补制度后，各省村级公益事业建设项目资金基本上均是由农民筹资筹劳、省和中央财政进行奖补、市县财政配套奖补三部分筹得。同时各省鼓励和支持村集体自主投资、倡导社会各界捐赠赞助，均期待形成政府补助、部门扶持、社会捐赠、村组自筹和农民筹资筹劳相结合，共同推进村级公益事业建设的投入新机制。

但是，由于各省、自治区、直辖市经济发展水平存在较大差异，而村级公益事业建设程度也有所不同，因此，各地区财政奖补标准也存在较大差异。江苏省坚持“普惠制”和“特惠制”相结合，在苏北地区试点县按项目投资总额的50%进行奖补；在苏中地区及苏南村级经济相对薄弱地区的试点县按项目投资总额的66.7%进行奖补。内蒙古自治区对各地实施的公益性和生产性项目采取不同的奖补比例。对公益性项目，农牧民筹资筹劳等政府投入不得高于单个项目投资总额的85%；对生产性项目，政府投入不得高于单个项目投资总额的60%。湖南省对国家和省级扶贫开发重点县要求原则上不得向农民筹资，政府按村或建设项目规模大小给予5至10万元的补助；其他地区按项目投资总额的75%。安徽省县级财政根据全县农业人口数，按人均不低于5元的标准落实奖补资金，中央和省财政依据农业人口、地方财政状况等因素，并参照各地“一事一议”财政奖补工作开展情况的考评结果予以奖补。贵州省财政奖补占项目投资总额的28.6%，省与市（州、地）、试点县（市、区、特区）各按三分之一的比例负担。重庆市财政奖补占项目投资总额的25%～50%。湖北省财政奖补占项目投资总额的25%，所需政府补助资金原则上由省和中央财政承担三分之二，试点县、市、区财政承担三分之一。广西壮族自治区对财政奖补资金实行限额控制，以村（屯）为单位，原则上不得超过30万元；因特殊情况超过30万元的，报市综改办审批，并报自治区综改办备案。福建省对普惠制项目的奖补标准是，3 000人（含）以上的行政村，按照投资总额的31%予以财政奖补，1 500～3 000人的行政村按照投资总额的33%给予财政奖补，1 500人（不含）以下的行政村按照投资总额的35.5%给予财政奖补；对23个省级扶贫开发重点县的“一事一议”财政奖补项目，奖补标准每档提高5个百分点。山西省对一般村兴办的公益事业建设项目按照投资总额的50%予以奖补；对示范村和重点示范基地项目，可适当予以倾斜。陕西省财政奖补占项目投资总额的25%，奖补资金由中央、省财政承担三分之二，市县财政共同承担三分之一。江西省财政奖补占项目投资总额的25%，奖补资金由中央、省和县财政各承担三分之一。

3.2.4 从“一事一议”财政奖补工作程序角度看

各地区村级公益事业建设“一事一议”财政奖补制度的实施程序均包括：村级申报、乡镇初审、县级复审三个步骤。先由村民民主议事决定，统一筹资筹劳兴办村级公益事业后，由村两委向上级申报；由乡镇财政部门会同农经部门对村两委的财政奖补申请进行审核，对符合申报要求的由乡镇政府上报区县财政部门，抄送区县农业部门；区县财政部门按照轻重缓急原则和总体建设计划，对乡镇上报奖补申请进行筛选排序，形成“一事一议”财政奖补工作方案，在重庆市还要经过市级审批和备案。然后组织进行项目建设，建成后进行项目验收，验收合格的拨付财政奖补资金。2009 年新增 14 个试点省“一事一议”财政奖补政策见表 3－2。

表 3－2　2009 年新增 14 个试点省“一事一议”财政奖补政策汇总

省份	基本原则	奖补范围	财政奖补标准及资金来源	工作程序
江苏	1. 坚持“谁投资谁受益；谁所有谁养护”； 2. 明确公益设施所有权； 3. 落实养护责任主体。	通过“一事一议”办法或村民民主议事程序开展的、有村级自筹资金的村内公益事业项目，重点支持农民反应强烈、需求迫切、受益直接的项目。村级公益事业建设项目包括村内街巷道路、田间机耕道路、农桥、小型农田水利设施、村容村貌改造、文化体育场所、公共卫生设施等。	县级财政部门、农业农村部门结合当地实际，自行确定“一事一议”财政奖补资金的奖补方式和标准。对低收入农户较多和集体经济低收入村实施的项目，可适当提高项目奖补标准，不增加农民负担和村集体经济债务。	1. 村级申报； 2. 乡镇初审； 3. 县级审核立项。
内蒙古	1. 规划先行，有序推进； 2. 先议后筹，先筹后补； 3. 因地制宜，量力而行； 4. 公开公示，阳光操作。	主要包括嘎查村内群众共同受益的公益性和生产性项目。牧区可以结合地域特点实施针对单个牧户受益的项目。	自治区对各地实施的公益性和生产性项目采取不同的奖补比例。对公益性项目，农牧民筹资筹劳等非政府投入不得低于单个项目投资总额的 15%；对生产性项目，非政府投入不得低于单个项目投资总额的 40%。 “一事一议”财政奖补项目筹资上限标准为每人每年 60 元，筹劳上限标准为每个劳动力每年 10 个工日。对农牧民筹资或筹劳确有困难的，允许以劳折资、以资代劳或以物料抵资，以劳折资和以资代劳标准全区统一按每个工日 50 元折算。 对农牧民需求迫切、反映强烈、直接受益的嘎查村内生产、生活性公益项目，经履行民主程序，并经旗县农牧民负担监督管理部门审核认定，可适当提高筹资额度。 “一事一议”财政奖补资金按照“边建边补、建补同行”的原则，实行预拨、报账和质量保证金制（保证金比例为单个项目投资额的 5%～10%），并与项目实施进度挂钩。	1. 提出申请； 2. 乡镇政府初审； 3. 旗县复审； 4. 项目建设； 5. 项目验收； 由其县财政部门或乡镇财政所按工程进度拨付资金，在项目竣工验收合格后办理清算，多退少补。

（续）

省份	基本原则	奖补范围	财政奖补标准及资金来源	工作程序
湖南	1. 农民自愿，量力而行； 2. 民主决策，农民受益； 3. 因地制宜，分类指导； 4. 加强管理，规范操作。	以农民“一事一议”筹资筹劳为基础，目前支农资金没有覆盖的村内道路、村内小型水利设施、村内公共环卫设施、村内公共绿化等。 对扩大议事范围的不补，超标准筹资筹劳的不补，负债建设的不补。	对贫困地区以补为主，其他地区以奖为主。 国家和省级扶贫开发重点县原则上不得向农民筹资，对农民筹劳开展村内“一事一议”公益事业建设的村，政府按村或建设项目规模大小给予5至10万元的补助；其他地区按农民“一事一议”筹资总额1∶3的比例给予奖补；对覆盖面广、受益面大、投入相对较多的议事项目，由县市区提出申请，经省综改办审查批准后，可适当提高奖补比例。县市区财政要在预算内安排资金，原则上按省财政补助资金的50%配套安排。	1. 村级申请； 2. 乡镇初审； 3. 县审核拨付。
安徽	1. 民主决策，筹补结合； 2. 量力而行，注重实效； 3. 因地制宜，分类指导； 4. 规范管理，阳光操作。	以农民“一事一议”筹资筹劳为基础的“村内户外”公益事业建设，主要包括村内小型农田水利设施、道路、植树造林、安全饮水工程、环卫设施、公共文化设施等项目建设，以及农民认为需要的其他村内公益事业建设。 跨村的项目及农民房前屋后的项目不纳入“一事一议”财政奖补范围。	中央和省财政依据农业人口、地方财政状况等因素，并参照各地“一事一议”财政奖补工作开展情况的考评结果予以奖补。 县级财政根据全县农业人口数按人均不低于5元的标准落实奖补资金。 提倡有条件的市级和乡镇财政加大奖补资金投入，鼓励倡导村集体经济组织和社会各界捐赠。	1. 农民议定； 2. 村级申报； 3. 乡镇初审； 4. 县级审批。
贵州	1. 公开透明； 2. 管理规范； 3. 突出重点； 4. 力求实效。	村内道路，包括自然村（寨）或居民点之间的道路；村内小型水利，包括支渠以下的斗渠、毛渠、堰塘、桥涵、机电井、小型提灌或排灌站等；人畜饮用水工程，包括村内集中供水设施的购建、主管道的铺设等；需要村民筹资筹劳的电力设施，包括村、组内街道照明设施等；公共环卫设施，包括村内垃圾存放和污水排放（处理）点、公共厕所、果皮箱等的购建；村内公共文化、体育设施建设；村民认为需要兴办的村内其他公益事业建设。	按群众筹资和筹劳折资额的40%给予补助。所需政府奖补资金，省与市（州、地）、试点县（市、区、特区）按各三分之一的比例负担。	严格按照：规划→申请→审核→审批→设计→实施→验收→评估来执行。50万元以下的小型项目，可根据实际需要适当简化程序。

（续）

省份	基本原则	奖补范围	财政奖补标准及资金来源	工作程序
重庆	1. 适当奖补，客观公平； 2. 统筹规划，注重实效； 3. 点面结合，量力而行。	以农民通过“一事一议”筹资筹劳为基础，村内农民直接受益的公益事业，主要包括村内道路、村内小型农田水利设施、村容村貌等建设。 跨村及村以上范围的公益事业建设项目投入由现有投入渠道解决；农民房前屋后的修路、建厕、打井、植树等投资投劳由农民自行负责。	除市级确定的重点村外，区县财政部门具体安排财政奖补资金时，按农民筹资总额给予“不低于1：1，不高于2：1”的奖补。鼓励行政村集体投入村级公益事业建设。	1. 农民民主议事决事； 2. 村两委申报； 3. 乡镇初审； 4. 区县审核； 5. 市级审批； 6. 市级备案。
宁夏	1. 农民自愿，量力而行； 2. 科学规划，注重实效； 3. 突出重点，整体推进； 4. 加强管理，阳光操作。	以农民“一事一议”筹资筹劳为基础、目前支农资金没有覆盖的村内公益事业。主要包括：村内道路修建、小型农田水利建设、人畜饮用水工程建设、村庄绿化、环境卫生设施建设、文化基础设施建设以及农民认为需要兴办的村内其他集体生产生活公益事业。	中央和自治区安排的“一事一议”财政奖补资金，由自治区财政在兼顾公平、确保普遍受益的前提下。根据各县、市、区农村人口、劳动力、筹资筹劳平均限额、耕地面积、“一事一议”开展情况以及地方财力状况等因素，采取补助与奖励相结合的办法，给予奖补。	1. 项目申报； 2. 项目审批； 3. 项目实施； 4. 资金兑付； 5. 考核验收。
湖北	1. 民主决策，筹补结合； 2. 量力而行，注重实效； 3. 逐步推进，统筹规划； 4. 规范管理，阳光操作。	以农民“一事一议”筹资筹劳为基础，目前支农资金没有覆盖的村内道路、小型农田水利、环卫设施、造林绿化、公共文化设施以及农民认为迫切需要且直接受益的其他公益事业建设。 超过国务院和省委、省政府规定的筹资筹劳限额标准、举债兴办的村级公益事业建设项目，不得纳入奖补范围。	政府按照农民筹资筹劳总额三分之一的比例予以补助。所需政府补助资金原则上由省和中央财政承担三分之二，试点县、市、区财政承担三分之一。 鼓励和支持村级组织发展集体经济，提高自我发展和自我建设的能力。倡导社会各界捐赠赞助，形成政府补助、部门扶持、社会捐赠、村组自筹和农民筹资筹劳相结合，共同推进村级公益事业建设的投入新机制。	1. 项目规划； 2. 项目申请； 3. 项目初审； 4. 项目审批； 5. 项目实施； 6. 项目验收； 7. 资金拨付。

（续）

省份	基本原则	奖补范围	财政奖补标准及资金来源	工作程序
广西	1. 农民自愿、量力而行； 2. 民主决策、筹补结合； 3. 择优选项、讲求实效； 4. 规范管理、阳光操作。	以农民“一事一议”筹资筹劳为基础的村（屯）内小型水利设施、村内道路、户外村内环境设施、植树造林、村容村貌改造、自来水公共设施、文化基础公共设施、卫生基础公共设施等公益事业以及其他与农民生产生活关系密切的村内公益事业项目。	“一事一议”项目的财政奖补资金实行限额控制，以村（屯）为单位，原则上不得超过30万元。因特殊情况超过30万元的，报市综改办审批，并报自治区综改办备案。奖补资金主要由中央、自治区财政奖补资金和县财政配套资金组成。各级要在财政奖补基础上，倡导社会各界积极捐赠赞助。	1. 农民议定； 2. 村级申报； 3. 乡镇初审； 4. 县级审批； 5. 自治区备案。
甘肃	—	—	—	—
福建	1. 民办公助，适当奖补； 2. 严格管理，专款专用； 3. 直接受益，注重实效。	以农民“一事一议”为基础的“村内户外”公益事业建设项目，包括：村内道路、桥涵建设、村内小型水利建设、农民饮用水工程、村内公共环卫设施、村内公共活动场所、村容美化亮化、新能源设施和农民认为需要兴办的集体生产生活等其他公益事业项目。	普惠制项目奖补标准是3 000人（含）以上的行政村，按照行政村人口测算的筹资筹劳总额的45%给予财政奖补，1 500～3 000人的行政村按照行政村人口测算的筹资筹劳总额的50%给予财政奖补，1 500人（不含）以下的行政村按照行政村人口测算的筹资筹劳总额的55%给予财政奖补。 对23个省级扶贫开发重点县的“一事一议”财政奖补项目，奖补标准每档提高5个百分点。	1. 民主议事； 2. 申报审批； 3. 项目实施； 4. 考核验收； 5. 资金兑现； 6. 设施管护； 7. 档案保存。
山西	1. 适当奖补，客观公平； 2. 分清责任，建立机制； 3. 直接受益，注重实效。	以农民“一事一议”筹资筹劳为基础、目前支农资金没有覆盖的村内小型水利、村内道路、环卫设施、植树造林等农民直接受益的公益事业。	财政奖补实行“重点倾斜、兼顾一般”的办法，一般村兴办的公益事业建设“一事一议”项目，财政按照农民筹资总额1∶1给予奖励补助；对示范村和重点示范项目，适当予以倾斜，倾斜比例由试点县掌握。	1. 项目建设申请； 2. 奖补资金申请； 3. 财政奖补资金的拨付。

（续）

省份	基本原则	奖补范围	财政奖补标准及资金来源	工作程序
陕西	1. 民办公助，适当奖补； 2. 分清责任，明确范围； 3. 严格管理，专款专用； 4. 直接受益，注重实效。	对农民通过"一事一议"筹资筹劳开展的村内道路、农田水利、村容村貌改造以及农民通过民主程序议定需要兴办且符合有关政策规定的其他公益事业建设项目。 跨村以及村以上范围的公益事业建设项目，通过现有专项资金渠道解决，不得列入"一事一议"财政奖补范围；农民房前屋后的修路、建厕、打井、植树等投资投劳由农民自己负责。	政府对农民通过"一事一议"筹资筹劳开展的村级公益事业建设，在筹资筹劳限额内按照筹资筹劳总额的三分之一予以补助。奖补资金由中央、省和市县财政共同负担，中央、省财政通过奖补的方式承担政府补助资金的三分之二，市县财政共同承担三分之一。 倡导社会捐资、赞助，鼓励集体经济投入村级公益事业建设。	普惠制项目实行： 1. 村级申报； 2. 乡镇初审； 3. 县级审批； 4. 市级备案； 特惠制项目实行： 1. 乡镇申报； 2. 县级初审； 3. 市级审批； 4. 省级备案。
江西	1. 民主决策，筹补结合； 2. 突出重点，注重实效； 3. 规范管理，阳光操作。	以农民"一事一议"筹资筹劳为基础、目前支农资金没有覆盖的村内小型水利设施、村内道路、环卫公共设施、植树造林等村级公益事业建设。 国有农林场、农垦企业代管的村，实行总分场管理体制改革后的分场公益事业建设参照村级公益事业列入奖补范围。	在农民每人每年筹资筹劳限额内，政府按照三分之一的比例予以补助，所需政府补助资金由中央、省和县财政各承担三分之一。 鼓励有条件的地方结合实际，将支农专项资金和"一事一议"奖补资金捆绑使用；鼓励村级组织发展集体经济，提高自我发展和自我建设能力；倡导社会各界捐赠赞助开展村级公益事业建设。	1. 项目建设申请； 2. 财政奖补资金申请； 3. 财政奖补资金的拨付。

资料来源：查阅政策文件所得。

注：因缺失甘肃省相关政策信息，未在上表中列出。

3.3 2010年新增十个试点省、自治区、直辖市

2010年，除已在全省（区、市）开展试点的黑龙江、云南、河北、江

苏、内蒙古、湖南、安徽、贵州、重庆、宁夏等10个省份外，从已开展局部试点、工作基础扎实和有扩大试点意愿的省份中，选择确定浙江、福建（2009年已开展局部试点）、湖北（2009年已开展局部试点）、广西（2009年已开展局部试点）、甘肃（2009年已开展局部试点）、山西（2009年已开展局部试点）、陕西（2009年已开展局部试点）、江西（2009年已开展局部试点）、山东、辽宁、四川等11个省份在全省（区）范围内进行试点，新疆、海南、河南、吉林、青海、西藏等6个省份进行局部试点。即浙江、山东、辽宁、四川、新疆、海南、河南、吉林、青海、西藏等10个省份为2010年新增试点省、自治区、直辖市。

3.3.1 从实施“一事一议”财政奖补的基本原则角度看

各省、自治区、直辖市均要求加强管理、规范操作，说明“一事一议”财政奖补在实施过程中政府的规范操作、合理管理对于制度的实施具有重要意义。浙江省要求“规划先行，有序推进；先议后筹，先筹后补；因地制宜，量力而行；公开公示，阳光操作”，可以看出浙江省更加注重整体规划发展，注重农民以及地方财政的承受能力。山东省要求“尊重农民意愿、彰显农村特色、推进城乡均等、部门合力共建、强化多元投入、注重绩效监督、确保持续发展”，可以看出山东省执行政策时更加注重农民的意愿和农村特色。辽宁省要求“农民自愿，筹补结合；突出重点，注重实效；健全机制，合力推进；规范管理，阳光操作”，可以看出辽宁省在执行政策时更加注重政策实施所带来的效果以及运行机制的完善。四川省、新疆维吾尔自治区要求“农民自愿，量力而行；突出重点，注重实效；因地制宜，分类指导；加强管理，规范操作”，说明两地更加注重自身的实际情况，因地制宜，同时考虑到农民以及地方财政的承受力。海南省要求“民主决策，筹补结合；村民受益，注重实效；规范管理，阳光操作；量力而行，逐步推广；多元投入，整合资金”，说明海南省在执行政策时注重政策实施的成效和建设的资金来源，鼓励多元投入村级公益事业建设项目。河南省要求“民主决策，筹补结合；村民受益，注重实效；全面推进，重点投入；加强管理，阳光操作”，说明河南省更加注重政策执行的范围以及奖补程度问题。吉林省要求“民办公助，适当奖补；直接受益，注重实效”，说明吉林省在执行政策时更加注重对农民投入的引导和鼓励。青海省要求“适当奖补，客观公平；分清责任，建立机制；直接受益，注重实效”，说明青海省更加注重供给责任的划分和政策执行的效果。

3.3.2　从“一事一议”财政奖补范围角度看

各省、自治区、直辖市均是以农民“一事一议”筹资筹劳为基础，以目前支农支牧专项资金没有覆盖的村级公益事业项目为重点，主要分为生活性公共产品和生产性公共产品。最基本的包括：村内小型农田水利设施、村内道路、植树造林、安全饮水工程、户外村内环卫设施、公共文化设施等项目建设。而对于跨村以及村以上范围的公益事业建设项目投入，均是主要由各级人民政府分级负责，由现有的投入渠道解决，不向农民筹资筹劳，不予财政奖补；农民宅前屋后的修路、建厕、打井、植树等投资投劳，也应由农民自己负责，不予财政奖补；对于超过国务院和省委、省政府规定的筹资筹劳限额标准、举债兴办的村级公益事业建设项目，不予财政奖补。

由于各省地理条件、经济结构等存在差异，各省所需村级公益事业建设项目也有所差异。如新疆维吾尔自治区位于中国西北边陲，山脉与盆地相间排列，盆地与高山环抱，喻称“三山夹二盆”，农林牧可直接利用土地面积10.28亿亩，占全国农林牧宜用土地面积的十分之一以上，是全国五大牧区之一。因此，新疆维吾尔自治区因地制宜地增加了牧道、药浴池、疫病防疫设施的建设项目。

3.3.3　从“一事一议”财政奖补标准及资金来源角度看

在村级公益事业建设过程中实施了“一事一议”财政奖补制度后，各省村级公益事业建设项目资金基本上均是由农民筹资筹劳、省和中央财政进行奖补、市县财政配套奖补三部分筹得。同时，各省鼓励和支持村集体自主投资、倡导社会各界捐赠赞助，均期待形成政府补助、部门扶持、社会捐赠、村组自筹和农民筹资筹劳相结合，共同推进村级公益事业建设的投入新机制。

但是，由于各省、自治区、直辖市经济发展水平存在较大差异，而村级公益事业建设程度也有所不同，因此，各地区财政奖补标准也存在较大差异。浙江省要求项目总投资额控制在100万元左右，省级财政奖补资金一般为项目总投资的三分之一左右，省与市、县（市、区）财政原则上按1∶1配套安排。山东省财政奖补占项目投资总额的28.6%，省财政对东、中、西部地区试点县（市、区），按照财政负担奖补资金的40%、50%、60%比例予以补助，市级财政负担比例由各市自行确定。辽宁省财政奖补占项目投资总额的33.3%，所需奖补资金由省以上财政承担70%，市、县财政承担30%，具体承担比例由市确定；对15个省定扶贫开发工作重点县，省以上财政的奖补比例提高到80%，市、县财政承担20%。辽宁省国有农（林）场类似于村级公益事业建设项目，财政按照职工（农工）筹资筹劳（折资）总额的50%比例给予补助，省以上财政承担70%，市、县财政或国有农（林）场承担30%。其中县属国有农（林）场的项目，市财政承担10%，县财政承担20%；市属国有农（林）场的项目，市财政承担10%，国有农（林）场承担20%；省属国有农（林）场的项目，由国有农（林）场承担30%。四川省财政奖补占项目投资总额的50%，所需奖补资金由省、扩权县按70%、30%分担；对其他地方，省、市、县按50%、20%、30%分担；对民族县（含民族待遇县）由省全额负担。新疆维吾尔自治区财政奖补占项目投资总额的33.3%。海南省财政奖补占项目投资总额的60%（其中：上级财政奖补35%，市本级财政奖补25%）。河南省财政奖补占项目投资总额的25%，其中省财政承担2/3，市、县级财政承担1/3。吉林省财政奖补占项目投资总额的33.3%以上。青海省财政奖补占项目投资总额的33.3%，所需政府补助资金由地方财政承担三分之二，中央财政通过奖补的方式承担政府补助资金的三分之一。

3.3.4 从“一事一议”财政奖补工作程序角度看

各地区村级公益事业建设“一事一议”财政奖补制度的实施程序均包括：村级申报、乡镇初审、县级复审三个步骤。先由村民民主议事决事，统一筹资筹劳兴办村级公益事业后，由村两委向上级申报；由乡镇财政部门会同农经部门对村两委的财政奖补申请进行审核，对符合申报要求的由乡镇政府上报区县财政部门，抄送区县农业部门；区县财政部门按照轻重缓急原则和总体建设计划，对乡镇上报奖补申请进行筛选排序，形成“一事一议”财政奖补工作方案，在重庆市还要经过市级审批和备案。然后组织进行项目建设，建成后进行项目验收，验收合格的拨付财政奖补资金。山东、辽宁、新疆维吾尔自治区还要进行项目管护工作。2010年新增10个试点省“一事一议”财政奖补政策汇总见表3-3。

表3-3　2010年新增10个试点省“一事一议”财政奖补政策汇总

省份	基本原则	奖补范围	财政奖补标准及资金来源	工作程序
浙江	1. 规划先行，有序推进； 2. 先议后筹，先筹后补； 3. 因地制宜，量力而行； 4. 公开公示，阳光操作。	奖补资金使用范围主要包括：村庄道路、村内小型农田水利设施建设、村民饮用水项目、村内卫生保洁设施、村民公共活动场所建设以及村民群众认为受益面较广的其他便民利民设施项目。	对要求列入省财政奖补计划的项目，要求项目总投资额原则上控制在100万元左右，省级财政奖补资金一般为项目总投资的三分之一左右，省与市、县（市、区）财政原则上按1∶1配套安排。	1. 村民议定； 2. 村级申报； 3. 乡镇初审； 4. 市县审核； 5. 省和市县逐级审批。
山东	1. 尊重农民意愿； 2. 彰显农村特色； 3. 推进城乡均等； 4. 部门合力共建； 5. 强化多元投入； 6. 注重绩效监督； 7. 确保持续发展。	以村民“一事一议”筹资筹劳为基础、目前支农资金没有覆盖的村内小型水利设施、村内道路、户外村内环卫设施、植树造林以及村容村貌改造等村级公益事业建设。	奖补资金按照村民筹资筹劳（折款）总额的40%予以奖补，原则上由省、市、县三级分别承担。省财政对东、中、西部地区试点县（市、区），按照财政负担奖补资金的40%、50%、60%比例予以补助，市级财政负担比例由各市自行确定。	1. 民主议事； 2. 项目申报； 3. 项目审批； 4. 项目实施； 5. 考核验收； 6. 资金兑换； 7. 运行管护。

（续）

省份	基本原则	奖补范围	财政奖补标准及资金来源	工作程序
辽宁	1. 农民自愿，筹补结合； 2. 突出重点，注重实效； 3. 健全机制，合力推进； 4. 规范管理，阳光操作。	以村民“一事一议”筹资筹劳为基础、目前财政涉农资金没有覆盖的户外村内道路、环卫设施、文化活动场所、植树造林、村容村貌以及村内小型水利设施等村级公益事业建设项目。 国有农（林）场类似于村级公益事业建设的项目纳入财政奖补范围。	财政按照农民筹资筹劳（折资）总额的50%予以补助。所需奖补资金由省以上财政承担70%，市、县财政承担30%，具体承担比例由市确定。对15个省定扶贫开发工作重点县，省以上财政的奖补比例提高到80%，市、县财政承担20%。 国有农（林）场类似于村级公益事业建设项目，财政按照职工（农工）筹资筹劳（折资）总额的50%比例给予补助，省以上财政承担70%，市、县财政或国有农（林）场承担30%。其中县属国有农（林）场的项目，市财政承担10%，县财政承担20%；市属国有农（林）场的项目，市财政承担10%，国有农（林）场承担20%；省属国有农（林）场的项目，由国有农（林）场承担30%。	1. 项目计划； 2. 项目申报； 3. 项目审批； 4. 项目实施； 5. 项目验收； 6. 项目管护； 7. 资金兑付。
四川	1. 农民自愿，量力而行； 2. 突出重点，注重实效； 3. 因地制宜，分类指导； 4. 加强管理，规范操作。	以村民“一事一议”筹资筹劳为基础，目前财政支农资金没有覆盖的村内小型水利设施、文体娱场地设施、环卫设施、出行道路以及植树造林等。	财政按照农民筹资筹劳（折资）总额1∶1给予奖励补助。省、扩权县按70%、30%分担，对其他地方，省、市、县按50%、20%、30%分担。对民族县（含民族待遇县）由省全额负担。	1. 村级组织填表申报； 2. 乡镇政府审核上报； 3. 县级相关部门审批。
新疆	1. 民主决策，筹补结合； 2. 农牧民自愿，量力而行； 3. 普惠为主，兼顾重点； 4. 直接受益，项目化管理； 5. 加强管理，规范操作。	以村民“一事一议”筹资筹劳为基础的“村内户外”公益事业建设。具体包括：村内街道硬化、村内小型水利及晒场、村内人畜饮用水工程及牧道、药浴池、疫病防疫设施、需要村民筹资的电力设施、村内公共环卫设施、村内公共绿化以及村民认为需要兴办的村内其他集体生产生活等公益事业。	村级公益事业建设“一事一议”财政奖补项目在当年投入、建成并验收合格的，自治区按照“一事一议”筹资筹劳额的50%给予财政奖补。	1. 民主议事； 2. 项目申报； 3. 项目审核； 4. 项目审批； 5. 项目实施； 6. 考核验收； 7. 设施管护。

（续）

省份	基本原则	奖补范围	财政奖补标准及资金来源	工作程序
海南	1. 民主决策，筹补结合； 2. 村民受益，注重实效； 3. 规范管理，阳光操作； 4. 量力而行，逐步推广； 5. 多元投入，整合资金。	农民通过"一事一议"筹资筹劳开展的行政村内道路、农田小型水利设施和户外村内环卫设施、文化设施、植树造林、村容村貌改造以及村民通过民主程序议定需要兴办且符合我省有关规定的其他公益事业建设项目。	省财政对农民通过"一事一议"筹资筹劳开展村级公益事业，按照项目投资总额的35%给予补助；市县财政可根据自身财力和实际情况，给予不少于15%的补助；项目投资总额其余部分由农民自筹资金、以劳代资、村集体投入、社会捐赠、整合其他财政资金等统筹，其中农民年自筹资金标准和以劳代资标准由县级人民政府确定。鼓励有条件的市县适当提高本级财政奖补比例，减轻农民筹资筹劳压力，调动农民参与公益事业建设积极性。	1. 村民议定； 2. 村级申报； 3. 乡镇初审； 4. 县级审批； 5. 省级备案。
河南	1. 民主决策，筹补结合； 2. 村民受益，注重实效； 3. 全面推进，重点投入； 4. 加强管理，阳光操作。	以村民"一事一议"筹资筹劳为基础、目前支农资金没有覆盖的村内小型水利设施、村内道路、户外村内安全饮水工程、村容村貌整治、植树造林以及村民认为需要兴办的其他集体生产生活等村内公益事业项目。 对整合各类资金投入农村公益事业和列入扶贫开发整村推进村、新农村建设示范村等涉农资金支持范围的项目，优先列入"一事一议"财政奖补范围。	实行补助与奖励相结合的方式。 一是补助。按村民"一事一议"筹资筹劳总额的1/3给予补助，其中省财政承担2/3，市、县级财政承担1/3。 二是奖励。对开展村级公益事业建设"一事一议"筹资筹劳工作成效显著、"两委"班子公信力强的行政村以及村民积极参与筹资筹劳、所议项目是村民急需的公益事业项目，实行奖励。 倡导社会各界捐赠、赞助、投资村内公益事业。	1. 项目审批； 2. 资金监管； 3. 省奖补资金申请； 4. 资金拨付； 5. 项目实施； 6. 资金支付。
吉林	1. 民办公助，适当奖补； 2. 直接受益，注重实效。	村民通过"一事一议"筹资筹劳开展的村内道路、农田水利、村容村貌改造，以及村民通过民主程序议定需要兴办且符合我省有关规定的其他公益事业建设项目。 跨村及村级以上范围的公益事业建设项目继续通过现有专项资金渠道解决，不得列入"一事一议"财政奖补范围。村民在自家庭院内、房前屋后建厕、打井、植树等投资投劳事项由村民自己负责解决。	"一事一议"财政奖补的比例平均不低于村民筹资与筹劳总和的50%。 在筹资最高限额内，受益村民筹资额度多的，获得的奖补资金也相应增多；村民为改变家乡面貌，自愿多出工的，也相应多获得一部分奖补资金。	1. 村民议定； 2. 村级申报； 3. 乡镇初审； 4. 县级审批； 5. 省级备案。

（续）

省份	基本原则	奖补范围	财政奖补标准及资金来源	工作程序
青海	1. 适当奖补，客观公平； 2. 分清责任，建立机制； 3. 直接受益，注重实效。	以村民“一事一议”筹资筹劳为基础、目前支农资金没有覆盖的村内水渠（灌溉区支渠以下的斗渠、毛渠）、堰塘、桥涵、机电井、小型提灌或排灌站等小型水利设施，村内道路（行政村到自然村或居民点）和户外村内环卫设施、植树造林、村容村貌改造等村级公益事业建设。	政府对农民通过“一事一议”筹资筹劳开展村级公益事业建设按照三分之一的比例予以补助，所需政府补助资金由地方财政承担三分之二，中央财政通过奖补的方式承担政府补助资金的三分之一，并考虑根据地方财政困难程度调整确定各地奖补系数。	1. 合理选择试点项目村； 2. 确定具体项目； 3. 村民会议或村民代表会议讨论决定项目预算、实施方案、筹资筹劳等相关事宜。
西藏	—	—	—	—

资料来源：查阅政策文件所得。

注：因缺失西藏相关政策信息，未在上表中列出。

3.4 2011 年全国范围普遍实行

2011 年除中国香港、澳门特别行政区以及中国台湾省外，中国其余 31 个省、自治区、直辖市均开始实施村级公益事业建设“一事一议”财政奖补制度。其中，北京、上海、天津三个直辖市以及广东省为 2011 年新增省份、直辖市。

3.4.1 从实施“一事一议”财政奖补的基本原则角度看

各省、自治区、直辖市均要求规范管理、阳光操作，说明“一事一议”财政奖补在实施过程中政府的合理管理、规范操作对于制度的实施具有重要意义。北京市要求“规划先行，有序推进；农民自愿，筹补结合；突出重点，注重实效；规范管理，阳光操作”，可以看出北京市在实施“一事一议”财政奖补政策时更加注重政策实施的效率和整体规划问题。上海市要求“规划先行，有序推进；民主决策，筹补结合；突出重点，扶持薄弱；加强整合，形成合力；规范管理，阳光操作”，可以看出上海市更加注重整体规划和贫困地区建设问题。天津市要求“尊重农民主体意愿、突出地域特色、实施区县负责制、专款专用、做好农民负担监督管理工作”，说明天津市更加注重农民主体意愿和特色发展。广东省要求“全面发动，自愿申报；突出重点，注重实效；多方筹措，减轻负担；量力而行，不留尾巴；加强管理，规范操作”，可以看出广东省更加注重政策实施的效率和资金的多方筹集问题。

3.4.2 从“一事一议”财政奖补范围角度看

各省、自治区、直辖市均是以农民“一事一议”筹资筹劳为基础，以目前支农支牧专项资金没有覆盖的村级公益事业项目为重点，主要分为生活性公共产品和生产性公共产品。最基本的包括：村内小型农田水利设施、村内道路、植树造林、安全饮水工程、户外村内环卫设施、公共文化设施等项目建设。而对于跨村以及村以上范围的公益事业建设项目投入，均是主要由各级人民政府分级负责，由现有的投入渠道解决，不向农民筹资筹劳，不予财政奖补；农民宅前屋后的修路、建厕、打井、植树等投资投劳，也应由农民自己负责，不予财政奖补；对于超过国务院和省委、省政府规定的筹资筹劳限额标准、举债兴办的村级公益事业建设项目，不予财政奖补。

由于各省地理条件、经济结构等存在差异，各省、市所需村级公益事业建设项目也有所差异。如北京市的奖补范围还包括田间道路，上海市的奖补范围还包括桥梁修建、宅前屋后环境整治、村沟宅河环境整治等。

3.4.3 从“一事一议”财政奖补标准及资金来源角度看

在村级公益事业建设过程中实施了“一事一议”财政奖补制度后，各省、直辖市村级公益事业建设项目资金基本上均是由农民筹资筹劳、省（直辖市）和中央财政进行奖补、市县（区县）财政配套奖补三部分筹得。同时各省（直辖市）鼓励和支持村集体自主投资、倡导社会各界捐赠赞助，均期待形成政府补助、部门扶持、社会捐赠、村组自筹和农民筹资筹劳相结合，共同推进村级公益事业建设的投入新机制。

但是，由于各省、直辖市经济发展水平存在较大差异，而村级公益事业建设程度也有所不同，因此，各地区财政奖补标准也存在较大差异。其中，北京市对山区区县的财政奖补占项目投资总额的80%，平原区县为75%，所需奖补资金由中央财政提供40%，市级财政提供40%，区县财政提供20%。上海市财政奖补标准为2万元/户，根据区县财力状况，市对奖补资金实行差别补助政策。其中闵行区、嘉定区、宝山区、浦东新区市补助40%；松江区、青浦区市补助50%；奉贤区、金山区市补助60%；崇明区市补助80%。天津市财政奖补占项目投资总额的80%（其中，中央和市财政承担50%，区县财政承担30%）。广东省财政奖补占项目投资总额的33.3%以上，其中广州、珠海、佛山、东莞、中山以及江门市（恩平、台山和开平市除外），中央和省财政奖补占项目投资总额的13.3%，市县财政补助不少于筹资筹劳总额的20%；粤北山区、东西两翼14个地级市以及江门恩平、台山、开平市，中央和省财政按筹资筹劳总额补助26.7%，市、县财政补助不少于筹资筹劳总额6.6%，由市财政和县财政各负担50%。

3.4.4 从“一事一议”财政奖补工作程序角度看

四个地区村级公益事业建设“一事一议”财政奖补制度的实施程序均包括：村级申报、乡镇初审、区县审批、市级备案四个步骤。先由村民民主议事决事，统一筹资筹劳兴办村级公益事业后，由村两委向上级申报；由乡镇财政部门会同农经部门对村两委的财政奖补申请进行审核，对符合申报要求的由乡镇政府上报区县财政部门，抄送区县农业部门；区县财政部门按照轻重缓急原则和总体建设计划，对乡镇上报奖补申请进行筛选排序，形成“一事一议”财政奖补工作方案；最后报送市财政局备案。2011年新增4个省、直辖市“一事一议”财政奖补政策汇总见表3-4。

表3-4 2011年新增4个省、直辖市“一事一议”财政奖补政策汇总

省份	基本原则	奖补范围	财政奖补标准及资金来源	工作程序
北京	1. 规划先行，有序推进； 2. 农民自愿，筹补结合； 3. 突出重点，注重实效； 4. 规范管理，阳光操作。	以村民“一事一议”筹资筹劳为基础，目前支农资金和转移支付资金没有覆盖的村内小型水利设施、村内道路、田间道路、环卫设施以及植树造林等村级公益事业。	奖补比例：山区区县为80%，平原区县为75%。财政奖补资金匹配比例为：中央财政占40%，市级财政占40%，区县财政占20%。	1. 村民议定； 2. 村级申报； 3. 乡镇初审； 4. 区县审批； 5. 市级备案。

（续）

省份	基本原则	奖补范围	财政奖补标准及资金来源	工作程序
上海	1. 规划先行，有序推进； 2. 民主决策，筹补结合； 3. 突出重点，扶持薄弱； 4. 加强整合，形成合力； 5. 规范管理，阳光操作。	对目前支农资金没有覆盖，由村民通过“一事一议”民主议事程序确定开展的村级公益事业项目实施奖补。主要包括：村内道路、桥梁修建，农户生活污水收集处理、宅前屋后环境整治、村沟宅河环境整治、村庄绿化、村内公共服务、活动场所修建、环卫设施建设以及村内路灯安装等。	“一事一议”财政奖补资金由市（包括中央专项补助）、区县两级财政承担，奖补标准为2万元/户。 根据区县财力状况，市对奖补资金实行差别补助政策，其中闵行区、嘉定区、宝山区、浦东新区市补助40%；松江区、青浦区市补助50%；奉贤区、金山区市补助60%；崇明县市补助80%。	1. 民主议事； 2. 项目申报； 3. 项目审批； 4. 检查验收。
天津	1. 尊重农民主体意愿； 2. 突出地域特色； 3. 实施区县负责制； 4. 专款专用； 5. 做好农民负担监督管理工作。	主要进行村内道路硬化、街道亮化、修建健身广场等项目。 区县根据村庄建设的实际需要，可适当增加建设项目。	中央和市财政承担50%，区县财政承担30%，其余资金由乡镇财政、村集体和村民通过筹资筹劳等渠道解决。	1. 村庄申请； 2. 乡镇审核； 3. 区县审批； 4. 市级备案。
广东	1. 全面发动，自愿申报； 2. 突出重点，注重实效； 3. 多方筹措，减轻负担； 4. 量力而行，不留尾巴； 5. 加强管理，规范操作。	以村民“一事一议”筹资筹劳为基础，包括村内户外道路、小型农田水利、人畜饮水、环卫设施、植树造林以及文化体育设施等村民迫切需要并直接受益的公益事业建设项目。适当向农村新社区和公共服务中心拓展。	财政补助资金不少于农民筹资筹劳的50%。对珠三角地区和欠发达地区实行不同的奖补比例。市县负担部分，由市财政和县财政各负担50%。 1. 广州、珠海、佛山、东莞、中山以及江门市（恩平、台山和开平市除外），中央和省财政按筹资筹劳总额补助20%，市县财政补助不少于筹资筹劳总额的30%； 2. 粤北山区、东西两翼14个地级市以及江门恩平、台山、开平市，中央和省财政按筹资筹劳总额补助40%，市、县财政补助不少于筹资筹劳总额10%。 鼓励市县增加对村级公益事业建设“一事一议”财政奖补项目的补助比例，提倡社会各界捐助。	1. 项目申报； 2. 项目审批； 3. 项目实施； 4. 资金拨付。

资料来源：查阅政策文件所得。

3.5 近几年内我国部分省市“一事一议”政策变动对照

3.5.1 黑龙江省

2008年，为发展农村公益事业，巩固农村税费改革成果，全面深化农村综合改革，扎实推进社会主义新农村建设，根据《国务院农村综合改革工作小组、财政部、农业部关于开展村级公益事业建设“一事一议”财政奖补试点工作的通知》精神，结合实际，制定出《黑龙江省村级（农场）公益事业建设“一事一议”财政奖补试点工作实施办法》（以下称《办法》）。在《办法》的第一部分中基本原则为：①政策引导，筹补结合；②发扬民主，集思广益；③全面推进，重点投入；④规范管理，阳光操作。

2017年，黑龙江省财政厅关于印发《黑龙江省村级公益事业建设“一事一议”财政奖补资金管理办法》（以下称为《办法》）的通知。在《办法》中的第三条原则中指出要遵循如下三点：①民办公助，适当奖补；②明确政策，规范运作；③严格管理，专款专用。

由此可见，黑龙江省在执行政策时由之前注重政策和民主转变到现在政策执行的制度化和规范化上来。新要求提出严格管理，专款专用，可看出黑龙江省对“一事一议”财政项目的重视程度，以保证村级公益事业建设。

3.5.2 贵州省

2012年贵州省为规范村民“一事一议”筹资筹劳（以下简称筹资筹劳），加强农民负担监督管理，保护农民合法权益，促进农村基层民主政治建设，推进社会主义新农村建设，根据《国务院办公厅关于转发农业部村民“一事一议”筹资筹劳管理办法的通知》国办发〔2007〕4号、《国务院办公厅关于进一步做好减轻农民负担工作的意见》国办发〔2012〕22号及有关规定，制定《贵州省村民“一事一议”筹资筹劳管理实施办法》（以下简称《办法》）。在《办法》中提出了筹资筹劳的使用范围，分别是：村内农田水利基本建设、饮水安全工程建设、水土流失治理、农田水利工程维修、道路修建（含集体管理的水库进库道路）、植树造林、农业综合开发有关的土地治理项目和村民认为需要兴办的集体生产生活等其他公益事业项目。

2017年贵州省财政厅关于印发《贵州省村级公益事业建设“一事一议”财政奖补资金管理暂行办法》的通知（以下简称为《办法》）。在此《办法》的第十四条，奖补资金使用范围有以下几点：①村内道路，包括自然村（寨）或居民点之间的道路；②村内小型水利，包括支渠以下的斗渠、毛渠、堰塘、桥涵、机电井、小型提灌或排灌站等；③人畜饮用水工程，包括村内集中供水设施的购建、主管道的铺设等；④需要村民筹资筹劳的电力设施，包括村、组内街道照明设施等；⑤公共环卫设施，包括村内垃圾存放和污水排放（处理）点、公共厕所、果皮箱等的购建；⑥村内公共文化、体育设施建设；⑦村民认为需要兴办的村内其他公益事业建设。

2016年中央1号文件明确指出：“开展农村人居环境整治行动和美丽宜居乡村建设”。其中提出了实施农村生活垃圾治理5年专项行动，加快农村生活污水治理和改厕。发挥好村级公益事业“一事一议”财政奖补资金作用，支持改善村内公共设施和人居环境。中央1号文件中也指出了要全面加强农村公共文化服务体系建设，继续实施文化惠民项目。在农村建设基层综合性服务中心，发挥基层文化公共设施整体效应。由此可见，贵州省从2017年起，“一事一议”财政奖补制度倾斜于公共卫生和公共文化设施等建设，以提高农村公共服务水平和改善农村人居环境，探索具有特色的美丽宜居乡村建设模式。

第四章 辽宁省“一事一议”制度的历史沿革

4.1 “一事一议”筹资筹劳时期

为从根本上减轻农民负担，保护农民利益，调动农民的生产积极性，加快发展农村经济，按照党中央、国务院的部署，辽宁省委、省政府决定，从2003年9月1日起在全省进行农村税费改革试点。农村税费改革试点的基本原则是从轻确定农民负担水平，保持政策长期稳定；在农民负担明显减轻的前提下，兼顾各方面的承受能力，使乡镇机构和基层组织能够正常运转；建立规范的分配制度和简便易行的征收方式；实行综合配套改革，精简机构，压缩人员，完善县乡财政体制；坚持从实际出发，实事求是，分类指导。具体内容包括：取消按农民上年人均纯收入一定比例收取的乡统筹费、农村教育集资等专门面向农民征收的行政事业性收费和政府性基金、集资；自2003年1月1日起，取消统一规定的劳动积累工；自2003年5月1日起取消屠宰税；调整农业税收政策，重新规范农业税减免政策；调整农业特产税政策，对农业税计税土地上生产的农业特产产品收入只征收农业税；改革村提留征收和使用办法。

同时，制定转移支付方案、进一步推进乡镇机构改革、推进农村教育体制改革以减轻由于缓解农业税而对市县财政收入造成的影响，并对乡镇债务情况进行调查摸底，有条件的地方可以进行化解乡镇不良债务试点。在注重实效、控制上限、严格规范的前提下实行“一事一议”筹资筹劳制度，村内道路修建、环境整治等公益项目，通过村民“一事一议”筹资筹劳实施。但在实施中普遍存在着事难议、议难决、决难行等问题，致使辽宁省农村公益事业建设欠账较多，总体投入呈下滑趋势，已经严重影响了新农村建设和城乡一体化进程。

4.2 “一事一议”财政奖补时期

2009年辽宁省通过选择本溪市本溪县、辽阳市灯塔市、朝阳市凌源市作为试点市、县进行试点，建立以政府奖补资金为引导，以充分发挥基层民主作用为动力，筹补结合、多方投入的村级公益事业建设新机制。探索开展“一事一议”财政奖补工作的做法，为制定完善奖补制度提供经验和依据，为全省全面铺开此项工作奠定坚实基础。并进一步推动农村基层民主政治制度的落实和完善，促进农村社会和谐稳定。同时也建立了城乡统筹协调发展、社会公共服务一体化的新格局，促进新农村建设。

辽宁省在试点实行“一事一议”财政奖补制度时，一直遵循着“民主决策、筹补结合；村民受益、注重实效；突出重点、有机结合；规范管理、阳光操作”的原则。对以村民“一事一议”筹资筹劳为基础、支农资金没有覆盖的村内水渠（灌溉区支渠以下的斗渠、毛渠）、堰塘、桥涵、机电井、小型提灌或排灌站等小型水利设施、村内道路（行政村到自然村或居民点）和户外村内环卫设施、植树造林、村容村貌改造等村级公益事业进行投资建设。跨村和村以上范围的公益事业投入主要由各级政府分级负责，通过已有投入渠道解决。村民房前屋后的修路、建厕、打井、植树等投资投劳应由村民自己负责。超过省政府规定的筹资筹劳限额标准、举债举办的村内公益事业建设等项目，不得列入奖补范围。政府对农民通过“一事一议”筹资筹劳开展村级公益事业建设项目，按照1/3的比例予以补助，所需补助资金由省、市财政各承担50%。

2010年辽宁省全面展开“一事一议”财政奖补试点工作。并且加强了财政奖补力度，对农民通过“一事一议”筹资筹劳开展的村级公益事业建设，财政按照筹资筹劳（折资）总额的50%比例予以补助。所需财政奖补资金省以上财政承担70%，市、县财政承担30%，市、县两级财政都要承担，具体承担比例由市确定。对15个省定扶贫开发工作重点县，省以上财政的奖补比例提高到80%，市、县财政承担20%。国有农（林）场类似于村级公益事业建设项目，财政按照职工（农工）筹资筹劳（折资）总额的50%比例给予补助，省以上财政承担70%，市、县财政或国有农（林）场承担30%。其中县属国有农（林）场的项目，市财政承担10%，县财政承担20%；市属国有农（林）场的项目，市财政承担10%，国有农（林）场承担20%；省属国有农（林）场的项目，由国有农（林）场承担30%。

申报程序为：村民委员会在制定村级公益项目建设方案，并按规定落实"一事一议"筹资筹劳后，通过乡镇政府向县农村综合改革办公室、县财政局和县农委（县农发局、县农经局、县农林局，下同）提出奖补项目及资金申请。县农村综合改革办公室、县财政局和县农委审核后，按省实施方案确定的省、市、县相应审批限额，分别逐级报县政府、市农村综合改革办公室、市财政局、市农委、省农村综合改革办公室、省财政厅、省农委审批。省、市、县财政采取预先下达和年终清算的方式兑现财政奖补资金。市、县财政视村民"一事一议"筹资筹劳开展情况，尤其是筹资存入乡镇村会计委托代理办公室专户情况，按相应承担的比例，预先将奖补资金下达到县或乡镇财政设立的报账户，省财政视市、县财政奖补资金到位率情况，同比例下达省奖补资金。县农村综合改革办公室和县财政局采取建补并行和报账制方式，按项目进度拨付资金，项目竣工验收合格后清算。国有农（林）场的奖补项目和资金申请、审批按隶属关系，经同级主管部门审核后，报同级农村综合改革办公室、财政局和农委，参照上述申报程序进行审批，财政奖补资金按预算关系拨付。

工作机制为省统筹、市协调、以县为主。省主要负责统筹组织、政策制定、实施方案审批、工作指导、监督和检查验收等；市主要负责组织协调、市级政策和方案制定、对县实施方案的审批和工作指导、监督检查等；县主要负责全面组织实施的各项工作。省、市要尽量下移管理权限，充分发挥县一级工作积极性。

并实施一系列配套措施，如严格执行村民"一事一议"筹资筹劳制度，坚持村民自愿、民主决策、上限控制、程序规范的制度规定，积极引导农民出资出劳开展村级公益事业建设，严禁加重农民负担。统筹编制奖补项目规划，县级政府要根据新农村建设总体规划和群众意愿，结合村级公益事业的发展现状，按照“统一规划、突出重点、因地制宜、连片推进、分步实施”的要求，组织统筹编制以行政村为单元的“一事一议”财政奖补项目5年规划和年度计划。各市、县政府要结合本地实际，制定切实可行的实施方案。各市实施方案报省农村综合改革办公室、省财政厅、省农委审批；重点县实施方案，经市农村综合改革办公室、市财政局、市农委审批后，报省农村综合改革办公室、省财政厅、省农委备案。建立奖补项目农民自主施工管理制度，项目实施由村民委员会组织农民自主建设，无法由村民自行完成的建设项目，由村民委员会组织招投标实施。按照“谁投资、谁受益、谁所有、谁养护”的原则，奖补项目形成的资产，归项目议事主体所有，并承担日常管理和养护责任，建立农村公共设施运行维护新机制，提高资产的使用效率和养护水平，发挥资产的长期效用。实行检查验收和奖罚机制，省、市要定期组织有关部门对县级试点工作进行考核验收，切实加强财政投入和资金管理。

4.3　“一事一议”财政奖补制度在辽宁省取得的成就

2009年7月，辽宁省确定本溪县、灯塔市和凌源市为省级村级公益事业建设“一事一议”财政奖补试点县（市），同时要求各市自主开展试点。一年来，3个省级试点（县）市共组织实施“一事一议”财政奖补项目169个，项目投资额9 013万元，重点扶持了村内道路、小型水利设施等村级公益事业建设，受益农民群众23万多人。沈阳、抚顺等市自主试点涉及50多个村、60多个项目，总投资1 700多万元。这些试点村通过“一事一议”财政奖补项目建设，不仅极大地改善了村内生产生活条件，而且，降低了生产成本，促进了农民增收，极大地调动了农民开展公益事业建设的积极性。

截至2010年10月底，全省共实施“一事一议”财政奖补项目4 681个，村民筹资筹劳总额为10.8亿元，实际财政奖补资金5.4亿元，受益人数达869万人。共修建村内小型水利设施情况如下：修筑水渠1 613千米、堰塘66个（约50万立方米）、机电井258眼、小型提（排）灌站61座、安全饮水管线3 090千米、其他小型水利设施283个；村内道路修筑水泥或沥青路面5 628千米、其他路面10 353千米；修筑桥涵1 423座；修筑村内环卫设施垃圾收集点 81 个（约 250 万立方米）、公共厕所 851 座、公共浴室 6 个（约 3 000 平方米）；村容美化亮化修筑路灯 4 870 盏、村内绿化植树 166 万株、村内花池 11 961 平方米；修筑农村燃气管线 4 018 千米，村内新能源设施 14 个，村内公共场所 97 万平方米。

2013 年，在各级农村综改、交通、农委等部门的共同努力下，全省“一事一议”财政奖补村内道路建设工作正在稳步推进。截至 6 月底，全省有 1 237 条村内道路开工建设，开工率达到 45.8%，比上年同期提高了 16.1 个百分点，其中，辽阳市、锦州市、葫芦岛市和绥中县，村内道路开工率超过了 70%；已完成村内道路 970 千米，工程进度为 22.1%，比上年同期提高了 8.3 个百分点，其中，盘锦市 38.8%、绥中县 37.9%、辽阳市 37.5%、朝阳市 37.5%。全省共有 163 项村内桥梁工程开工建设，开工率达到 44.7%，比上年同期提高了 23.7 个百分点；已完成桥梁建设 1 356 延米，工程进度达 22.5%，比上年同期提高了 13.3 个百分点，其中昌图县进度最快，达到了 79.7%。1—6 月份，各县区实际支出财政奖补资金 3.93 亿元，比上年同期增加 2.9 亿元，支出进度为 28.6%，其中沈阳市支出7 751 万元，支出进度最高达到了 63.2%，抚顺市、本溪市、朝阳市、葫芦岛市，以及绥中县和昌图县支出进度均超过了 30%。

2014 年，在省委、省政府及厅党组的正确领导下，各级财政、农委和交通部门建章立制，健全有效的运行机制，加强投入，规范管理，认真组织，协调配合，层层落实，积极有效地开展“一事一议”财政奖补村内道路建设工作。截至 10 月底，全省“一事一议”财政奖补村内道路建设完成 4 862.9千米，超额完成省政府确定的 4 500 千米的年度目标任务；完成村内桥梁 4 934.1 延米，全面完成了年初确定的目标任务。各级财政奖补资金已支出 10.6 亿元，完成年初计划的 76.7%。这些项目的建成，有效缓解了当地村民出行难的问题，极大地改善了农民的生产生活条件，激发了广大农民主动参与村级公益事业建设的热情，进一步增强了基层政权组织的凝聚力，同时也为今后的工作积累了很多有益的经验。

截至 2015 年 5 月中旬，全省“一事一议”财政奖补村内道路和美丽乡村示范村建设项目（属于省政府重点民生工程项目），已完成了村民民主议事、筹资筹劳、计划编制等前期工作，并陆续开展了建设项目招投标及村内道路路基改造等相关工作，标志着辽宁省今年“一事一议”财政奖补村内道路和美丽乡村示范村项目建设已进入实施阶段。经汇总，2015 年各级财政将投入奖补资金 15.4 亿元，拟在 2 502 个行政村开展 3 950 个“一事一议”财政奖补村内道路建设项目，计划修建村内沥青或水泥路面道路 5 000 多千米；修建村内桥梁 208 座，3 538 延米。同时，各级财政将投入奖补资金 3 亿元，在 300 个行政村开展美丽乡村示范村建设，拟实施太阳能路灯、文体活动广场等村级公益事业项目 1 700 多个，其中安装太阳能路灯 2.4 万盏、垃圾箱等设备 7 000 多个，修建路边沟 440 千米、文化墙 29.1 万平方米、文体活动广场 48.7 万平方米。

截至 2017 年 10 月底，辽宁全省“一事一议”村内道路和美丽乡村示范村建设任务已全部提前完成。数据显示，辽宁各地今年已建设村内沥青或水泥路面道路 6 288.3 千米、村内桥梁 3 708.1 延米，超额完成省政府确定的 4 500 千米年度目标任务，省政府确定的 300 个美丽乡村示范村建设任务也已全面完成，有效地改善了当地农村面貌，为农民群众出行和生活提供了便利条件和良好环境。

2012—2017 年，各级财政累计投入奖补资金 171.7 亿元，其中“一事一议”村内道路投入 93 亿元（中央财政 38.2 亿元、省本级 30.6 亿元、市县 24.2 亿元），带动筹资筹劳和其他投入近 40 亿元，在 8 000 多个行政村（占除大连市外的全部行政村数的 80％以上）修建村内沥青或水泥路面道路近 3.24 万千米，修建桥梁 3.48 万延米。其中，2012—2015 年，全省完成“一事一议”村内道路 2.01 万千米，村内桥梁 2.71 万延米；2016—2017 年，全省完成“一事一议”村内道路 1.23 万千米，村内桥梁 0.77 延米；美丽乡村建设投入 18.7 亿元（中央财政 3.7 亿元、省本级 10 亿元、市县 5 亿元），带动农民筹资筹劳和其他投入近 1.7 亿元，在全省 1 939 个行政村开展了美丽乡村示范村项目建设，其中，累计安装太阳能路灯 13.1 万盏、修建垃圾箱等设备 3.9 万个、文体活动场所 257.8 万平方米、文化墙 201.9 万平方米、村内道路边沟和水渠 2 806.6 千米等。

2018 年，全省继续开展“一事一议”村内道路和美丽乡村建设。按照省委、省政府“重实干、强执行、抓落实”专项行动总体部署，省财政厅加强“一事一议”村内道路和美丽乡村建设政策实施力度，大力推进辽宁省乡村振兴。一是做实项目计划，建设“一事一议”村内道路6 290千米。截至3月底，各县区通过村民民主议事、筹资筹劳等程序，依据省财政下达的奖补资金额度及有关政策要求，科学合理确定了落实到每个村屯街巷的村内道路具体项目建设计划。经汇总各市上报计划，2018年各县区计划在838个乡镇，2 700个行政村建设“一事一议”村内道路6 290千米，超出年初省政府确定4 500千米目标任务1 790千米（因“一事一议”村内道路必须经过村民民主议事等程序确定项目，所以年初只能依据省以上资金规模预计目标任务），其中5米宽的村内道路1 396千米，3.5米宽的村内道路3 719千米，3米宽的村内道路1 175千米。“一事一议”村内通屯连户道路是农村“四好公路”在行政村内的延伸和末梢，是农民群众的“贴心路”“回家路”和“致富路”，农民的获得感强。

1—10月，全省“一事一议”村内道路实际完成6 293.6千米，超出年初确定的4 500千米目标任务1 793.6千米，各县区全部完成实际落实计划任务。全省“一事一议”村内道路建设奖补资金支出12亿元，完成年初奖补资金计划的72.5％。其中：奖补资金支出进度超过80％的有盘锦市（93％）、本溪市（91.8％）、抚顺市（90％）、锦州市（89.1％）、营口市（87.8％）、朝阳市（86.1％）；支出进度较慢的有丹东市（45.6％）、葫芦岛市（42.8％）、铁岭市（34.4％）。从县区情况看，除铁岭的调兵山市、葫芦岛的连山区没有形成支出外，其他县区都已形成支出，其中有52个县区支出进度超过80％。

推进300个美丽乡村建设，打造幸福美丽新家园。目前，县区依托乡村资源环境条件，遵循乡村发展规律和村民意愿，突出重点、突出特色，按要求确定了2018年全省300个美丽乡村建设具体项目计划，其中计划安装太阳能路灯2.04万盏、垃圾箱等设备3 206个，修建村内路边沟和水渠227千米、文体活动广场33万平方米、文化墙47.5万平方米、公共厕所143个、植树33.5万株等。这些项目的实施，将不断优化农村环境，进一步提升美丽乡村活力和乡村社会文明水平。1—10月，年初确定的300个美丽乡村重点项目建设已全部完成。另外，年度执行中新增加的148个美丽乡村建设项目，平均建设进度为79.5％，年底前，除绿化等项目外，其他项目建设计划均能按期完成。

为确保全年目标任务的如期完成，辽宁财政采取多种措施，推进项目建设。省财政厅提前将奖补资金下达市、县，为各地区做好 2018 年村内道路民主议事、筹资筹劳和项目计划编制等前期准备工作提供保障。从 6 月份起，省财政厅每个月都对各市、县“一事一议”村内道路和美丽乡村建设情况进行调度、汇总，并将相关情况向全省进行通报。同时，还加大督查、督导力度，严格执行相关规定，加强动态管理。

2019 年按省政府“重强抓”工作部署和要求，各级各有关部门扎实有效开展工作。经广泛开展村民民主议事、村委会申请、乡镇审核、县级政府审定等政策要求程序，全省“一事一议”村内道路和村内桥梁建设项目确定为 4 506 个，其中：村内道路项目 4 337 个，计划里程 6 517.95 千米；村内桥梁项目 169 个，计划工程量 3 281.81 延米。

截至 9 月底，全省有 3 913 个“一事一议”村内道路路面工程项目开工，开工率为 90.2%；完成村内道路建设 5 139.97 千米，工程进度为 78.9%，超过了年度绩效目标确定的 70%时点进度。其中项目建设进展较快的有盘锦市（100%）、朝阳市（90.5%）。从县级情况看，所有县（市、区）都已开展项目建设。其中进展较快的有抚顺、桓仁、辽阳、建平、北票、盘山等县（市）和沈北新区、于洪、本溪高新技术开发区、振兴、振安、站前、宏伟、弓长岭、双塔、龙城、兴隆台、大洼、辽河口等区，进度均超过了 90%。全省有 158 座村内桥梁开工建设，开工率为 93.6%；完成村内桥梁建设 2 460.79 延米，工程进度 75%。1—9 月份，全省“一事一议”村内道路建设奖补资金支出 9.43 亿元，完成年初奖补资金计划的 57.0%。其中：奖补资金支出进度超过 70%的有盘锦市（100%）、抚顺市（71.3%）、锦州市（70.8%）、营口市（70.3%）；支出进度低于 50%的有沈阳市（49.9%）、辽阳市（45.5%）、铁岭市（32.4%）、丹东市（31.7%）、葫芦岛市（30.8%）。

从县级情况看，大部分县（市、区）已形成支出，其中支出进度较快且超过 80%的有抚顺、建平、盘山 3 县和于洪、本溪高新技术开发区、站前、兴隆台、大洼、辽河口、杨杖子开发区 7 个区。支出进度较慢，低于 40%的有康平、宽甸、凤城、灯塔、昌图、开原、绥中、建昌 8 个县（市）和边境经合、凌河、龙港 3 个区；未形成支出的有新邱、清河、南票、连山 4 个区。

美丽乡村建设及财政奖补资金支出进度情况。截至9月底，全省300个美丽乡村重点项目建设进度平均完成78.5%。其中安装太阳能路灯16 519盏，完成计划的77.7%；垃圾箱等设备3 664个，完成计划的86.0%；修建村内道路边沟202.27千米，完成计划的81.4%；修建村内水渠24.78千米，完成计划的75.1%；修建文化墙38.91万平方米，完成计划的75.4%；修建文体活动广场25.42万平方米，完成计划的77.3%；植树19.8万株，完成计划的76.6%。各市美丽乡村重点项目建设平均进度均超过70%。所有县区美丽乡村项目都已开工建设。1—9月份，全省美丽乡村建设奖补资金支出1.64亿元，完成年初奖补资金计划的54.8%。其中盘锦市支出进度最快，达到了100%；而较慢的有丹东市、铁岭市、葫芦岛市，均低于40%。从县级情况看，大部分县（市、区）已形成支出，其中支出进度较快且超过80%的有黑山、建平、盘山3县和太平、细河、大洼3区；尚未形成支出的有西丰、昌图、开原、绥中、建昌5个县（市）和明山、南芬、新邱、清河、南票5个区。

2020年年初，辽宁省明确要建设“一事一议”村内道路5 500千米。为保障全年建设任务顺利完成，年初以来，省财政厅与有关部门密切配合、精心组织，省财政厅提前下达了2020年“一事一议”村内道路建设省以上转移支付资金11.6亿元，同时积极争取中央财政补助，足额安排省本级预算资金。年初，省财政厅下发文件，明确各地区加强组织领导、规范村民民主议事和筹资筹劳、科学合理编制项目计划、严格项目实施和奖补资金管理等要求。12月8日，从省财政厅了解到，最新统计数字显示，全省共建设“一事一议”村内道路6 595千米，超计划19.9%。

经过多年实践和逐步完善，辽宁各级财政部门与有关部门密切配合，在实际工作中积极探索，已经基本形成了上下普遍欢迎、层层环环相扣的有效运行机制，具体体现在八个“明确”上，即明确村民与政府的关系、明确政府和部门责任、明确村民意愿与奖补资金使用关系、明确奖补资金分担比例、明确资金分配及项目审定办法、明确公开内容及监督方式、明确项目建设时序及奖补资金支付程序、明确工作督导和绩效考评方式及办法。有力保障了“一事一议”村内道路和美丽乡村示范村建设项目顺利实施并按期完成。

第二篇

村级各主体对“一事一议”财政奖补制度实施的影响研究

第五章　村委会主任社会声望权威与村庄治理效力

——基于村级公共产品自愿性供给的分析

5.1　绪论

5.1.1　研究背景

党的十九大提出实施乡村振兴战略，这是继新农村建设后又一个推进农业农村发展的重大战略。增加农村公共产品供给，是实施乡村振兴战略的重要内容。党的十九大以来，随着乡村振兴战略逐渐发力，国家对农村公共产品的投入力度逐渐加大，农村公共产品供给状况得到很大改观，但我国农村公共产品供给依然存在总量不足、结构失衡、供给效率低下和区域差距较大等问题（李丽莉、张忠根，2019）。作为农村基层一线干部，村干部的文化素质、工作能力与道德素养将直接影响农村经济发展、生态环境状况以及社会治理水平，其个体权威特征将决定乡村振兴战略的实施效果（杨婵，2019）。可见，不同村委会主任个体权威特征之间的差异是导致公共产品供给不平衡的重要因素，本章尝试从村委会主任社会声望权威的视角展开探讨。

“一事一议”财政奖补制度旨在解决农村公共产品供给困境（何文盛，2018），有效提高了我国村级公共产品的供给水平（李节，2010；刘晗等，2012；王卫星、黄维健，2012；沈小华，2013），丰富了村级公共产品建设筹资来源，解决了村级公共产品建设最主要的资金缺少问题。但是根据“一事一议”财政奖补制度的管理规定，村集体开展项目建设后，可以向上级政府申请资金奖补，政府会根据村集体筹资筹劳和建设情况，酌情予以财政奖补。这意味着，村委会主任要想通过“一事一议”建设村内公共产品，首先就要面对在村集体内部筹资筹劳的压力。

着眼辽宁省农村社会实际，在村集体内部筹资筹劳并不容易，尤其是在当前农村社会性质逐渐由熟人社会转化为半熟人社会的背景下，城镇化进程加快，农村空心化程度愈加严重，村庄开始合并，村庄合并成为一个新的行政村之后村民之间的联系不再像以往一样密切，村委会主任和村民之间的了解和互信渐渐淡化，这无疑为村委会主任开展村庄治理工作带来了挑战，因此村委会主任的社会声望权威是否会影响村庄治理值得引起关注。本章尝试探究村委会主任社会声望权威是否会影响村级公共产品的自愿性供给，深入分析村委会主任社会声望权威在其中会发挥怎样的作用？其作用机理是什么？目前鲜有学者关注。

基于此，本章结合辽宁省的调研情况，从村委会主任社会声望权威的视角展开实证研究。首先利用村民对村委会主任的声望评分测度村委会主任的社会声望权威，其次通过二值选择模型深入分析村委会主任社会声望权威对是否通过“一事一议”提供公共产品产生的影响，并通过中介效应模型对其中的作用机制展开探讨。为加强和完善村级公共产品供给制度建设、保障村级公共产品供给等方面提供理论依据和参考。

5.1.2 研究目的和意义

5.1.2.1 研究目的

提供良好的村级公共产品是实施乡村振兴战略的重要保障。本研究对辽宁省106个代表性村庄展开调研，掌握各村基础设施投资项目建设的具体情况并深入研究村委会主任社会声望权威对“一事一议”财政奖补制度落实产生的影响，并进一步探究村委会主任社会声望权威对“一事一议”财政奖补制度落实产生影响的作用路径，从而根据研究结果对制度的发展提出建设性意见，以期更好地加强和完善农村公共产品供给制度，更好地促进“一事一议”财政奖补制度落实。

5.1.2.2 研究意义

（1）理论意义。目前关于“一事一议”财政奖补制度的研究中，学界多从村委会主任个人特征、人格特征、村庄特征、决策偏好等方面展开研究，鲜有文献将村委会主任权威作为切入点，本章正是在已有理论的研究基础上，以新的切入点探讨村委会主任社会声望权威对“一事一议”财政奖补制度落实的影响及村民出资在其中的中介效应，考虑到了村委会主任社会声望权威对农村公共产品有效供给的影响，本研究在一定程度上丰富和完善了相关理论。

（2）现实意义。我国农村社会性质逐渐转化为半熟人社会，村委会主任和村民之间的联系和互信逐渐淡化，在这样的形势下，村委会主任开展村庄治理工作以及处理村庄公共事务难度加大。探讨村委会主任社会声望权威对村庄治理工作产生的影响，将有利于为村委会主任在新常态下村庄治理工作的开展提供新的破题思路，帮助村委会主任开拓思维寻求更加积极有效的管理办法，进一步保障村级公共产品的有效供给，提高村民参与村庄公共产品建设的积极性，还有利于提高“一事一议”财政奖补制度实施绩效，对该制度的完善和发展也具有一定的现实意义。

（3）政策含义。一方面，本研究利用村民对村委会主任声望评价，揭示各村村委会主任的社会声望权威状况。在任用和选拔村干部时，除了要考察村干部的认知能力，还要考察村干部的社会声望权威，本研究将为村委会主任的任用和选拔提供参考和依据。另一方面，政府在制定相应的完善“一事一议”筹资决策制度的政策时，应充分考虑村委会主任社会声望权威对制度产生的影响，在积极发挥村民自治组织民主决策优势的同时注重在村民群体中建立一定的社会声望权威，通过加强村委会主任与村民之间的了解和互信鼓励村民积极参与村庄事务，也可以提高各项村庄治理制度的执行效率。此外，本研究还将对保证“一事一议”财政奖补制度在村级公共产品供给中的优越性起到重要作用，且对村级公共产品供给制度的不断改进与完善具有一定的指导和借鉴意义。

5.1.3 研究方案

5.1.3.1 研究目标

本研究的目标是对辽宁省 106 个代表村庄展开调研，了解各村基础设施投资项目建设情况以及“一事一议”财政奖补制度实施情况，深入研究村委会主任社会声望权威对“一事一议”财政奖补制度实施的影响，为稳步推进“一事一议”财政奖补制度的发展、加强和完善村级公共产品供给制度建设等相关政策制定提供科学的决策参考依据。这包括以下四个具体目标：①对样本村村委会主任的个人特质以及任职情况进行调查，对村委会主任社会声望权威进行衡量，对村庄基础设施投资项目的基本状况进行调查；②分析村委会主任社会声望权威对“一事一议”财政奖补制度实施产生的影响；③实证检验筹资结构在村委会主任权威影响“一事一议”财政奖补制度实施中的中介效应；④根据主要研究结论，提出完善制度的政策建议。

5.1.3.2 研究内容

本章拟对辽宁省106个代表性村庄展开调研，了解各村基础设施投资项目建设情况以及“一事一议”财政奖补制度落实情况，深入研究村委会主任社会声望权威对“一事一议”财政奖补制度实施的影响（表5-1），具体研究内容如下：

表5-1 具体变量指标选取

变量名称	变量含义及赋值	变量名称	变量含义及赋值
社会声望权威		基础设施投资建设情况	
村民对村委会主任评价	1—10分	项目开始时间	年、月
村委会主任个人特征		项目投资总额	单位：元
年龄	单位：岁	是否集体出资	1=是，0=否
性别	1=男，2=女	是否村民出资	1=是，0=否
月收入	单位：万元	是否社会捐赠	1=是，0=否
任职前收入与村民相比	1=高，2=中，3=差	项目是否通过“一事一议”	1=是，0=否
受教育年限	单位：年		
任职年限	单位：年		
干部经历	1=是，0=否	项目实施评价	1=非常好，2=好，3=一般，4=较差，5=很差
是否参过军	1=是，0=否		
是否党员	1=是，0=否		

（1）村委会主任社会声望权威的衡量以及村庄基础设施投资项目的基本

状况。本研究通过村民对村委会主任德高望重程度的评价（班涛，2018）衡量社会声望权威，村民对村委会主任的评价得分为1—10分，得分越高表示村委会主任社会声望权威越高。

对村庄基础设施投资项目的基本状况进行调查，了解项目开始建设时间、项目完成时间、投资总额、是否集体出资、是否村民筹资、是否社会捐赠筹资、项目是否通过“一事一议”、项目实施效果评价。

（2）实证分析村委会主任社会声望权威对“一事一议”财政奖补制度实施的影响。本部分展开实证分析。解释变量为村委会主任社会声望权威，通过村民对村委会主任声望评分得出；被解释变量为项目建设是否通过“一事一议”，使用二值选择模型实证分析村委会主任权威对“一事一议”财政奖补制度实施的影响。

（3）村委会主任权威影响“一事一议”财政奖补制度实施的作用机制分析。检验村委会主任社会声望权威是否会通过村民出资影响“一事一议”财政奖补制度实施，可能需要中介变量发挥作用，村委会主任的社会声望权威会影响到村民出资。例如社会声望权威较高的村委会主任可能会通过自身的社会声望权威鼓励村民参与出资，从而促进“一事一议”财政奖补制度实施。本部分内容采用中介效应模型，揭示村委会主任社会声望权威对“一事一议”财政奖补制度实施产生影响的作用路径。

（4）促进制度发展的政策建议。根据实证研究结果得出结论，提出相应的政策建议，以期促进“一事一议”财政奖补制度的完善与发展，提高村级公共产品供给水平和供给效率。

5.1.4　研究方法

本章拟运用的方法主要有：

（1）描述性统计分析法（主要针对研究内容一）。本章拟开展实地调研了解受访村村委会主任个人特征、受访村庄特征，受访村2015—2018年间建设的基础设施投资项目、项目通过“一事一议”财政奖补制度情况等有效信息。利用Stata16对数据进行处理，对村委会主任社会声望权威进行衡量。从受访村村委会主任个体特征、村委会主任任职情况、村庄特征和村庄基础设施投资建设情况以及项目通过“一事一议”财政奖补制度情况方面描述调查样本村庄基本情况。

（2）二值选择模型分析法（主要针对研究内容二）。本章的被解释变量是“项目建设是否通过‘一事一议’”，变量为虚拟变量，其中，1 表示该项目通过“一事一议”，0 表示该项目未通过“一事一议”，因此本部分采用二值选择模型，将村委会主任社会声望权威作为解释变量，对“项目建设是否通过‘一事一议’”进行回归，实证分析村委会主任社会声望权威对“一事一议”财政奖补制度的影响。

（3）中介效应模型（针对研究内容三）。为了检验筹资结构在村委会主任社会声望权威影响“一事一议”财政奖补制度实施中发挥的中介效应，本章借鉴温忠麟等人提出的中介效应检验方法，检验村委会主任社会声望权威是否通过影响集体出资和村民出资情况进而影响“一事一议”财政奖补制度实施。

本部分拟将村民是否出资和村集体是否出资作为中介变量，探究村委会主任社会声望权威对“一事一议”财政奖补制度实施产生影响的作用机制，例如，社会声望权威更高的村委会主任，可能与村民人际关系处理得更好，更容易得到村民的信任与支持，村民出资意愿更强，在此情况下“一事一议”项目更容易通过审批，从而促进“一事一议”财政奖补制度的实施和项目的落实；同时，社会声望权威相对较差的村委会主任，可能在村庄治理过程中，各项政策落实的过程中难以得到村民的配合，在村民出资意愿较差的情况下，“一事一议”项目将会难以实施和落地。

5.1.5 技术路线

本章沿着“现状分析-实证分析-政策建议”的逻辑思路展开。首先，衡量村委会主任社会声望权威；其次，实证检验村委会主任社会声望权威对“一事一议”财政奖补政策实施的影响；最后，探讨村民出资在村委会主任社会声望权威影响“一事一议”财政奖补政策实施中的中介作用。研究思路如图 5－1 所示：

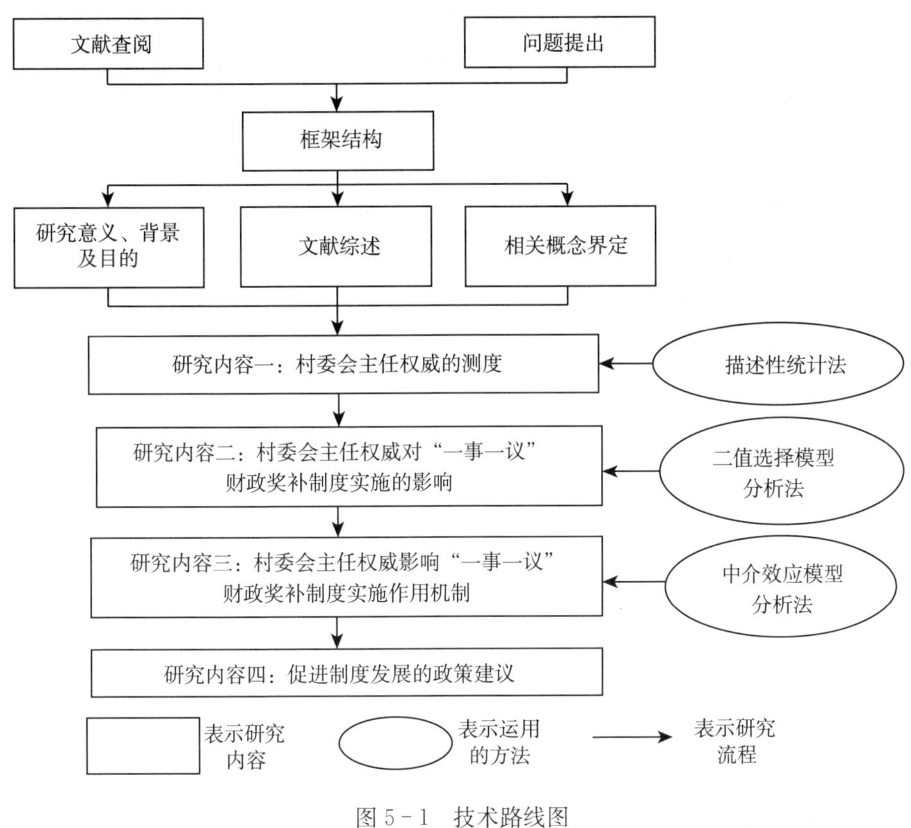

图5-1 技术路线图

5.1.6 本章的创新点及不足之处

5.1.6.1 创新点

本章首先测度村委会主任社会声望权威，其次分析了村委会主任社会声望权威对“一事一议”财政奖补制度实施产生的影响，并进一步分析了村委会主任社会声望权威影响“一事一议”财政奖补制度实施的作用路径。本章研究具有以下三点创新：

（1）研究内容上，目前“一事一议”财政奖补制度中，鲜有文献关注到村委会主任这一关键个体。并且，考察“一事一议”财政奖补制度的研究中，鲜有文献对村委会主任社会声望权威展开系统研究。本章以村委会主任社会声望权威作为研究对象，实证分析其对“一事一议”财政奖补制度实施的影响，并探究其中的作用路径。

（2）研究方法上，运用二值选择模型，实证分析村委会主任社会声望权威是否会对“一事一议”财政奖补制度的实施产生影响，并且通过中介效应模型检验村民出资在村委会主任社会声望权威“一事一议”财政奖补制度实施之间的中介效应。

（3）研究视角上，已有研究关注到村干部的个人特征、人格特征、决策偏好等方面会对“一事一议”财政奖补制度执行产生影响，但鲜有文献以村委会主任这一关键个体的社会声望权威视角对政策实施产生的影响展开分析。

5.1.6.2　不足之处

本章主要存在的不足为研究数据的局限和文献的局限两方面。

一方面，截至调研时，“一事一议”财政奖补政策在辽宁仅执行了5年，执行年限较短。而且本章使用的数据为辽宁省的调研数据，并不能代表更大的区域，从全国范围来看，各省“一事一议”财政奖补制度执行的外部环境各异，风土人情、村干部人格特征不同，因此，在未来的研究中需要进一步针对各省情况进行大规模有代表性的调研，以检验各省之间的差异，丰富本章的研究结果。

另一方面，因为本章是在村委会主任社会声望权威的新视角下展开研究，前人关于村委会主任权威的研究较少，所以关于村委会主任权威方面的参考文献较少。

5.2　文献综述与理论框架

5.2.1　相关概念界定

（1）村委会主任。本研究中的“村委会主任”是对一个村落领导者的俗称，指村委会主任。新中国成立后我国实行村民自治，设立了村民委员会，最高领导的规范性称谓是村委会主任，是依照《村民委员会组织法》选举产生的群众自治性的村委会主任，每届任期为三年，2018年，部分村改为5年任期制，可以连选连任，不属于国家机关干部。工资由地方财政和村级集体经济收益共同承担供给。

（2）村级公共产品。村级公共产品是指相对于农民的“私人产品”而言，用于满足农村公共需要，具有不可分割性、非竞争性、非排他性的产品。主要是仅供应本村村民使用的对农业生产和农民生活水平提高有积极作用的公共品。按照村级公共品的使用功能（即最终用途），可分为生产性和生活性村级公共产品。其中，生产性村级公共产品主要指道路、桥梁、农田水利设施等；生活性村级公共产品主要指村内自来水、村内公共厕所、生活污水处理方式、健身娱乐广场等。

（3）“一事一议”财政奖补制度。“一事一议”财政奖补制度指通过村民“一事一议”筹资筹劳和村集体投入筹集资金，政府按一定比例给予奖补资金，共同为村内户外的公益事业建设项目提供资金，并适当向农村新社区和公共服务中心拓展的制度。

（4）权威。关于权威，德国学者马克斯·韦伯首先从合法性的角度对其进行论述，他认为统治的合法性有法理型权威、传统型权威和魅力型权威。其中法理型权威通常经由正当合法的程序而获得；传统型权威的合法性一般源于传统的神圣性；魅力型权威则来自个体人格和道德威望（马春爱，2011）。此后很多学者对权威进行了新的诠释，比如 Hart 和 Moore（1990）认为权威的直接来源是对资产的控制；North（1981）认为权威是指决策团体所包含的由决策结构所界定的一种契约；张维迎（1996）将权威看作工人与组织契约的结果；张军和王祺（2004）则将组织权威定义为组织实际控制者的自主权、决策权与影响力。这些定义的共同点就是认为权威本质上源于对组织决策的绝对控制力，是自上而下单向性的统治型。但是 Follett（1924）认为，权威不应该是自上而下的命令，而应该是一种双向的、相互关联的控制。Barnar（1938，1968）则强调权威的产生不是自上而下，也不是双向控制，而是自下而上的，即命令接受者的认同才是权威产生的关键。赫伯特·A. 西蒙（2004）提出权威源于行使职能的能力，即职能执行人对形势与规律把握得越准确，其执行职能的能力就越强，个体权威就越容易得到认同。随着知识社会的兴起，知识分子在组织中的知识权威越来越得到重视（贺小刚、连燕玲，2009）。

（5）村委会主任权威。上述权威类型学说对中国村庄权威的分类具有重要的借鉴意义，很多学者将其作为划分中国乡村权威类型的理论依据（王妍蕾，2013）。由于村庄领袖的权威是一种多维度的“复合型权威”，近几年国内学者借鉴前文对权威的定义及分类，将村委会主任权威定义为村委会主任的社会声望权威、专家权威及政治权威（杨婵、贺小刚，2019）。另外，社会声望权威是权威的重要源泉（张祥建等，2015），本章从村委会主任社会声望权威这一方面展开研究。

5.2.2 文献综述

5.2.2.1 村级公共产品供给及“一事一议”财政奖补制度的相关研究

（1）村级公共产品供给中“一事一议”财政奖补制度实施状况。“一事一议”财政奖补制度作为我国村级公共产品供给最主要的制度，应起到激励农民参与村级公共产品供给，满足农民对村级公共产品需求的作用。但有学者认为在流动人口、农民贫穷、宗族势力等因素的影响之下，“一事一议”制度在实践中达不到理论上的最优解，甚至还可能得到制度设计者本身不愿看到的结果，即在外部制度环境没有得到根本性变革的情况下实施“一事一议”，村级公共产品的供给只会长期处于低水平、非效率的均衡，并且存在着重大的隐患（李汉文等，2004）。彭长生（2012）通过大规模的调查与访谈，分析发现“一事一议”活动开展较少。李琴等（2005）也证实“一事一议”制度交易成本高、不确定性大，不利于村级公共品的供给。

但更多学者认为，该制度在村级公共产品供给中发挥了重要作用（林万龙，2007；Zhang and Zhou，2010），应该完善该制度而不是简单的废止。虽然财政资金的稀缺性使得村庄集体行动具有较高的机会成本，加之制度本身具有需求导向性与民主性特征，使得议事陷入“事难议、议难决、决难行”的困境（何文盛，2018），但绝大多数地区的公共品供给仍然只能依靠“一事一议”的方式提供。周密（2017）也证实在满足“熟人社会”和村民真实表达偏好的条件下，该制度对增加村级公共投资项目具有显著影响。

（2）村级公共产品供给中“一事一议”财政奖补制度实施的影响因素研究。“一事一议”财政奖补制度的执行受多种因素影响（康壮、陈鹏飞，2019）。已有文献从村庄特征角度考察了影响“一事一议”财政奖补制度的因素（余丽燕，2015；李秀义、刘伟平，2016），认为村集体投入和村庄规模对获得“一事一议”财政奖补资金具有显著的负向影响。陈硕、朱琳（2015）基于2005年中国综合社会调查数据并结合广义空间两阶段回归方法，也同样发现该制度是否能成功实施显著地受到地区差异的影响。项继权等（2014）在此基础上认为各地农村劳动力大规模流动，使得不少村庄尤其是部分新合并的村庄存在村级公益事业建设“发起难、议事难、筹措难、推进难”的状况。

另外徐琰超、尹恒（2017）利用2002年和2007年的CHIPS村庄数据的研究显示，村庄收入差距的扩大，也会使得户均“一事一议”筹资规模逐步下降，从而影响到制度的实施。从政策的操作层面来看，杨弘、郭雨佳（2015）认为我国农村“一事一议”实践中面临着的议事主体、制度供给与结果执行等方面的困境使“一事一议”制度在实践中难以充分发挥应有优势和功效，也使其陷入制度化发展的困境。

（3）村级公共产品供给中村干部对“一事一议”财政奖补制度影响的研究。近年来，学界关于农村公共产品供给影响因素的研究成果较多。通过对文献的梳理发现，已有研究在村干部个体特征、村庄人口规模、经济实力、资源禀赋、地理区位、治理机制等方面进行了详细的论证。

村干部作为基层自治组织的直接管理者，对制度的有效实施有着无可替代的重要性。村干部的个人因素是影响村级公共产品供给的重要因素（陈杰等，2013）；村干部受教育年限越长，在农村公共产品供给的筹资以及运行管理维护方面的掌控能力也越强，农村公共产品供给越多（姚升等，2011）；村干部不同的人格特征在村级公共产品筹资方式上还会出现差异（周密、康壮，2019）；孔卫拿（2013）在其研究中还证实了村两委“一肩挑”的权力结构会对村级公共产品供给质量造成不利影响。

村干部选举也对村级公共产品的供给产生重要影响。Luoetal（2007）通过对具有全国代表性调查数据的分析发现，村主任直接选举可以有效促进农村公共投资增加；王海员、陈东平（2012）研究进一步发现，村干部选举的规范程度对农村公共物品供给数量的正向影响会得到强化，选举的激烈程度对农村公共物品供给数量具有倒U形影响。

5.2.2.2　村委会主任权威的相关研究

（1）村委会主任权威对村庄治理的主动性。作为活动于国家与农民之间的特殊社会行为主体，村委会主任并非消极地存在于某种制度安排和社会结构之中，他们可以在给定的框架内独立思考和行动，甚至影响或改变制度结构的特征与状态（吴毅，1999）。因此，要实施乡村振兴战略，建设“产业兴旺、生态宜居、乡风文明、治理有效、生活富裕”的现代化农村，村干部的主动作用不容忽视。而这种主导性能力的关键在于个体人力资本的存量。村干部人力资本含量包括价值观、知识水平、个人能力以及人格品质等多维度的素质特征，当这些人力资本为普通农民所缺乏时，便形成村干部个人权威（陈剑波，2000）。作为村落集体组织的直接管理者，村委会主任个人权威将直接影响到村落经济的发展，比如很多学者认为村委会主任的受教育程度是制约村落经济发展的重要因素（赵仁杰、何爱平，2016；赵波等，2013；高梦滔、毕岚岚，2009；于潇、Peter Ho，2014）。一些学者们还研究了学历以外的其他村委会主任权威对村落经济发展的影响。比如赵仁杰和何爱平（2016）利用中国家庭收入项目调查（CHIPS2002）数据，以村委会主任和村支书为例论证了村干部学历及企业管理经验将通过引进外部投资和建立政治关联提升村民收入水平；赵波等（2013）研究了村干部文化水平及综合能力对村落经济发展的影响，他们认为，村干部文化素质越高意味着获取新知识的能力越强，自身人力资本含量越高；综合能力越强表明处理村落事务的能力越强，最终影响村落经济的发展；高梦滔和毕岚岚（2009）利用农业部农村固定观察点数据（RCRG）研究发现，村干部的知识化有助于提高农户平均收入水平，村干部年轻化对于降低贫困率具有显著作用；于潇和 Peter Ho（2014）利用中国家庭动态跟踪调查（CFPS2010）社区问卷的数据论证了村干部的性别因素和受教育程度对农民收入的影响。

在此基础上本章发现虽然个别学者注意到了村落领导人将对其所管辖村落的经济发展产生影响，但很少有学者注意到村委会主任权威在村庄治理过程中的作用机制，同时忽略了村委会主任权威对村落的非经济发展，比如基础设施建设以及相关政策落实等方面的影响作用。而实际上，村官队伍不仅对村落经济发展起到了举足轻重的作用（Nee & Su，1990），同时还担负着村落和谐发展、村落治理有效的重任，这就对村委会主任权威提出了更高的要求。村落作为一个由许多农户组建而成的公共组织，其公共基础设施的建设、配置是否高效与村落的领导权威存在必然联系，强化村委会主任权威不仅有助于促进集体与村民的联系，便于村民对村级公共产品的需求表达，促进村级公共产品的供需平衡，同时也能提高村集体组织的决策效率。作为村级基层组织的核心，村委会主任是村落基层干部的典型代表，基于此，本章认为，村委会主任权威将对村庄有效治理、村级公共产品有效供给等方面产生重要影响。

（2）权威对公共产品供给影响的研究。已有文献认为个体权威在村级公共产品供给决策、筹资、生产、监督、维护中发挥着积极促进作用（曾福生，2007），且不同类型的权威主体，对农村公共产品的供给有着不同的影响（李浩昇，2010）。总的来看，已有文献从“正式权威”和“非正式权威”两个方面分析其重要性。

“正式权威”从正式制度层面有效促进了公共产品的建设。面对农民日益增长的公共需求，乡镇领导干部在道德上更深地内嵌于当地群众需求之中，那么其所在的乡镇政府通常就会提供更多的公共产品以及拥有更好的治理绩效（卢春龙，2018），而具有强大自主性的村民组长会出于个人和公共利益考虑，会采用多种治理机制和策略推动公共产品供给（张振洋，2019），其中有财富的村干部通常具备带领村民一起致富的能力，能够为村内公共产品的建设和发展提供资助（卢福营，2008）。

“非正式权威”从正式制度以外促进了公共产品的建设。以往研究中有学者探索出包括社会精英在内的“非正式权威”供给主体可能的社区公共品供给模式（李继刚，2015）。比如村委会主任能利用在宗族中的相对位置使得行政权力能充分发挥，增加村庄公共产品投资（郭云南等，2012）。李武和胡振鹏（2009）发现权威的出现能够促进农民合作机制的实现，提高了村级公共产品供给效率。也有学者将社会资本引入与村民公共产品供给展开博弈分析，同样证实了村干部和农村社会精英在农村公共产品供给中的作用（蓝旭鹏，2012）。

5.2.2.3 文献评述

总体而言，权威这一话题在19世纪末已经在国际社会科学学界展开了较多讨论，已有较为成熟的理论基础和研究体系。近几年有学者在公共产品供给的研究中考虑到权威对其产生的影响，但在有关于权威领域的研究中，仍然鲜有学者把视角放在村干部权威方面开展研究，在农村问题以及村干部权威方面还有一定的研究空间。特别是在我国农村社会性质逐渐由熟人社会转化为半熟人社会的背景下，村庄发展形势已经发生了重大的改变，对于村庄治理的研究已经不能够仅仅停留在村庄特征、村干部个人特征等方面，显然村委会主任社会声望权威在村庄治理中的重要性还未得到重视，也鲜有研究将村委会主任社会声望权威作为切入点分析其对村级公共产品自愿性供给的影响，村干部社会声望权威对村庄治理的影响机制和内在联系还有待进一步发掘。

基于此，本章在已有理论研究基础上，结合当前我国农村社会的现实背景，考虑到村委会主任社会声望因素，实证分析其对村级公共产品自愿性供给中“一事一议”财政奖补制度的影响及其作用路径，为进一步促进农村公共产品的有效供给提供理论基础和经验借鉴。

5.3 模型与方法

5.3.1 二值选择模型

本章首先进行村委会主任社会声望权威对“一事一议”财政奖补制度实施影响的回归分析。本章的被解释变量是“项目是否通过‘一事一议’”，变量为虚拟变量，其中，$y=1$ 表示该项目通过“一事一议”，$y=0$ 表示该项目未通过“一事一议”，因此本部分采用二值选择（Logit）模型，对“项目是否通过‘一事一议’”进行回归，记 $p=P(Z=1 \mid X)$，则 $1-p=P(Z=0 \mid X)$。“$Z=1$”表示项目通过“一事一议”建设，“$Z=0$”对应表示项目未通过“一事一议”建设。

模型表达式如（5-1）式所示。

$$P(y=1 \mid x)=F(x,\beta)=\Lambda(x'\beta)=\frac{\exp(x'\beta)}{1+\exp(x'\beta)} \quad (5-1)$$

在上述模型中，y 是被解释变量“项目是否通过‘一事一议’”，x 是解释变量村委会主任社会声望权威，以及村委会主任年龄、性别、是否参过军、是否是党员等控制变量。β 表示相应的回归系数，表示解释变量对被解释变量的影响方向和程度。

5.3.2 中介效应模型

中介效应模型是基于自变量、中介变量以及因变量三者之间的相互作用关系而构建的一种关系模型，具有关系路径的分析和路径效应的评估的双重作用，被广泛用来分析一个或多个中介变量在自变量与因变量的作用关系中所起到的中间作用，近年来已在众多的社会科学领域如经济学、心理学等得到大量应用。

为了检验集体出资和村民出资情况在村委会主任权威影响“一事一议”财政奖补制度实施中发挥的中介效应，本章借鉴温忠麟等人提出的中介效应检验方法，检验村委会主任权威是否通过影响集体出资和村民出资情况进而影响“一事一议”财政奖补制度实施，为此本部分构建以下回归模型：

$$y_i = \alpha_0 + \alpha_1 x + \alpha_2 c_i + \varepsilon_i (i = 1, \cdots, n) \quad (5-2)$$

$$M_i = \beta_0 + \beta_1 x + \beta_2 c_i + \varepsilon_i (i = 1, \cdots, n) \quad (5-3)$$

$$y_i = \gamma_0 + \gamma_1 x + \gamma_m M_i + \gamma_2 c_i + \varepsilon_i (i = 1, \cdots, n) \quad (5-4)$$

式中的 M_i 表示中介变量（集体是否出资、村民是否出资），α、β、γ 为模型回归系数。中介效应的检验步骤为：第一步对模型（5－2）进行回归，检验解释变量村委会主任权威与被解释变量“一事一议”财政奖补制度实施的回归系数是否显著，如果系数 α_1 显著为正，说明村委会主任权威越高“一事一议”财政奖补制度实施越好，继续第二步；如果不显著则停止检验。第二步对模型（5－3）进行回归，检验中介变量筹资结构与村委会主任权威的回归系数是否显著，如果系数 β_1 显著，说明村委会主任权威显著影响筹资结构。第三步对模型（5－4）进行回归，如果系数 γ_1 和 γ_m 都显著，说明存在部分中介效应；如果村委会主任权威的回归系数 γ_1 不显著，但筹资结构的回归系数 γ_m 显著，则说明筹资结构发挥了完全中介的作用。

5.4　数据来源及描述性统计

5.4.1　数据来源

本章依托 2018 年中国乡村振兴战略智库数据平台开展的乡村振兴实践调研，采用多阶段随机抽样方法抽取样本。第一步，确定样本县（区、市）。在 41 个农业县（区、市）中，按照 2017 年人均 GDP 进行排序，划分高、中和低三类，分别在每类县（区、市）中，随机抽取 3 个县（区、市），其中，抽取的 9 个县（区、市）中有 2 个县（区、市）（彰武县和庄河市）为前期调研过的县。为获得跟踪调查数据，将前期调研过但在本次抽样中没有被抽取的 3 个区（辽中区、明山区、金州区）加入样本县中，共计 12 个样本县。第二步，确定样本乡镇。在确定样本县之后，采用同样的分层随机抽样的方法在每个样本县（区、市）内抽取 3 个样本乡镇，跟踪调研的 5 个县（区、市）中有 2 个乡镇是前期调研乡镇，本次再增加抽取 1 个乡镇，共计 36 个样本乡镇。第三步，确定样本村庄。采用随机抽样的方法在每个样本乡镇抽取 3 个样本村，其中，跟踪调研的 10 个乡镇中，每个乡镇有 1 个村是前期调查过的村，再另抽取 2 个村为样本村。由于明山区新民镇被抽取的 3 个村出现了合并，本次调研共计 106 个村。第四步，确定样本农户。每个村随机抽取 10 个农户，前期调研过的 10 个村对前期调研的 22 户农户进行跟踪调查，本次调研共计调查 1 180 户农户，剔除调查信息不完整的问卷，有效问卷 1 175 份，问卷有效率为 99.58%。

5.4.2 描述性统计

5.4.2.1 村委会主任个人特征及任职情况

本研究的受访者为辽宁省 12 个样本县，36 个样本乡镇，106 个样本村的 136 名前任或现任村委会主任，被访者的具体情况如表 5-2 所示。

此处需要强调，在 106 个样本村中调查了 136 名村主任，是因为在 2015—2018 年三年中村内基础设施可能是一任或两任村委会主任分别负责建设的。如某村的两项基础设施是分别由两位村主任在其任期内各自负责建设的。

表 5-2 村委会主任个人特征及任职情况

变量名称	样本量（人）	比例（%）
性别		
男	129	94.85
女	7	5.15
年龄		
≤30 岁	7	5.15
31～40 岁	33	24.26
41～50 岁	69	50.74
51～60 岁	21	15.44
61～70 岁	6	4.41

（续）

变量名称	样本量（人）	比例（%）
受教育程度		
0～6 年	6	4.41
7～9 年	58	42.65
10～12 年	39	28.68
13～15 年	27	19.85
15 年以上	6	4.41
每月收入		
0～1 000 元	35	25.74
1 001～2 000 元	35	25.74
2 001～3 000 元	34	25.00
3 001～4 000 元	14	10.29
4 001～5 000 元	7	5.15
5 000 元以上	11	8.09
是否参过军		
是	19	14.07
否	116	85.93
是否是党员		
是	111	81.62
否	25	18.38
当选前的收入和村民相比		
高	65	47.79
差不多	67	49.26
低	4	2.94
是否在县城买房了		
是	41	30.37
否	94	69.63
任选方式		
村民直选	123	90.44
村民代表选	6	4.41
村两委选	5	3.68
上级指定	2	1.47

（续）

变量名称	样本量（人）	比例（%）
工作考核是否与报酬挂钩		
是	112	82.35
否	24	17.65
每天处理村务的时间		
0～4 小时	48	35.56
5～8 小时	76	56.30
8 小时以上	11	8.09

数据来源：根据问卷调查整理。

（1）辽宁省村庄领导者个人素质总体较高。被调查样本村村委会主任个人素质总体较高。

就性别而言，样本村村委会主任基本均为男性。其中有 129 个村庄村委会主任为男性，占样本总量的 94.85%；仅有个别样本村村委会主任为女性，有 7 个村庄村委会主任为女性，占样本总量的 5.15%。

就年龄而言，样本村村委会主任大部分为 40～60 岁的中年人，年龄分布比较合理。其中有 7 个样本村村委会主任年龄低于 30 岁，占样本总量的 5.15%；有 33 个样本村村委会主任年龄为 31～40 岁，占样本总量的 24.26%；有 69 个样本村村委会主任年龄为 41～50 岁，占样本总量的 50.74%；有 21 个样本村村委会主任年龄为 51～60 岁，占样本总量的 15.44%；有 6 个样本村村委会主任年龄为 61～70 岁，占样本总量的 4.41%。

从受教育程度来看，样本村村委会主任受教育水平不高。样本平均受教育年限为 11.4 年，即未达到高中毕业水平。其中有 6 个样本受教育年限为 0～6 年，即小学文化，占样本总量的 4.41%；有 58 个样本受教育年限为 7～9 年，即初中文化，占样本总量的 42.65%；有 39 个样本受教育年限为 10～12 年，即高中文化，占样本总量的 28.68%；有 27 个样本受教育年限为 13～15年，即大学文化，占样本总量的 19.85%；有 6 个样本受教育年限为 15 年以上，即研究生以上文化水平的样本占总量的 4.41%。

从参军入伍经历来看，有大约 1/6 的村委会主任曾经参军入伍。具体而言，有 19 个样本具有参军入伍经历，占样本总量的 14.07%；有 116 个样本没有参军入伍经历，占样本总量的 85.93%。

从政治面貌来看，样本村村委会主任大部分为中共党员。具体而言，有 111 个样本政治面貌是中共党员，占样本总量的 81.62%；有 25 个样本政治面貌不是中共党员，占样本总量的 18.38%。

（2）辽宁省村庄领导者经济水平总体一般。被调查样本村村委会主任经济收入水平一般，薪资待遇有待提高。

从样本村村委会主任的月工资收入来看，村委会主任月工资收入较低，且收入差距较大，平均月收入 2 300 元。其中，每月收入低于 1 000 元的样本有 35 个，占样本总量的 25.74%；每月收入为 1 001～2 000 元的样本有 35 个，占样本总量的 25.74%；每月收入为 2 001～3 000 元的样本有 34 个，占样本总量的 25%；每月收入为 3 001～4000 元的样本有 14 个，占样本总量的 10.29%；每月收入为 4 001～5 000 元的样本有 7 个，占样本总量的 5.15%；每月收入为 5 000 元以上的样本有 11 个，占样本总量的 8.09%。从样本中可以发现有超过四分之一的村委会主任月收入不足 1 000 元，可见辽宁省有部分村委会主任薪资待遇较差，辽宁省村干部薪资待遇有待提高，尤其是政策需要重点关注目前薪资待遇较差的地区。

从样本村村委会主任在当选前的收入水平来看，村委会主任在当选前收入水平基本接近或略高于普通村民。具体而言，当选前收入水平高于普通村民的样本有 65 个，占样本总量的 47.79%；当选前收入水平和普通村民差不多的样本有 67 个，占样本总量的 49.26%；当选前收入水平低于普通村民的样本有4 个，占样本总量的 2.94%。

从样本村村委会主任是否在县城购置房产的情况来看，超过 2/3 的样本村村委会主任未在县城购置房产，有不到 1/3 的样本村村委会主任拥有县城房产。具体而言，有 41 个样本村村委会主任在县城购有房产，占样本总量的 30.37%；有 94 个样本村村委会主任未在县城购置房产，占样本总量的 69.63%。

（3）辽宁省村庄领导者任职情况总体良好。被调查样本村村委会主任任职情况良好，任选方式得当，有合理的工作积极性激励制度，能够较好地履行工作职责。

村委会主任任选方式主要有四种，如村民直选、村民代表选、村两委选、上级指定，样本村村委会主任大部分通过村民直选的方式任职。其中，有 123 个样本村村委会主任通过村民直选担任村委会主任职务，占样本总量的 90.44%；有 6 个样本村村委会主任通过村民代表投票担任村委会主任职务，占样本总量的 4.41%；有 5 个样本村村委会主任通过村两委选拔担任村委会主任职务，占样本总量的 3.68%；有 2 个样本村村委会主任通过上级指派的方式担任村委会主任职务，占样本总量的 1.47%。

从村委会主任工作考核情况来看，大部分村庄村委会主任的工作考核情况与村委会主任薪资报酬直接挂钩。具体而言，有 112 个样本村村委会主任工作考核与薪资报酬挂钩，占样本总量的 82.35%；有 24 个样本村村委会主任工作考核未与薪资报酬挂钩，占样本总量的 17.65%。

从村委会主任每天处理村务的时间来看，多半村委会主任每天会花费大部分的时间在处理村务的工作上。其中，有 48 个样本村村委会主任每天处理村务的时间少于 5 小时，占样本总量的 35.56%；有 76 个样本村村委会主任每天处理村务的时间为5～8小时，占样本总量的 56.30%；有 11 个样本村村委会主任每天处理村务的时间超过 8 小时，占样本总量的 8.09%。

5.4.2.2 基础设施项目建设情况

通过调研本章掌握了辽宁省被调查样本村的基础设施建设情况，包括项目类型、筹资筹劳情况、“一事一议”财政奖补情况、项目实施效果评价四部分。在对调研数据进行处理后，整理出样本村庄（106 个）中共 90 个村庄开展村级公共产品建设（共 280 项）。具体内容如表 5-3 所示。

表 5-3 项目类型

项目类别	项目数（项）	比例（%）
道路桥梁	81	28.93
危房改造	36	12.86
村文化广场	30	10.71
路灯	29	10.36
垃圾收集设施	22	7.86
诊所	19	6.79
社区绿化和美化	19	6.79

（续）

项目类别	项目数（项）	比例（%）
村办公楼	13	4.64
社区活动中心	7	2.50
其他	5	1.79
生活用水	4	1.43
电力设施	4	1.43
学校	3	1.07
垃圾处理设施	3	1.07
废水集中处理设施	2	0.71
移民搬迁	1	0.36
通信网络	1	0.36
封山育林或封山禁牧	1	0.36

数据来源：根据问卷调查整理。

如上表所示，被调查样本村基础设施建设项目基本分为18种，将18种项目按照项目数由多到少排列，可以看出基础设施建设项目中最多的是道路桥梁建设项目，被调查样本中共有81项道路桥梁建设项目，占全部项目的28.93%；其次是危房改造项目，被调查样本中共有36项危房改造项目，占全部项目的12.86%；村文化广场建设项目开展数量也较多，被调查样本中共有30项，占全部项目的10.71%；被调查样本中共有村内道路路灯建设项目29项，占全部项目的10.36%；垃圾收集设施建设项目共有22项，占全部项目的7.86%；村卫生诊所建设运营项目共19项，占全部项目的6.79%；村庄社区绿化和村容村貌美化项目共19项，占全部项目的6.79%；村委办公楼建设项目13项，占全部项目的4.64%；村庄社区活动中心建设项目共7项，占全部项目的2.50%；村庄保障家庭基本生活用水项目4项，占全部项目的1.43%；村庄集体与家庭用电设施建设项目共4项，占全部项目的1.43%；村庄幼儿园、小学建设运营项目共3项，占全部项目的1.07%；垃圾处理设施建设项目共3项，占全部项目的1.07%；废水集中处理设施建设项目共2项，占全部项目的0.71%；农村居民移民搬迁项目共1项，占全部项目的0.36%；村庄电信通信网络设施建设项目共1项，占全部项目的0.36%；封山育林或封山禁牧项目1项，占全部项目的0.36%。

通过调研已掌握被调查样本村280项基础设施建设项目具体情况(表5-4)。

表5-4　项目建设情况

项目建设情况	项目数(项)	比例(%)
筹资筹劳情况		
集体出资	141	50.36
集体未出资	139	49.64
村民出资	55	19.64
村民未出资	225	80.36
是否通过“一事一议”建设		
是	175	62.50
否	105	37.50
项目实施效果评价		
非常好	183	66.55
好	82	29.82
一般	5	1.82
较差	2	0.73
很差	3	1.09

数据来源:根据问卷调查整理。

从筹资筹劳情况来看,村庄基础设施项目建设过程超过一半的项目得到了村集体的资金投入,村民参与筹资筹劳的积极性不高。具体而言,村集体给予资金投入的项目有141项,占全部项目的50.36%,项目建设过程中未得到集体资助的项目有139项,占全部项目的49.64%;另外,村民参与了筹资筹劳的项目有55项,占全部项目的19.64%,项目建设过程中村民未参与筹资筹劳的项目有225项,占全部项目的80.36%。

从“一事一议”财政奖补制度在辽宁省基础设施建设中实施效果来看,辽宁省“一事一议”财政奖补制度实施比例高于全国平均水平,可见辽宁省“一事一议”财政奖补制度实施效果好于全国平均水平。具体而言,被调查样本中有175个项目通过“一事一议”财政奖补制度投资建设,占样本总量的62.50%,也就是辽宁省“一事一议”财政奖补制度实施比例为62.50%;

被调查样本中有 105 个项目未通过“一事一议”财政奖补制度建设，占样本总量的 37.50%，可见虽然辽宁省“一事一议”财政奖补制度实施情况好于全国平均水平，但仍有进一步深入落实政策的空间。

从“一事一议”财政奖补项目建设效果评价来看，辽宁省“一事一议”财政奖补项目评价总体较好。被调查样本中的评价基本集中在非常好和好两项中，具体而言，被调查样本中有 183 项评价为非常好，占样本总量的 66.55%；有 82 项评价为好，占样本总量的 29.82%；有 5 项评价为一般，占样本总量的 1.82%；有 2 项评价为较差，占样本总量的 0.73%；有 3 项评价为很差，占样本总量的 1.09%。可见“一事一议”财政奖补制度有效地促进了农村基础设施的建设，且有助于提高项目建设满意度。

5.5　村委会主任社会声望权威影响“一事一议”财政奖补制度实施的实证分析

5.5.1　变量设定

通过梳理已有文献，结合村级公共产品供给的理论、“一事一议”财政奖补制度的规定以及制度实施的实践经验，针对样本村庄“一事一议”财政奖补制度实施的特点，本章选取了各类在村级基础设施建设中会影响项目采用“一事一议”财政奖补制度的指标。其中，被解释变量为“该项目建设是否通过‘一事一议’”，是=1，否=0 的二分变量。解释变量为样本村基础设施建设项目责任村委会主任的社会声望权威，控制变量包括村委会主任月收入、任职前收入与村民相比高低程度、受教育年限、任职年限、干部经历、年龄、性别、是否参过军、是否党员。

本章核心解释变量是村委会主任社会声望权威。参考李春玲（2005）在中国社会声望分层的研究中指出社会声望权威指的是社会上的绝大多数人对某个人或某个群体的综合性价值评价，本章参考其衡量方法以村民对村委会主任德高望重程度的评价得分来衡量村委会主任的社会声望权威，村民对村委会主任德高望重程度的评价由 1～10 进行打分，得分越高表明村委会主任的社会声望权威越高。本章后续展开讨论的中介效应研究选取“村集体是否出资”和“村民是否出资”为中介变量，对应问卷题项“项目建设时是否有村集体出资”和“项目建设时是否有村民出资”。

控制变量包括村委会主任个人特征及其任职情况，如：年龄、性别、受教育年限、是否参过军、是否是党员。村干部的个人特征变量会影响其工作效率、工作时间投入，进而影响“一事一议”财政奖补制度的执行（李秀义、刘伟平，2017）。考虑到村干部的收入对于乡村治理的重要影响（何雪峰，2015），以及到任年龄和任职年限对干部工作行为的影响（韩超等，2016），本章选择月工资收入、任职前收入与村民相比高低程度、任职年限、干部经历、村干部考核是否与薪资挂钩对村干部任职情况进行衡量。

为保证研究的精确，本研究剔除研究时间（2015—2018 年）范围外开展项目（12 项）、无对应责任村委会主任项目（21 项）以及主要被解释变量（该项目是否通过“一事一议”）缺失项目（3 项）。数据处理后，样本村庄（106 个）中共有 90 个村庄开展村级公共产品建设（共 280 项）。在进行数据清理的过程中可能会因人为因素使样本出现系统性偏差，本研究对样本进行了系统性偏差检验，具体如表 5－5 所示。

表 5－5　系统性偏差检验

变量名称	样本是否保留（是＝1，否＝0）
是否“一事一议”	0.760
	(0.915)
村民对村委会主任评价	－0.614
	(0.808)
月收入对数	－0.393
	(0.549)
收入与村民相比	－0.075
	(0.912)
受教育年限	－0.177
	(0.200)
任职年限	0.130
	(0.106)
干部经历	0.544
	(1.043)

（续）

变量名称	样本是否保留（是=1，否=0）
年龄	−0.041
	(0.064)
是否党员	−0.194
	(1.196)
常数项	11.442
	(8.799)
观测值	316
R 平方项	0.083

注：各样本回归结果均不显著，表明样本无系统性偏差。

为检验研究中在数据清理过程涉及的样本剔除操作是否会导致样本系统性偏差的产生，在此环节将回归模型中的主要变量与样本是否保留进行了检验，检验结果如果为不显著，则表明样本不存在系统性偏差，如果检验结果中某项变量检验结果为显著，那么则证明该变量存在系统性偏差。表5-5样本系统性偏差检验结果表明样本无系统性偏差。

表5-6　模型中的变量说明

变量名称	变量含义及赋值	样本量	均值	标准差	最小值	最大值
被解释变量						
是否“一事一议”	项目建设是否通过“一事一议”　1=是，0=否	280	0.63	0.48	0	1
解释变量						
村委会主任社会声望权威	对村委会主任德高望重程度打分 得分由1～10赋值评价越高得分越高	280	8.96	0.57	6.88	10
中介变量						
集体出资	项目建设时村集体是否有出资　1=是，0=否	280	0.50	0.50	0	1
村民出资	项目建设时村民是否有出资　1=是，0=否	280	0.20	0.40	0	1

（续）

变量名称	变量含义及赋值	样本量	均值	标准差	最小值	最大值
控制变量						
村委会主任月收入	村委会主任每月工资收入 单位：万元	280	0.23	0.36	0.06	5.32
任职前收入与村民相比高低程度	任职前个人收入与普通村民相比 1＝低，2＝差不多，3＝高	280	2.39	0.52	1	3
受教育年限	村委会主任受教育年限 单位：年	280	11.40	2.44	6	16
任职年限	村委会主任任职年限 单位：年	280	8.47	6.54	1	29
干部经历	在任职之前是否曾任其他干部 1＝是，0＝否	280	0.51	0.50	0	1
年龄	村委会主任的年龄 单位：岁	280	44.59	8.55	26	67
性别	村委会主任的性别 1＝男，0＝女	280	0.92	0.27	1	0
是否参过军	村委会主任是否参过军 1＝是，0＝否	280	0.12	0.32	0	1
是否党员	村委会主任是否是党员 1＝是，0＝否	280	0.83	0.38	0	1

数据来源：根据问卷调查整理。

由表5-6可以看出辽宁省样本村近三年内（2015—2018年）有约63%村内公共产品建设项目通过"'一事一议'财政奖补制度"开展，可见"一事一议"财政奖补制度在辽宁省的实施状况总体较好。从村委会主任的社会声望权威来看，村委会主任社会声望权威得分均值为8.96分，样本中最高得分为满分10分，最低得分为6.88分，可见样本村村委会主任社会声望权威总体较高。从项目建设出资情况来看，在90个开展村级公共产品建设的村庄中，集体参与出资的村占50%，村民参与出资的村占20%。从村委会主任经济情况来看，村委会主任任职前个人收入与普通村民相比均值为2.39（1＝低，2＝差不多，3＝高），村委会主任任职之前个人收入总体略高于普通村民。从村委会主任受教育程度来看，村委会主任受教育年限均值为11.40年，体现辽宁省村委会主任受教育程度较高。从任职年限来看，村委会主任任职年限均值为8.47年，体现辽宁省村委会主任任职年限较长。

5.5.2　基本模型检验结果

本部分利用二值选择回归模型，分析村委会主任社会声望权威对“一事一议”财政奖补制度实施的影响。将“项目是否通过‘一事一议’”作为被解释变量，该变量为虚拟变量，其中，1表示该项目通过“一事一议”，0表示该项目未通过“一事一议”，解释变量为村委会主任社会声望权威，控制变量为其他可能影响“一事一议”财政奖补制度实施的变量，模型表达式如式（5-5）所示。

$$P(y=1\mid x)=F(x,\beta)=\Lambda(x'\beta)=\frac{\exp(x'\beta)}{1+\exp(x'\beta)} \quad (5-5)$$

在上述模型中，y是被解释变量“项目建设是否通过‘一事一议’”，x是解释变量村委会主任声望权威，以及村委会主任年龄、性别、受教育年限、是否参过军、是否是党员、月工资收入、任职前收入与村民相比高低程度、任职年限、干部经历、村干部考核是否与薪资挂钩。此外，本章还加入了县域固定效应，为了消除残差的异方差和自相关，本章所有回归均采用稳健的标准误。

表5-7　村委会主任社会声望权威对“一事一议”制度实施影响的模型估计结果（Logit回归）

变量名称	项目建设是否通过“一事一议”
解释变量	
村民对村委会主任评价	0.937*** (0.304)
控制变量	
村委会主任月收入对数	−0.685** (0.302)
任职前收入与村民相比高低程度	0.640** (0.324)
受教育年限	−0.142** (0.067)
任职年限	−0.107*** (0.026)
干部经历	−0.844** (0.338)

（续）

变量名称	项目建设是否通过“一事一议”
年龄	−0.009（0.021）
性别	1.170*（0.599）
是否参过军	−0.136（0.483）
是否党员	0.535（0.429）
固定效应	是
常数项	205.672***（65.969）
观测值	280
R 平方项	0.158

注：①＊、＊＊、＊＊＊分别表示在10%、5%、1%统计水平上显著；②括号中为标准误差；③固定效应为县域控制。

回归结果如表5-7所示，汇报了村委会主任社会声望权威对“一事一议”财政奖补制度实施影响的模型估计结果，结果显示，村委会主任社会声望权威在1%统计水平下正向显著影响“一事一议”财政奖补制度实施，在村庄治理中，村委会主任的社会声望权威越高，在村内开展公共产品供给时越倾向于通过“一事一议”财政奖补制度来进行，村委会主任的社会声望权威对村内公共产品项目建设有着积极的正向影响。

回归结果还汇报了村委会主任经济水平对“一事一议”财政奖补制度实施影响的模型估计结果，结果显示，任职前收入与村民相比高低程度在5%统计水平上正向显著影响“一事一议”财政奖补制度实施，说明村委会主任经济水平越高，越有助于促进“一事一议”财政奖补制度的实施。可能因为有财富的村干部通常具备带领村民一起致富的能力，能够为村庄的公共事业建设和发展提供资助，从而促进村庄公共产品的建设和“一事一议”财政奖补制度的实施。此结论与国内学者卢福营（2008）的观点相似。

回归结果汇报了村委会主任受教育年限对“一事一议”财政奖补制度实施影响的模型估计结果，结果显示，受教育年限在5%统计水平上负向显著影响“一事一议”财政奖补制度实施，说明文化水平较低的村委会主任更倾向于采用“一事一议”财政奖补制度来帮助其完成村内公共产品的供给，这更加反映出“一事一议”财政奖补制度对于农村公共产品供给的保障作用。在村庄不具备高知识水平或者不具备一些资源禀赋优势等各种优先条件的情况下也可以实现村内公共产品的有效供给。

回归结果同时也汇报了曾担任干部经历和任职年限对“一事一议”财政奖补制度实施影响的模型估计结果，结果显示曾担任干部经历在5%统计水平上负向显著影响“一事一议”财政奖补制度的实施；任职年限在1%统计水平上负向显著影响“一事一议”财政奖补制度实施，说明村委会主任任职年限越长，“一事一议”财政奖补制度实施的情况越差。可能因为村委会主任长时间在同一岗位任职其工作积极性出现下降。此结论与国内学者陈家喜(2018)的观点相似。

5.5.3 村委会主任社会声望权威对“一事一议”财政奖补制度实施影响的中介效应检验

上述研究结果证实了村委会主任社会声望权威对“一事一议”财政奖补制度实施产生了显著的正向影响，但仍然有必要深入探讨村委会主任社会声望权威是如何影响到“一事一议”财政奖补制度实施的，本部分将继续深入分析村委会主任社会声望权威影响“一事一议”财政奖补制度中的作用机制。

根据“一事一议”财政奖补政策有关规定，在上级政府进行“一事一议”财政奖补项目审批时，除考察项目可行性等因素以外，村集体内部筹资筹劳情况也是政府考察的一项重要内容，村内公共产品建设必须以村民民主决策为原则，在此基础上开展集体内部筹资筹劳。因此，本研究考虑村委会主任的社会声望权威可能会影响到集体出资和村民出资，进而影响到“一事一议”财政奖补制度的实施和落实，即集体出资和村民出资两种筹资方式在村委会主任社会声望权威对“一事一议”财政奖补制度实施的影响中具有中介作用，为此，本章设定以下模型检验：

$$y_i = \alpha_0 + \alpha_1 x + \alpha_2 c_i + \varepsilon_i (i = 1, \cdots, n) \qquad (5-6)$$

$$M_i = \beta_0 + \beta_1 x + \beta_2 c_i + \varepsilon_i (i = 1, \cdots, n) \qquad (5-7)$$

$$y_i = \gamma_0 + \gamma_1 x + \gamma_m M_i + \gamma_2 c_i + \varepsilon_i (i = 1, \cdots, n) \qquad (5-8)$$

式中的 M_i 表示中介变量（筹资结构），α、β、γ 为模型回归系数，X 是村委会主任社会声望权威，Y 是项目建设是否通过“一事一议”财政奖补制度。

表5-8汇报了中介效应检验结果，模型（1）和模型（2）汇报了村委会主任社会声望权威对于集体出资和村民出资的影响，结果显示，村委会主任社会声望权威在10%的统计水平下负向显著影响村集体参与出资，同时村委会主任社会声望权威在10%的统计水平下正向显著影响村民参与出资，说明村委会主任社会声望权威越高村民越愿意参与筹资筹劳，而集体参与出资被取代，原因可能是社会声望权威比较高的村委会主任在村庄范围内有较高的威信，村委会主任可以更好地与村民进行联系，村委会主任推行的政策制度也更加容易得到村民的信任，从而参与筹资筹劳的积极性得到提高，在此情况下，集体出资的压力得到了缓解。根据本研究对辽宁省农村的广泛调查了解，发现辽宁省仍现存较多村庄由于种种原因常年无集体经济收入或集体经济规模较小，对于这一类农村鼓励村民筹资筹劳的参与积极性可以直接缓解集体经济的投资压力，也同样促进了村庄公共产品的供给。

表5-8 村委会主任社会声望权威影响“一事一议”财政奖补制度实施中介效应模型回归结果

变量名称	(1) 集体出资	(2) 村民出资	(3) 是否通过“一事一议”	(4) 是否通过“一事一议”	(5) 是否通过“一事一议”	(6) 是否通过“一事一议”
村民对村委会主任评价	−0.465*	0.067*			1.207***	1.094***
	(0.267)	(0.356)			(0.320)	(0.323)
集体出资			1.159***		1.161***	
			(0.261)		(0.333)	
村民出资				1.816***		1.668***
				(0.457)		(0.546)
月收入对数	−0.669**	−0.294			−0.632**	−0.798**
	(0.280)	(0.313)			(0.295)	(0.323)
收入与村民相比	0.927***	1.607***			0.594*	0.604*
	(0.318)	(0.429)			(0.345)	(0.353)
受教育年限	−0.073	−0.483***			−0.115*	−0.053
	(0.067)	(0.109)			(0.065)	(0.073)
任职年限	−0.026	0.003			−0.110***	−0.119***
	(0.025)	(0.035)			(0.029)	(0.029)
干部经历	0.063	−0.907**			−0.685**	−0.538
	(0.317)	(0.416)			(0.329)	(0.332)

（续）

变量名称	(1) 集体 出资	(2) 村民 出资	(3) 是否通过 "一事一议"	(4) 是否通过 "一事一议"	(5) 是否通过 "一事一议"	(6) 是否通过 "一事一议"
选举方式	−0.987***	−0.750*			−0.658**	−0.832***
	(0.283)	(0.446)			(0.282)	(0.283)
年龄	−0.043**	−0.042			−0.019	−0.023
	(0.018)	(0.029)			(0.023)	(0.024)
在县城是否有房	0.022	0.886**			0.706*	0.612
	(0.328)	(0.406)			(0.402)	(0.445)
薪酬与考核挂钩	0.264	−0.227			−0.857*	−0.916*
	(0.370)	(0.489)			(0.466)	(0.494)
是否参过军	0.625	0.240			−0.139	−0.090
	(0.535)	(0.536)			(0.468)	(0.498)
是否是党员	0.118	0.705			0.370	0.213
	(0.400)	(0.508)			(0.435)	(0.449)
固定效应	是	是	是	是	是	是
常数项	281.430***	84.516	38.293	45.277	105.885	134.066*
	(81.328)	(61.669)	(50.655)	(50.764)	(74.474)	(69.196)
观测值	280	280	280	280	280	280
R 平方项	0.25	0.12	0.06	0.06	0.24	0.24

注：① *、**、***分别表示在10%、5%、1%统计水平上显著；②括号中为标准误差；③固定效应为县域控制。

模型（3）和模型（4）汇报了中介变量集体出资和村民出资对"一事一议"财政奖补制度实施的影响，结果显示，集体出资在1%的统计水平下正向显著影响"一事一议"财政奖补制度的实施，同时村民出资在1%的统计水平下正向显著影响"一事一议"财政奖补制度的实施，说明集体出资和村民参与筹资筹劳都可以明显有助于"一事一议"财政奖补项目通过上级政府审核，从而得到奖补资金资助项目开展建设。也就再次证实，在申请财政奖补前，村集体内部参与出资并且鼓励村民积极参与筹资筹劳的项目更容易得到上级政府的财政奖补。

模型（5）和模型（6）为解释变量村委会主任社会声望权威分别加入中介变量集体出资、村民出资后与被解释变量"一事一议"财政奖补制度实施进行回归的结果，结果显示村委会主任社会声望权威均在1%的统计水平下显著正向影响“一事一议”财政奖补制度的实施，并且，在加入中介变量后回归系数由 0.937 上升为 1.207（集体出资）和 1.094（村民出资），由此可以推断，集体出资和村民出资在村委会主任社会声望权威影响“一事一议”财政奖补制度实施之间具有部分中介效应。

综上所述，集体出资和村民出资在村委会主任社会声望权威影响“一事一议”财政奖补制度实施中能够发挥中介作用。“一事一议”财政奖补制度作为村级公共产品自愿性供给的唯一方式，必须始终保障农民主体地位，尊重村民意愿，根据村民需求合理规划建设，建立政府、村集体、村民等各方共谋、共建、共管、共评、共享机制。为保证村民充分参与村内公共事业建设，村委会主任拥有较高的社会声望权威将有助于带动农民参与决策、参与筹资筹劳，从而促进“一事一议”财政奖补政策实施，促进农村公共产品的有效供给。

5.6 研究结论与政策建议

5.6.1 研究结论

实施乡村振兴战略，建设有中国特色的社会主义新农村，关键在于建设一支高素质的村落基层干部队伍，村官队伍不仅对村落经济发展起到了举足轻重的作用（Nee & Su，1990），同时担负着促进村庄有效治理和保障农村公共产品有效供给的重任。人力资本是农业增长的主要源泉，这是人力资本理论之父西奥多·舒尔茨曾反复强调的观点。新的历史条件下，人们对村干部的人力资本含量提出了更高要求，社会声望权威将在村庄发展上发挥特殊作用。

本章利用 2018 年中国乡村振兴战略智库数据平台开展的乡村振兴实践调研数据，运用二值选择模型进行定量研究，实证分析了村委会主任社会声望权威对“一事一议”财政奖补制度实施产生的影响。作为村落精英阶层的核心，村委会主任是村落基层干部的典型代表，本章从村委会主任社会声望权威角度探讨了村委会主任权威对“一事一议”财政奖补制度实施的影响。另外，在实证研究村委会主任社会声望权威影响“一事一议”财政奖补制度实施的基础上运用中介效应模型进一步探讨了其中可能的内在作用机制。本章的主要结论如下：

（1）本章参考李春玲（2005）在中国社会声望分层的研究中测度社会声望权威的方法测度了辽宁省各样本村村委会主任的社会声望权威。社会声望权威评分1～10分，辽宁省村委会主任社会声望权威得分均值为8.96分，总体而言样本村村委会主任社会声望权威较高，对于部分社会声望权威低于均值的村委会主任有必要从各方面采取有效措施来提升自身的社会声望权威。

（2）辽宁省村庄领导者个人素质总体较高，履职情况也较好，但是收入水平并不高。被调查样本村村委会主任平均年龄44.59岁，年龄结构较为合理；受教育年限均值为11.4年，也就是说辽宁省村委会主任文化水平平均为高中文化；样本村村委会主任任选方式得当，有合理的工作积极性激励制度，能够较好地履行工作职责。但是样本村村委会主任平均每月收入仅为2 300元，并且还有25.74%的样本村村委会主任月收入不足1 000元，显然辽宁省村庄领导人收入水平不高。

（3）目前辽宁省“一事一议”财政奖补制度筹资筹劳积极性有待提高。通过调研掌握到的106个村庄近三年累计开展的基础设施投资建设项目316项，在已开展的316项基础设施建设项目中，只有大约50%的项目村集体参与了投资，另外有50%的项目村集体未给予投资，而是依赖财政或其他投资。同时，村民参与筹资筹劳的积极性也处于较低水平，在已开展的316项基础设施建设项目中，只有大约20%的项目有村民参与筹资筹劳，另外80%的项目村民未参与。

（4）村委会主任社会声望权威会对“一事一议”财政奖补制度实施产生显著的积极作用，即在农村公共产品建设中，村委会主任社会声望权威越高，越倾向于通过“一事一议”财政奖补制度来进行村级公共产品建设，也进一步说明村委会主任在乡村振兴战略的实施过程中将发挥重要作用。

（5）进一步探究村委会主任社会声望权威影响“一事一议”财政奖补制度实施的作用路径，中介效应模型回归结果显示，集体出资和村民出资在村委会主任社会声望权威与“一事一议”财政奖补制度的实施之间起到中介作用，即村委会主任社会声望权威之所以影响到“一事一议”财政奖补制度的实施，主要是在村内公共产品筹资建设过程中，村委会主任社会声望权威影响到了村集体出资情况和村民出资情况所致，在村级公共产品筹资建设过程中，村委会主任社会声望权威主要是通过鼓励和促进村民出资，降低村集体出资压力，进而影响村庄通过“一事一议”财政奖补制度提供公共产品。

5.6.2 政策建议

作为村落集体组织的直接管理者，村委会主任的个人权威将直接影响到村落资源配置。其社会声望权威对“一事一议”财政奖补制度的实施有显著的影响，更多的实证研究有助于从不同的视角采用创新的方式完善和发展“一事一议”制度，根据以上的研究结论本章提出以下几点政策建议：

（1）村庄领导者应重视培养自身社会声望权威。村庄是一个熟人社会，村民之间基于血缘与地缘的联系，在长期的交往过程中形成了较为牢固的信任关系，从而形成社会声望权威。村委会主任在乡村治理中很大程度上基于信任的关系而发挥作用，在乡村治理中，村庄领导者要获得受众的信任，其必须不断提高个人能力，提高其在处理村庄事务中的业务能力、对政策制度的理解掌握能力、维护村庄利益保障村民权益的能力。村庄领导者要在日常的生活和工作中统筹大局，工作努力做出一定的成效，这样才能提升其在村民心目中的被信任程度，提高自身的社会声望权威。因此本章认为村庄领导人应重视培养自身的社会声望权威，才能在各类乡村治理工作中，形成一个领导者和村民共同发力的良性循环。

（2）村干部选拔任命时应重视社会声望权威因素。要选好用好农村基层自治组织带头人，在选拔任命带头人时重视社会声望权威因素。乡村治理能达到善治的核心在于强化党的领导，构建“共建、共治、共享”治理体系。而选好用好农村基层党组织带头人，是坚持农村基层党组织领导核心地位的关键。针对部分乡村带头人“不作为”“不带头”等消极被动现象，要善于结合村庄具有较高社会声望权威的能人在农村事务中发挥的特殊作用，将在乡村治理中作出突出贡献的村民代表或“村庄能人”列为发展对象，适时选优配强一批能干事、肯干事、干实事的贤能村干部，带领群众将乡村治理实践和国家各项政策结合起来落到实处。村民自治需要自上而下的政治权威与自下而上的内生动力之双重牵引，如果政治权威与村庄领导人的社会声望权威两者能协调配合，则会对乡村治理形成双重牵引。

(3) 完善农村基层自治组织建设以及民主选举制度。在乡村振兴战略背景下，要强化党在村民自治实践中的领导地位，依法推动村民自治中民主选举、民主决策、民主管理与民主监督的顺利实施。基层党组织要加强干部队伍建设，提升党员领导干部的责任意识、治理能力，充分发挥党员干部在乡村事业发展、村庄治理中的模范带头作用。同时，发挥村民自治组织的优势，继续完善农村基层民主选举制度，保证社会声望权威更高的村干部能够通过民主选举当选。另外，政府在制定完善"一事一议"财政奖补相应制度或政策时，应充分考虑村委会主任社会声望权威对制度产生的影响，建立"一事一议"筹资的监督和审查机制，通过相应的制度约束，合理控制筹资资金来源。村干部在村庄治理工作中要加强培训，从培养良好的干群关系、公仆精神、奉献精神等方面积累社会声望权威。在村干部的选拔中重点考虑参选人的社会声望权威。

(4) 提高村民参与"一事一议"筹资筹劳的积极性。目前辽宁省"一事一议"财政奖补项目建设中，资金来源主要依赖财政的支持，其次是村集体出资，村民参与筹资筹劳的情况只占小部分，这体现出目前辽宁省村庄集体具备一定的出资能力，但村民筹资筹劳的积极性较小，根据本章研究结论已知村民参与筹资筹劳可以有效促进"一事一议"财政奖补制度的实施，显然有必要采取措施提高村民参与筹资筹劳积极性。因此，除了应该提高村庄领导人的社会声望权威以外，还应该通过促进农民增收的方式，提高村民参与筹资筹劳的经济能力，同时还可以通过乡风文明的建设提高村民凝聚力，增强村民在家乡建设的责任感，从而提高村民筹资筹劳的积极性。另外，在提高村民筹资筹劳积极性的同时，还应积极鼓励乡村各类协会和企业、本村有所成就的企业家、乡绅乡贤通过社会捐赠的方式进行村级公共产品供给筹资，也可以通过给予村级公共产品捐赠者广告权和冠名权等方式，鼓励和引导社会资本投入到村级公共产品建设中。

第六章　村级公共产品筹资方式异质性：基于村干部人格特征的视角

6.1　绪论

6.1.1　研究背景

村级公共产品的有效供给是实现乡村振兴战略的基础。村级公共产品有助于减少农村私人活动的成本，降低农业的自然和经济风险，促进农村经济结构调整（杨卫军、王永莲，2005），更有助于改善农村生产、生活环境，缩小城乡差距，促进社会和谐（罗万纯、陈怡然，2010）。但在二元经济结构背景下，城乡公共产品供给水平存在一定差距（陈定洋，2009）。目前我国村级公共产品供给水平尚不能很好满足农民的生产和生活需求，严重制约了农民收入的增长和农村经济的发展（曲延春，2012）。城乡公共产品供给水平存在差距的重要原因之一是，城市的公共产品成本由政府负担，而村级公共产品供给的成本则是由政府和农民共同承担（叶兴庆，1997）。

目前我国村级公共产品供给最主要的方式为“一事一议”财政奖补制度（陈杰等，2013）。“一事一议”财政奖补制度是指，通过村民“一事一议”筹资筹劳和村集体经济组织投入筹集资金，政府给予一定比例的奖补资金，共同为村内户外的公益事业建设项目提供资金，并适当向农村新社区和公共服务中心拓展的制度。“一事一议”财政奖补制度在村级公共产品供给中发挥了重要作用，但随着城镇化进程加快和农村空心化程度愈加严重，大量村庄尤其是部分新合并的村庄在进行“一事一议”筹资时存在着“发起难、议事难、筹措难、推进难”的状况（项继权，2014）。但即便如此，目前我国绝大多数农村地区的公共产品供给只能依靠“一事一议”财政奖补制度。

随着制度执行的外部环境变化，“一事一议”财政奖补制度的筹资方式发生了较大转变。2011年起在全国范围内推广的“一事一议”财政奖补制度，解决了筹集资金少、村干部积极性不高等问题，同时还丰富了“一事一议”财政奖补制度的筹资来源，不仅包括村民筹资筹劳，还包括村集体出资和社会捐赠。课题组前期的研究结果发现，自实施“一事一议”财政奖补制度以来，目前辽宁省的“一事一议”财政奖补制度筹资主体已由以往的以村民出资为主，转变为村集体出资和村民出资等多种筹资模式并存。

那么，什么因素导致了村庄“一事一议”财政奖补制度筹资方式的异质性？根据“一事一议”财政奖补制度的管理规定，村集体只有筹集到村级公共产品建设的一定数量资金，才有可能获得上级政府的财政奖补。这意味着，村干部在组织筹资筹劳时会面临着能否获得上级财政奖补的风险。面对风险时，不同人格特征的投资决策差异已被证实（李涛、张文韬，2015），但仅有孤篇文献证实村干部的个人因素是影响“一事一议”财政奖补制度筹资的重要因素之一（陈杰等，2013），且村干部作为村组织的代表，其决策会影响村集体对村级公益事业建设的出资（李秀义、刘伟平，2016），但鲜有文献关注村干部人格特征对“一事一议”财政奖补制度筹资方式可能产生的影响。

基于此，本研究拟从村干部人格特征的视角，深入分析其对“一事一议”财政奖补制度筹资方式的影响，并探究其中的作用路径。村干部作为村庄的管理者，其人格特征会影响到工作表现、责任心、与村民的人际关系等。例如，村干部的某些人格特征可能会通过与村民的人际关系影响村民出资意愿，进而影响筹资方式选择。另外，村干部的人格特征会影响到其人际交往能力和社交能力，从而在获得社会捐赠方面表现出差异。

为完成以上研究目标，本章首先利用“大五”人格量表[①]，测度村干部的人格特征，其次分析村干部人格特征对“一事一议”财政奖补制度筹资方

① 本文所使用的“大五”人格量表来自“英国家户追踪调查”（BHPS）；“德国社会经济追踪调查”（GSOEP），该量表在人格经济学领域的研究中被广泛接受和使用，涵盖各类人格特征，且能够适用不同国家与文化，在不同语言环境下的解释信度都比较高。

式产生的影响及其作用路径，为揭示“一事一议”财政奖补制度筹资方式的决定机制、加强和完善村级公共产品供给制度建设、更好地促进乡村振兴战略的实施提供理论依据。

6.1.2 研究目的和意义

6.1.2.1 研究目的

本章将利用辽宁省 61 个区县 271 个村的微观调研数据，深入研究村干部人格特征对“一事一议”财政奖补制度筹资方式的影响，并进一步揭示村干部人格特征对“一事一议”财政奖补制度筹资方式产生影响的作用路径。从而根据研究结果对制度的发展提出相应建议，以更好地加强和完善村级公共产品供给“一事一议”财政奖补制度。

6.1.2.2 研究意义

本研究的预期结果具有多方面的意义。

（1）理论意义。本章探讨了人格特征对公共投资决策的影响，人格特征作为非认知能力的重要组成部分，对个人投资决策的影响已经得到证实，但在公共事务管理和公共投资决策方面，人格特征的影响还鲜有研究，特别是村干部人格特征在农村村民自治组织的管理中产生的影响。本章从村干部人格特征的视角，深入分析其对村级公共产品供给“一事一议”财政奖补制度筹资方式的影响，并探究其中的作用路径，考虑到了人格特征对公共管理和公共投资决策的影响，在一定程度上完善了相关理论。

（2）现实意义。随着“一事一议”财政奖补制度执行的外部环境变化，通过村民议事进行筹资筹劳提供村级公共产品和公共服务难度加大。“一事一议”财政奖补制度筹资方式发生变化，出资主体越来越倾向村集体，而村干部作为村组织的代表，其决策会影响村集体对村级公益事业建设的出资。本研究揭示村干部人格特征对“一事一议”财政奖补制度筹资方式的影响及其产生影响的作用路径，为优化和改进“一事一议”财政奖补制度筹资方式的决定机制提供理论基础，对该制度的发展具有一定的现实意义。

（3）政策含义。一方面，本研究利用“大五”人格测度量表，揭示村干部的人格特征状况。在任用和选拔村干部时，除了要考查村干部的认知能力，还要考查村干部的人格特征，本研究将在人格特征方面为村干部的任用和选拔提供参考和依据。另一方面，政府在制定相应的完善“一事一议”筹资决策制度的政策时，应充分考虑村干部人格特征对制度产生的影响，应更加积极发挥村民自治组织民主决策的优势，在选择“一事一议”出资方式时，更加科学、考虑周到且符合实际，弱化村干部人格特征对“一事一议”财政奖补制度筹资方式选择的主观影响。

6.1.3 研究方案

6.1.3.1 研究内容

主要研究内容如下：

（1）村干部人格特征的基本状况。本章使用“大五”人格量表对村干部人格特征进行测度，“大五”人格是目前度量人格特征的最基本方法。根据人格经济学领域的研究结论，“大五”人格具有不依赖具体情景、涵盖各类具体人格特征、适用不同国家与文化和不受语言环境影响的特点。本章使用的量表来自“英国家户追踪调查”（BHPS）和“德国社会经济追踪调查”（GSOEP）。该量表可以有效测度村干部的“大五”人格特征，包括严谨性、外向性、顺同性、开放性和神经质五类具体人格特征维度。通过对数据的处理计算出村干部“大五”人格特征得分，为进一步的研究奠定基础。

（2）村干部人格特征对“一事一议”筹资方式的影响分析。通过数据处理得出村干部人格特征得分，运用二值选择模型，根据“大五”人格中的五个不同维度，严谨性、外向性、顺同性、神经质、开放性，分别进行回归，实证分析村干部人格特征是否会对“一事一议”财政奖补制度筹资方式产生影响，以及哪些具体特征会对“一事一议”财政奖补制度筹资方式产生影响。

（3）村干部人格特征影响“一事一议”筹资方式的作用路径。村干部人格特征对“一事一议”财政奖补制度筹资方式产生的影响，可能需要中间变量发挥作用，村干部的人格特征会影响到工作态度、责任心、与村民的人际关系、创新水平以及投资决策等。例如，村干部的某些人格特征可能会通过与村民的人际关系影响村民出资，进而影响“一事一议”财政奖补制度筹资方式。本部分内容拟采用结构方程模型分析法，揭示村干部不同人格特征对“一事一议”财政奖补制度筹资方式产生影响的作用路径。

（4）促进制度发展的政策建议。通过二值选择模型分析村干部人格特征对“一事一议”财政奖补制度筹资方式的影响，并进一步利用结构方程模型分析村干部人格特征对“一事一议”财政奖补制度筹资方式产生影响的作用路径。根据两方面的研究结论提出相应的政策建议，以期促进“一事一议”财政奖补制度的完善与发展，提高村级公共产品供给水平和供给效率。

6.1.3.2　研究方法

本章拟运用的方法主要有：

（1）“大五”人格分类法（主要针对研究内容一）。采用目前被普遍接受并得到广泛应用的“大五”人格分类法对村干部的人格特征进行测度。“大五”人格特征包括严谨性、外向性、顺同性、开放性和神经质五类人格特征维度。通过“大五”人格量表，对村干部的人格特征进行测度。在“大五”人格量表中，每个维度各对应三个问题，要求受访者对于自身的心理状态、行为偏好以及性格特点等进行自我评价，从低到高在1～5分之间给出分数，再对每个维度的三个问题得分取均值，即为受访者在该心理维度上的水平。

（2）二值选择模型分析法（针对研究内容二）。本章的被解释变量“是否选择村集体出资”“是否选择村民出资”和“是否选择混合出资”为离散型变量，即样本选择出资方式为虚拟变量，例如 $y=1$（选择村集体出资）或 $y=0$（不选择村集体出资），因此本部分采用二值选择模型，将村干部人格特征作为解释变量，分别对三种不同出资方式进行回归，实证分析村干部人格特征对不同出资方式的影响。

（3）结构方程模型分析法（针对研究内容三）。村干部人格特征对“一事一议”财政奖补制度筹资方式存在影响，但是需要解释为什么不同人格特征会对“一事一议”财政奖补制度筹资方式有影响。已有研究表明，具有外向性人格特征的管理者拥有较强的内在人际导向，偏好社交，而人际交往能力强有助于其获得更多的社会资本（荣竹，2017）。神经质人格特征体现了对外界的刺激的反应程度，神经质高的个体承受压力的能力较弱，容易对外界刺激产生过度反应（李涛、张文韬，2015）。

本部分拟将村干部不同的人格特征作为初始变量，探究不同人格特征对筹资方式产生影响的作用路径，例如，严谨性和顺同性维度更高的村干部，可能在工作态度、责任心、与村民人际关系方面表现更好，更容易得到村民的信任与支持，村民出资意愿更强。本部分将通过结构方程模型分析法，揭示村干部人格特征对“一事一议”财政奖补制度筹资方式产生影响的作用路径。

6.1.4　技术路线

本章的技术路线图如图 6－1 所示。本章首先通过查阅文献，提出问题，构建出本章的框架结构，包括研究意义、背景及目的、文献综述和相关概念界定。本章共有三个主要研究内容，首先是利用“大五”人格分类法测度村干部的人格特征，其次是利用二值选择模型分析村干部人格特征对“一事一议”财政奖补制度筹资方式的影响，最后利用结构方程模型分析村干部人格特征对“一事一议”财政奖补制度筹资方式产生影响的作用路径。

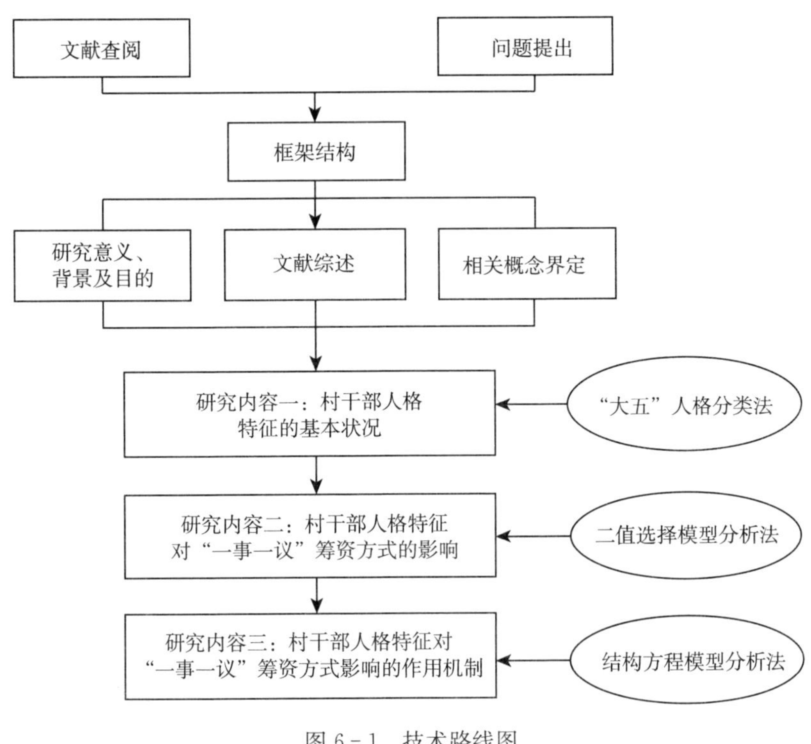

图 6－1　技术路线图

6.1.5　本章的创新点及不足之处

6.1.5.1　创新点

本章首先利用“大五”人格量表，测度村干部的人格特征，其次分析村干部人格特征对“一事一议”财政奖补制度筹资方式产生的影响，并进一步分析村干部影响“一事一议”财政奖补制度筹资方式的作用路径。本章研究具有以下两点创新：

（1）研究内容上，目前“一事一议”财政奖补制度和人格经济学的相关研究中，均鲜有文献关注到村干部这一群体。并且，考察“一事一议”财政奖补制度的研究中，也较少对筹资方式方面展开系统研究。本章以村干部作为研究对象，实证分析其对“一事一议”财政奖补制度筹资方式的影响，并探究其中的作用路径。

（2）研究视角上，以村干部人格特征为主要切入点。本章关注了作为村组织代表的村干部的人格特征对“一事一议”财政奖补制度可能产生的影响，丰富了已有研究，并针对性地提出政策建议，为更好地完善制度提供研究基础。

6.1.5.2 不足之处

本章主要存在的不足为研究数据的局限。一方面，截至调研时，“一事一议”财政奖补政策在辽宁仅执行了 4 年，执行年限较短。另一方面，本章使用的数据为 2017 年辽宁省村级层面数据，对于辽宁省来说更具说服力，但并不能代表更大的区域。从全国范围来看，各省之间“一事一议”财政奖补制度执行情况各异，风土人情、人格特征不同，因此，在未来的研究中需要进一步针对各省情况进行大规模有代表性的调研，以检验各省之间的差异，丰富本章的研究结果。

6.2 文献综述与理论框架

6.2.1 相关概念界定

（1）村级公共产品。指相对于农民“私人产品”而言，用于满足村庄公共需求，具有不可分割性、非竞争性、非排他性的产品。主要是仅供应本村村民使用的对农业生产和农民生活水平提高有积极作用的公共品，包括生产性和生活性村级公共产品。其中，生产性村级公共产品主要指道路、桥梁、农田水利设施等；生活性村级公共产品主要指村内自来水、村内公共厕所、生活污水处理方式、健身娱乐广场等。

（2）“一事一议”财政奖补制度。“一事一议”财政奖补制度是指，通过村民“一事一议”筹资筹劳和村集体经济组织投入筹集资金，政府给予一定比例的奖补资金，共同为村内户外的公益事业建设项目提供资金，并适当向农村新社区和公共服务中心拓展的制度。

（3）“一事一议”筹资方式。根据“一事一议”财政奖补制度的相关规定，村级公共产品供给“一事一议”财政奖补制度的资金来源主要是政府财政奖补和筹资筹劳，其中，“一事一议”筹资筹劳是指村民按照规定的比例进行出资出劳，村集体则可以通过集体经济投入增加筹资金额或弥补资金短缺，也可以通过社会捐赠进行筹资。因此，本章所指的“一事一议”筹资方式包括村民出资、村集体出资、社会捐赠以及混合出资四种出资方式。

（4）“大五”人格特征。“大五”人格特征包括严谨性、外向性、顺同性、开放性和神经质五类人格特征维度，最大程度上抽象概括了所有人格特征，并且五种人格特征各个维度下细分了更为具体的人格特征。Costa and McCrae（1992）对“大五”人格中五类人格特征维度做出了细致的阐述。其中，严谨性体现了个体工作的努力程度及成就感；外向性代表了个体的活跃水平、领导力、决断力和进取心；顺同性衡量了个体与他人合作的难易程度，宽容和信任他人的程度；开放性反映了个体革新精神、好奇心与创造力；神经质涵盖了个体的抗压能力以及自信、乐观的程度。

6.2.2　文献综述

6.2.2.1　“一事一议”制度的相关研究

（1）“一事一议”财政奖补制度绩效研究。目前关于“一事一议”财政奖补制度是否促进了村级公共产品的供给学术界尚有争议。有学者认为，“一事一议”财政奖补制度实施后，通过不断加大投入，大多数农村的村级公共基础设施有显著的改善，尤其体现在农村生活环境方面（罗仁福等，2011；罗万纯，2014）。另外，“一事一议”财政奖补制度的实施有效激励了村级组织公益事业建设（项继权、李晓鹏，2014）。但也有学者认为，随着城镇化进程加快和农村空心化程度愈加严重，不少村庄尤其是部分新合并的村庄存在村级公益事业建设“发起难、议事难、筹措难、推进难”的状况

（项继权，2014）。从制度的具体实践来看，制度本身存在着集体行动困境等亟待解决的问题，但同时也认为该制度应加以完善并非简单废止（李秀义、刘伟平，2016）。

（2）“一事一议”财政奖补制度执行影响因素。“一事一议”财政奖补制度的执行受多种因素影响。已有文献从村庄特征角度考察了影响“一事一议”财政奖补制度“筹资”环节的因素（余丽燕，2015；李秀义、刘伟平，2016），认为村集体投入和村庄规模对获得“一事一议”财政奖补资金具有显著的负向影响。陈硕、朱琳（2015）基于2005年中国综合社会调查数据并结合广义空间两阶段回归方法，发现该制度是否能成功实施显著地受到地区差异的影响。从村民和村干部的视角来看，陈杰等（2013）认为村干部的个人因素是影响“一事一议”财政奖补制度执行的最重要因素之一。从政策的操作层面来看，杨弘、郭雨佳（2015）认为我国农村“一事一议”协商民主实践中普遍面临着议事主体、制度供给与结果执行等方面的困境与难题，这既使得“一事一议”协商民主制度在实践中难以充分发挥应有优势和功效，也使其陷入制度化发展的困境。

（3）村干部对“一事一议”财政奖补制度的影响。有学者认为村干部作为“政府和村民的双重代理人”（徐勇，1997），对制度的有效实施起到至关重要的作用。已有研究表明，在村民有意愿建设村级公共产品的前提下，村干部具有更加突出的作用（刘燕等，2016）。村干部作为村集体的代表，其态度直接影响制度实施情况（余丽燕，2015），其决策会影响村集体对村级公益事业建设的出资（李秀义、刘伟平，2016），这种影响表现在村干部是否会将村集体经济资源投入村级公共产品的建设中，而村集体的投入则会显著影响村级公共产品的供给（余丽燕，2015）。

已有研究证实，村干部的个人因素是影响“一事一议”财政奖补制度执行最重要的因素之一（陈杰等，2013），并且，村干部偏好导致了“一事一议”财政奖补制度政策的绩效偏差（何文盛等，2018）。有学者提出，进一步完善“一事一议”财政奖补制度，需要重视村干部的作用，应鼓励年轻的、有能力的人通过选举成为村委会主要成员，使农村党支部年轻化（杨卫军、王永莲，2005）。通过建立激励相容的动力机制，进一步推动作为双重代理人和经纪人角色的村干部“愿问事，问好事”（彭长生，2011）。

6.2.2.2 人格特征的相关研究

（1）人格特征与“大五”人格分类法。Robert（2009）对人格特征的定义是“相对稳定的思想、感受和行为模式。人格特征体现了个体在某种情境下以某种方式做出反应的倾向。”目前“大五”人格分类法是被普遍接受并得到广泛应用的人格分类法（李涛、张文韬，2015）。“大五”人格特征包括严谨性、外向性、顺同性、开放性和神经质五类人格特征维度。“大五”人格的测度不依赖具体情景，并且较为全面地涵盖了各类具体人格特征，在具体研究中，大多数用到的人格变量都可以被划分到“大五”人格的至少某一方面（Costa & McCrae，1992）。“大五”人格能够适用不同国家与文化，在不同语言环境下的解释信度都比较高。“大五”人格是目前度量人格特征的最基本方法。

（2）人格特征的稳定性。实证研究在考察人格特征对经济行为与表现的影响时，通常假定成年人的人格特征是固定不变且外生的（Heineck & Anger，2010）。目前已有对人格特征稳定性的研究结果表明，个体的人格特征在其整个生命周期中是比较稳定的（Caspi et al，2005）。McCrae 等人（2000）的研究发现，个体在 30 岁以后的人格特征基本保持稳定，无论在均值水平还是排名顺序上发生重大变化的可能性都极小。Cobb－Clark 和 Schurer（2012）通过对 2005 年和 2009 年的数据分析发现，对于处于工作年龄的成年人，“大五”人格在这四年之间是比较稳定的，在不同的年龄组，“大五”人格的总体均值水平虽然不是固定不变的，但是变化很小，并且不会发生连续性、趋势性的变化；而对于个体自身人格特征的变化，其与自身生活中所经历的事件如失业、生病等冲击并不相关。因此，在考虑各类经济决策时，可以把人格特征作为一个稳定的投入因素引入到决策模型中。

（3）人格特征对个体投资和工作表现的影响。通过梳理相关文献发现，在人格特征的影响下，个体并不会按照理论上的理性人进行投资决策（王雅丽，2013）。人格特征在投资决策领域的影响表现在不同的投资选择上，例如，严谨性人格特征的个体更精于理财，相比较神经质人格特征来说更愿意持有存款而不是负债（Donnelly et al，2012；Nyhus & Webley，2001），而外向性与开放性人格特征对家庭金融资产和负债具有显著的影响（Brown & Taylor，2014）。

已有研究证实，“大五”人格的五个维度可以解释管理人员的人格特征，并且“大五”人格在一定程度上可以预测个体工作中的行为（孟慧、李永鑫，2004）。人格特征在工作表现方面的影响表现在，不同人格特征的个体在人际关系、工作努力意愿、合作和沟通能力等方面存在差异。例如，外向性更高的个体在人际关系方面表现较好，会获得更多的人脉资源；顺同性高的个体更善于沟通和与同事合作（李涛、张文韬，2015）。

6.2.2.3 文献评述

已有研究分析了我国“一事一议”财政奖补制度的发展现状、绩效、面临的问题及完善对策。总体来看，已有文献对“一事一议”财政奖补制度取得的成效以及影响因素进行了较多分析，在分析影响政策执行的因素时，已有文献关注到了村干部的个人因素对政策执行产生的影响，但鲜有研究以村干部人格特征为切入点，深入研究其对政策执行产生的影响。在关于人格特征方面的研究中，大量的实证结果反映了人格特征对个体行为与表现的影响，但目前人格特征领域的研究中，较少关注到作为村集体代表的村干部这一群体。另外，人格特征对个体行为与表现的影响机制和内在联系还没有得到进一步的发掘。

综合来看，村干部对“一事一议”财政奖补制度的影响已被证实，人格特征对个体的投资决策和工作表现有显著的影响。“一事一议”财政奖补制度即是一种投资行为，也是村干部的日常工作之一，必然会受到作为村组织代表的村干部的人格特征影响。本章正是在已有理论研究基础上，考虑到村干部的人格特征因素，运用“大五”人格测度量表测度村干部人格特征，实证分析村干部人格特征对“一事一议”财政奖补制度筹资方式的影响及其作用路径，进而提出完善该制度的政策建议。

6.2.3 理论分析与假说提出

根据已有研究结论，开放性高的个体一方面思想活跃勇于创新，有助于事业的成功，另一方面容易对上级的指令和制度约束产生反感和抵触，同时，开放性人格对风险投资具有显著的积极影响（李涛、张文韬，2015）。“一事一议”财政奖补制度对村民的筹资上限进行了明确的规定，且相较于村集体出资而言，对村民进行筹资在操作上更为复杂，影响筹资成功的因素更多，因此开放性得分高的村干部有可能拒绝对村民开展筹资活动，而是直接选择村集体出资，回避制度的约束。基于此，本章提出如下假说：

假说1：开放性得分高的村干部，在进行“一事一议”财政奖补制度筹资时，更倾向选择村集体出资。

已有研究证实，外向性高的个体更擅长领导者的角色，偏好社交，拥有更好的人际关系，容易获得更多可利用的人脉资源（李涛、张文韬，2015）。而在进行“一事一议”财政奖补制度筹资活动时，需要村民的信任与支持，与村民良好的人际关系及更多可利用的人脉资源将有助于村干部顺利开展村民筹资活动，基于此，本章提出如下假说：

假说2：外向性得分高的村干部，在进行“一事一议”财政奖补制度筹资时，更倾向选择村民出资。

严谨性体现了个体努力工作的意愿和负责任、细心、有计划、有组织的特质，参与投资决策更为积极主动，考虑问题长远（Donnelly et al，2012），且在投资方面更愿意持有存款而不是负债（Nyhus & Webley，2001）。“一事一议”财政奖补制度的实施将有效提高村内的公共产品水平，改善村庄面貌，而严谨性高的村干部具有更强的责任心，促使村干部通过各种可能的方式筹集“一事一议”资金，以达到获得财政奖补、建设村级公共产品的目的，基于此，本章提出如下假说：

假说3：严谨性得分高的村干部，在进行“一事一议”财政奖补制度筹资时，更倾向选择混合出资。

根据人格经济学领域的相关研究，“大五”人格特征对工作表现和投资决策的影响更多体现在开放性、外向性和严谨性三类人格特征，例如在人格特征对创业的影响中，神经质和顺同性影响较低（李涛、张文韬，2015），又比如在对金融资产投资的影响中，神经质的影响并不明显（Brown & Taylor，2014）。基于上述研究结论，本章只假设了这三类人格特征对“一事一议”筹资方式的影响，并未考虑神经质特征和顺同性特征。

6.2.4　作用路径假设

结构方程模型可用于研究各潜变量之间的关系，本章根据已有研究结论，结合“一事一议”财政奖补制度的实践经验，拟将村干部不同的人格特征作为初始变量，将“是否进行筹资”“责任心”“保守”作为中间变量，设计了结构路径图和基本路径假设，详见表 6－1。通过结构方程模型分析法，揭示村干部人格特征对“一事一议”财政奖补制度筹资方式产生影响的作用路径。

表 6－1　假设结构路径图和基本路径假设

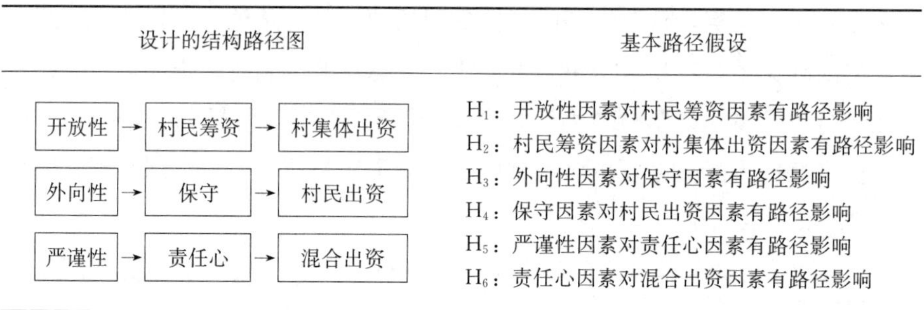

设计的结构路径图	基本路径假设
开放性 → 村民筹资 → 村集体出资	H_1：开放性因素对村民筹资因素有路径影响 H_2：村民筹资因素对村集体出资因素有路径影响
外向性 → 保守 → 村民出资	H_3：外向性因素对保守因素有路径影响 H_4：保守因素对村民出资因素有路径影响
严谨性 → 责任心 → 混合出资	H_5：严谨性因素对责任心因素有路径影响 H_6：责任心因素对混合出资因素有路径影响

根据我们的研究目的，并结合“一事一议”财政奖补制度实施的现实情况，依据“大五”人格相关理论，本章假设：①开放性人格特征思维开放，创新能力强，且对上级指令和制度约束易于产生反感和抵触。相较于村集体出资而言，对村民进行筹资在操作上更为复杂，且影响筹资成功的因素众多，因此开放性得分高的村干部有可能拒绝对村民开展筹资活动，而是直接选择村集体出资。②外向性体现了个体的领导力和活跃度，外向性高的村干部相对而言更不保守，而不保守的村干部更擅长领导者的角色，并且更容易获得可利用的人脉资源，也更容易得到村民的支持，换言之，更容易实现村民出资。③严谨性反映了个体努力工作的意愿和负责任、有计划、有组织的特质，严谨性高的个体在工作上表现更好。因此，严谨性高的村干部可能有更强的责任心，责任心强的村干部会尽力促成“一事一议”财政奖补制度的实施，因此，会通过各种可能的方式筹集资金，以达到获得财政奖补、建设村级公共产品的目的。

6.3　模型与方法

6.3.1　二值选择模型

本章首先进行村干部人格特征对“一事一议”财政奖补制度筹资方式影响的回归分析。由于被解释变量是离散的，即样本选择出资方式为虚拟变量，比如 $y=1$（选择村集体出资）或 $y=0$（不选择村集体出资）；$y=1$

（选择村民出资）或 $y=0$（不选择村民出资）；$y=1$（选择混合出资）或 $y=0$（不选择混合出资）。

因此本部分采用二值选择（Logit）模型，分别对三种不同出资方式进行回归，记 $p=P\ (Z=1\mid X)$，则 $1-p=P\ (Z=0\mid X)$。“$Z=1$”表示选择村集体出资、选择村民出资、选择混合出资，“$Z=0$”对应表示不选择村集体出资、不选择村民出资、不选择混合出资。

由于

$$P(y=1\mid x)=F(x,\beta)=A(x\beta)=\frac{\exp(x'\beta)}{1+\exp(x'\beta)}$$

得到模型的表达式为

$$\ln\left(\frac{p}{1-p}\right)=X'\beta \tag{6-1}$$

在上述模型中，y 为被解释变量，包括“是否选择村集体出资”“是否选择村民出资”“是否选择混合出资”。x' 表示一组影响村干部选择何种出资方式的解释变量和控制变量，包括村干部的五种人格特征以及其他控制变量。β 表示相应的回归系数，表示解释变量对被解释变量的影响方向和程度。

6.3.2　结构方程模型

本部分将通过结构方程模型分析法分析村干部人格特征对“一事一议”筹资方式产生影响的作用路径，拟将村干部不同的人格特征作为初始变量，探究不同人格特征对筹资方式产生影响的作用路径，例如，严谨性和顺同性维度更高的村干部，可能在工作态度、责任心、与村民人际关系方面表现更好，更容易得到村民的信任与支持，村民出资意愿更强。

结构方程模型通过可观测的变量来反映难以推测的潜变量。结构方程模型可以同时处理多个因变量，并且自变量和因变量存在的测量误差可以被允许，同时估计因子和因子结构之间的关系。因此本章使用结构方程模型揭示村干部人格特征对“一事一议”筹资方式产生影响的作用路径。一般来讲，结构方程模型由三个矩阵方程式构成：

$$\text{测量方程：}X=\Lambda x\xi+\delta \tag{6-2}$$

$$Y=\Lambda y\eta+\varepsilon \tag{6-3}$$

$$\text{结构方程：}\eta=B\eta+\Gamma\xi+\zeta \tag{6-4}$$

上述结构方程模型包括测量模型和结构模型两个部分，其中方程（6－2）和（6－3）为测量模型。测量模型中，X 和 Y 分别为外源指标和内生指标组成的向量。Λx 表示外源指标与外源潜变量的关系。Λy 表示内生指标与内生潜变量之间的关系，δ 表示外源指标 X 的误差项，ε 表示外源指标 Y 的误差项。

方程（6－4）为结构模型。其中，η 为内生潜变量，ξ 为外源潜变量，B 为内生潜变量之间的关系，Γ 为外源潜变量对内生潜变量的影响，ζ 为结构方程的残差项，反映了 η 在方程中未能被解释的部分，将结构方程展开如公式（6－5）。

$$\begin{bmatrix}\xi_1\\\xi_2\\\xi_3\\\xi_4\\\xi_5\end{bmatrix}=\begin{bmatrix}0&0&0&\beta_{14}&0\\0&0&\beta_{23}&0&0\\\beta_{31}&0&0&0&0\\0&0&\beta_{43}&0&0\\0&0&0&0&0\end{bmatrix}\begin{bmatrix}\xi_1\\\xi_2\\\xi_3\\\xi_4\\\xi_5\end{bmatrix}\begin{bmatrix}\zeta_1\\\zeta_2\\\zeta_3\\\zeta_4\\\zeta_5\end{bmatrix} \qquad (6-5)$$

上述模型中，作为因子组成部分的测量模型显示了观察变量与潜在因子之间的关联联系；作为因子结构部分的结构模型显示了潜在因子之间包括直接和间接影响在内的相互影响的结构关系。本章将结构方程模型第二部分作为路径分析模型，把潜在因子看作指标变量。

6.4 数据来源及描述性统计

6.4.1 数据来源

2017 年 8—10 月，沈阳农业大学经济管理学院农业经济理论与政策课题组展开了以村干部为主要受访对象，以“村集体组织参与‘一事一议’情况”为主题的调研，本章使用数据来自此次调研。

调研数据样本抽样过程是：选择辽宁省 13 个地级市（计划单列市大连市除外），在 13 个市中随机选取 59 个县（区、县级市），然后在 59 个县（区、县级市）随机选取乡镇（街道）和村庄，同时兼顾到村庄经济发展水平和公共产品供给的差异性，共回收有效问卷 271 份。此次调查共涉及 13 个地级市 59 个县 228 个乡镇（街道）的 271 个村。样本村庄分布广泛，在经济水平、人口规模、村级公共产品供给水平、干群关系等多方面存在差异。此外，受访者选择村干部，是因为村干部作为村组织的代表、“一事一议”财政奖补制度的执行者和村级公共产品投资决策的重要影响者，更了解村级层面的公共投资情况。此次调研数据能够较为全面、真实、客观地反映“一事一议”财政奖补制度在辽宁省的发展状况。

本章通过“大五”人格量表（表 6－2），对村干部的人格特征进行测度。“大五”人格特征包括严谨性、外向性、顺同性、开放性和神经质五类人格特征维度。在“大五”人格量表中，每个维度各对应三个问题，要求受访者对于自身的心理状态、行为偏好以及性格特点等进行自我评价，从低到高在 1～5 分之间给出分数，每个维度的三个问题总得分，即为受访者在该心理维度上的水平。

表 6－2　“大五”人格测度量表

“大五”人格维度	考察方面	自评问题
严谨性	责任心	我做事有始有终
	勤奋	我比较懒惰（反向）
	办事效率	我做事很有效率
外向性	健谈	我喜欢和人说话
	社交	我很外向，爱社交
	不保守	我比较保守（反向）
顺同性	礼貌	我有时待人粗鲁（反向）
	体谅	我容易原谅别人
	和善	我待人和善周到
神经质	焦虑	我常常感到焦虑
	紧张	我很容易紧张
	压力	我心态放松，抗压能力强（反向）
开放性	创造力	我常常会有新想法
	艺术感	我热爱艺术和美
	想象力	我想象力很丰富

资料来源：“英国家户追踪调查”（BHPS）；“德国社会经济追踪调查”（GSOEP）。

注：此“大五”人格量表，每个维度各对应三个问题，要求受访者对于自身的心理状态、行为偏好以及性格特点等进行自我评价，从低到高在 1～5 分之间给出分数，每个维度的三个问题总得分，即为受访者在该心理维度上的水平。

"大五"人格是目前度量人格特征的最基本方法。根据人格经济学领域的研究结论，"大五"人格是一种不依赖具体情景的人格分类法，并且很好地涵盖了各类具体人格特征（Costa & McCrae，1992）。"大五"人格能够适用不同国家与文化，在不同语言环境下的解释信度都比较高（李涛、张文韬，2015）。目前人格经济学的研究中，广泛使用了"大五"人格量表对管理者和领导干部人格进行测度（孟慧，2003；王登峰，2008；蒋闯，2010）。村干部也是一名管理者，因此，"大五"人格量表同样适用于村干部这一群体。目前的研究中，大多数使用现有"大五"人格量表进行测度，为便于与已有研究结论进行比较，以及考虑到修改量表可能造成的统计口径差异，为提高量表的信度和效度，本研究保留了学术界通用的"大五"人格量表。基于上述的研究结论，本章使用"大五"人格测度量表能够较为准确地反映村干部的人格特征。本章所使用的"大五"人格量表信度检验 alpha 值为 0.697，符合信度要求，并通过效度检验。

6.4.2 描述性分析

6.4.2.1 村干部个体特征

本章的受访者为辽宁省各市县的 271 名村干部，村干部个体特征如表 6-3 所示。

表 6-3 村干部个体特征描述

变量名称	样本量（人）	比例（%）
性别		
男	233	85.98
女	38	14.02
受教育年限		
0～6 年	7	2.58
7～9 年	116	42.80
10～12 年	80	29.52
13～16 年	65	23.99
16 年以上	3	1.11

（续）

变量名称	样本量（人）	比例（%）
年龄		
20～30岁	11	4.06
31～40岁	35	12.92
41～50岁	97	35.79
51～60岁	99	36.53
61～70岁	28	10.33
70岁及以上	1	0.37

数据来源：根据问卷调查整理。

表6-3反映了271位被访村干部在性别、受教育年限和年龄三个方面的个体特征。从性别角度来看，由男性担任村干部的样本为233，占总量的85.98%；由女性担任村干部的样本为38，占总量的14.02%。由此可见，被访村干部性别以男性为主。

从村干部的受教育年限角度来看，271位被访村干部的平均受教育年限为11年。受教育年限最低为2年，即未完成小学教育。受教育年限最高为18年，即研究生学历。其中，小学学历的村干部为7人，占样本总量的2.58%；初中学历的村干部为116人，占样本总量的42.80%；高中学历的村干部为80人，占样本总量的29.52%；具有本科学历的村干部为65人，占样本总量的23.99%；具有研究生学历的村干部为3人，占样本总量的1.11%。从调研数据来看，271名被访村干部中，97.42%完成了义务教育阶段的学习，即获得初中学历。仅有29.52%的村干部获得了高中学历，23.99%的村干部获得本科学历，而获得研究生学历的村干部仅有3人。这在一定程度上说明，被访村干部整体的受教育水平偏低，有7人仅为小学学历，村干部群体缺乏高学历者。

从年龄角度来看，271位被访村干部的平均年龄为49.32岁，年龄最小为25岁，年龄最大为73岁。其中年龄在20～30岁之间的有11人，占样本总量的4.06%；其中年龄在31～40岁之间的有35人，占样本总量的12.92%；其中年龄在41～50岁之间的有97人，占样本总量的35.79%；其中年龄在51～60岁之间的有99人，占样本总量的36.53%；其中年龄在

61～70 岁之间的有 28 人，占样本总量的 10.33%；其中年龄在 70 岁以上的有 1 人，占样本总量的 0.37%。根据数据来看，271 名被访村干部的年龄集中在 40～60 岁之间，相对处于工作的最佳年龄。但村干部群体中年轻人的比例偏小，40 岁以下的村干部只占全部样本的 16.98%，并且，按照男性职工 60 周岁退休的规定，有 10.7%的村干部处于超过法定退休年龄仍在任职的状态，这在一定程度上说明村干部群体中存在部分年龄偏大的情况。

6.4.2.2 村干部人格特征

本章采用人格经济学领域被广泛使用和认可的“大五”人格测度量表对村干部人格特征进行测度，村干部“大五”人格特征得分如表 6-4 所示。

表 6-4 村干部“大五”人格特征得分

“大五”人格维度	考察方面	自评问题	平均得分（1～5 分）	人格维度平均得分（3～15 分）
严谨性	责任心	我做事有始有终	4.52	13.17
	勤奋	我比较懒惰	1.60	
	办事效率	我做事很有效率	4.25	
外向性	健谈	我喜欢和人说话	4.27	12.03
	社交	我很外向，爱社交	4.25	
	不保守	我比较保守	2.49	
顺同性	礼貌	我有时待人粗鲁	1.85	13.08
	体谅	我容易原谅别人	4.29	
	和善	我待人和善周到	4.63	
神经质	焦虑	我常常感到焦虑	2.62	6.81
	紧张	我很容易紧张	2.24	
	压力	我心态放松，抗压能力强	4.05	
开放性	创造力	我常常会有新想法	3.94	11.12
	艺术感	我热爱艺术和美	3.35	
	想象力	我想象力很丰富	3.82	

数据来源：根据问卷调查整理。

“大五”人格量表中每个维度各对应三道问题，每道题从低到高在 1～5 分之间给出分数，每个维度的三个问题总得分，即为受访者在该心理维度上的水平。但在此量表中，严谨性维度下的自评问题：“我比较懒惰”；外向性维度下的自评问题："我比较保守"；顺同性维度下的自评问题："我有时待人粗鲁"；神经质维度下的自评问题："我心态放松，抗压能力强"四道问题皆为该维度下的反向问题，因此在计算上述四类人格特征得分时，反向计算该题得分，以保证每个维度的最终得分皆表示得分越高，该人格特征越强。例如，严谨性人格特征得分＝自评问题"我做事有始有终"得分＋（6－自评问题"我比较懒惰"得分）＋自评问题"我做事很有效率"得分；开放性人格特征得分＝自评问题"我常常会有新想法"得分＋自评问题"我热爱艺术和美"得分＋自评问题"我想象力很丰富"得分。

如表 6－4 所示，村干部"大五"人格特征得分分别为：严谨性平均得分 13.17 分；外向性平均得分 12.03 分；顺同性平均得分 13.08 分；神经质平均得分 6.81 分；开放性平均得分 11.12 分。271 位村干部五种人格特征中，严谨性得分最高，说明村干部普遍具有较强的严谨性，符合作为领导者的要求。神经质得分为 6.81 分，处于较低水平，说明村干部的情绪较为稳定。相对于其他四种人格特征而言，村干部在开放性人格特征维度的得分较低，开放性体现了个体的好奇心与创造力等，村干部开放性较低可能与村干部年龄和工作环境有关。

具体到十五种细类人格特征来看，271 名村干部在责任心、勤奋、办事效率、健谈、社交、礼貌、体谅、和善和抗压能力几个方面的得分皆在 4 分以上，说明村干部普遍具有较强的责任心、社交能力、沟通能力和抗压能力等。但在不保守、焦虑、紧张、创造力、艺术感和想象力几个方面，得分皆在 3 分左右，说明村干部表现得较为保守、相对容易焦虑和紧张，并缺乏创造力、艺术感和想象力。总体而言，村干部满足作为领导所需具备的人格特征条件（如严谨性以及严谨性维度下的责任心），但在一些体现革新精神的特征中（如开放性以及开放性维度下的创造力）表现一般。

6.4.2.3　村庄特征

本次调研覆盖辽宁省各市县的 271 个村，样本村庄特征如表 6－5 所示。

表 6－5　村庄特征描述

变量名称	样本量	均值	标准差	最小值	最大值	变量含义及赋值
是否为贫困村	271	0.32	0.46	0	1	是＝1，否＝0

（续）

变量名称	样本量	均值	标准差	最小值	最大值	变量含义及赋值
外出务工率	271	19	0.13	0	78	单位:%
人均耕地面积	271	2.33	1.56	0	10	单位：亩①
村内道路硬化长度	271	17.89	15.02	0	100	单位：里②
村级财务收入	271	15.91	31.55	0	275	单位：万元
村民人均纯收入	271	10 594.20	5 655.44	0	36 000	单位：元
人口	271	1 961	953.68	314	7 500	单位：人
村委会到乡镇政府距离	271	11.34	9.49	0	60	单位：里
户数	271	559	273.77	96	2 023	单位：户
土地流转比例	271	20.74	21.73	0	100	单位:%
贫困户比重	271	9.01	9.93	0	60.30	单位:%
60岁以上人口数	271	514	320.91	16	1 900	单位：人

数据来源：根据问卷调查整理。

如表6－5所示，在全部271个样本村中，贫困村比重为32%，样本较好的覆盖了贫困村和非贫困村。村庄外出务工率平均为19%，外出务工人数最多的村庄比率为78%，最少为0%，即本村无外出务工人员。村庄人均耕地面积为2.33亩，耕地面积最多的村庄为人均10亩，与土地流转比例最高100%相对应，人均耕地面积最少为0亩，意味着该村土地全部流转。村内道路硬化长度平均为17.89里，硬化长度最长为100里，最少为0里，村内道路硬化长度反映了本村基础设施建设水平，从总体来看，目前辽宁省的村级道路建设较好，但仍存在部分地区道路硬化长度为0的情况。

样本村庄村级财务收入平均为15.91万元，村级财务收入最多的村为275万元，最少的村为0元，即该村无村级财务收入。村民人均纯收入平均为10 594.20元，与辽宁省统计局公布的《二〇一六年辽宁省国民经济和社会发展统计公报》中辽宁省2016年农村常住居民人均可支配收入12 881元相近，说明本章使用的数据能够客观的反映实际情况，具有一定的说服力。样本村庄平均人口为1 961人，村庄规模最大的拥有7 500人，规模最小的为314人。平均户数为559户，规模最大的拥有2 023户，规模最小的为96户。

① 亩为非法定计量单位，1亩≈667平方米。——编者注

② 里为非法定计量单位，1里＝500米。——编者注

样本村庄的人口和户数说明本章使用的数据较好的覆盖了不同规模的村庄。

村委会到乡镇政府的距离反映了村庄的地理位置，在全部 271 个样本村中，村委会到乡镇政府的平均距离为 11.34 里，距离最远的为 60 里，最近的为 0 里，即乡镇政府所在地为本村内。样本村庄的土地流转比例平均为 20.74%，土地流转比例最高的为 100%，最低为 0，即本村土地没有流转。样本村庄的贫困户比重平均为 9.01%，贫困户比重最高为 60.30%，最低为 0，即本村没有贫困户。样本村庄 60 岁以上人口平均为 514 人，60 岁以上人口最多为 1 900 人，最少为 16 人。60 岁以上人口数量反映了人口老龄化情况，271 个样本村的 60 岁以上人口接近总人口的四分之一，一定程度上说明人口老龄化状况日益加重。

6.4.2.4　筹资方式

通过对样本的统计，271 个样本村庄中有 66 个村庄近三年未开展过“一事一议”财政奖补制度筹资活动。由于本章研究的是村干部人格特征对“一事一议”财政奖补制度筹资方式的影响，近三年未开展过“一事一议”财政奖补制度筹资活动的样本不在本章的考虑之内，因此，在进行样本处理时去掉了没进行过筹资的样本，保留的 205 个样本村庄近三年累计开展“一事一议”财政奖补制度筹资活动 337 项，最终本章实际使用样本数为 337。

如图 6－2 所示，在已开展的 337 项“一事一议”财政奖补制度筹资项目中，有 170 项筹资资金来自村集体出资，95 项筹资资金来自村民出资，63 项筹资资金来自混合出资，9 项筹资资金来自社会捐赠。

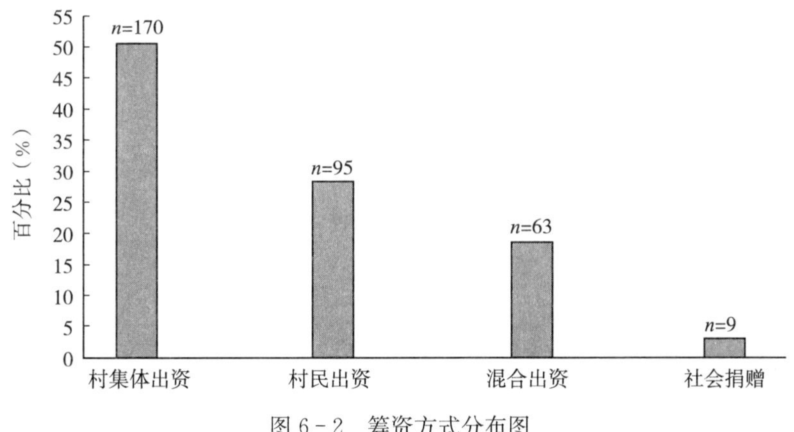

图 6－2　筹资方式分布图

由图 6－2 可以看出选择不同出资方式的占比存在一定差异，为了检验四种不同出资方式占比的差异是否显著，本章利用 stata15.0 软件，采用 prtesti 检验，将四种出资方式占比进行两两比较，检验样本中不同出资方式占比的差异。检验结果如表 6－6 所示，四种不同出资方式的占比差异皆在 1%水平下显著。

表 6－6　不同出资方式占比差异检验

差异	村集体出资	村民出资	混合出资	社会捐赠
村集体出资	0.00			
村民出资	0.22***	0.00		
混合出资	0.31***	0.09***	0.00	
社会捐赠	0.47***	0.25***	0.16***	0.00

注：①本表使用 prtesti 检验，表格中横向为 X，纵向为 Y。②＊＊＊表示在 1%水平上显著。③样本量和所占比重分别为：村集体出资＝170，占比 50%；村民出资＝95，占比 28%；混合出资＝63，占比 19%；社会捐赠＝9，占比 3%。

由此可以看出，目前“一事一议”财政奖补制度的各种出资方式间存在显著差异。造成这种情况的可能因素之一是，村干部作为村组织的代表，其决策会影响村庄“一事一议”财政奖补制度出资方式的选择，而不同人格特征的村干部在对出资方式做出决策时存在异质性。

因为选择社会捐赠的样本量较小，在 337 项“一事一议”财政奖补制度筹资活动中，仅有 9 项筹资活动选择了社会捐赠，占全部样本的 3%，因此在本章的后续研究中，去掉了选择社会捐赠的样本。这也说明，社会捐赠作为“一事一议”财政奖补制度筹资方式之一，在实际筹资活动中受各种因素影响难以得到实施，就目前而言，通过社会捐赠获得“一事一议”财政奖补制度筹资资金的方式尚未得到广泛应用。

6.4.2.5　村干部人格特征对筹资方式影响的统计分析

通过对样本的统计发现，选择不同出资方式的村干部在人格特征得分方面存在差异。如表 6－7 所示，选择村集体出资的村干部，相对于选择其他两种出资方式的村干部，五种人格特征维度中开放性得分较高；选择村民出资的村干部，相对于选择其他两种出资方式的村干部，五种人格特征维度中外向性和神经质得分较高；选择混合出资的村干部，相对于选择其他两种出资方式的村干部，五种人格特征维度中严谨性得分较高。

表 6－7　选择不同出资方式的村干部"大五"人格特征得分差异

	严谨性	外向性	顺同性	神经质	开放性	样本量
村集体出资	13.08	12.07	12.99	6.71	11.25	170
村民出资	13.30	12.30	13.16	7.07	11.06	95
混合出资	13.49	11.66	13.09	6.77	10.73	63

注：由于篇幅原因，本部分去除了选择社会捐赠的样本。
数据来源：根据问卷调查整理。

6.5　村干部人格特征影响"一事一议"筹资方式的实证分析

6.5.1　变量设定

通过梳理已有文献，结合村级公共产品供给的理论、"一事一议"财政奖补制度的规定以及制度实施的实践经验，针对样本村庄"一事一议"财政奖补制度实施的特点，本章选取了各类影响村庄"一事一议"财政奖补制度筹资方式的指标。其中，被解释变量为样本村村干部"是否选择村集体出资""是否选择村民出资"以及"是否选择混合出资"，是＝1，否＝0 的二分变量。解释变量包括村干部人格特征，控制变量包括村干部个人特征、村庄特征两个方面的变量，主要变量如表 6－8 所示。

村干部人格特征包括：严谨性、外向性、顺同性、神经质和开放性五种维度。根据已有文献的研究结论：严谨性体现了个体工作的努力程度及成就感；外向性代表了个体的活跃水平、领导力、决断力和进取心；顺同性衡量了个体与他人合作的难易程度，宽容和信任他人的程度；开放性反映了个体革新精神、好奇心与创造力；神经质涵盖了个体的抗压能力以及自信、乐观的程度（李涛、张文韬，2015）。

村干部个人特征包括：村干部年龄、性别以及受教育程度。村干部的个人特征变量会影响其工作效率、工作时间投入，进而影响"一事一议"财政奖补制度的执行（李秀义、刘伟平，2017）。

村庄特征包括：是否为贫困村、外出务工率、人均耕地面积、村内道路硬化长度、村级财务收入、村民人均收入、人口、村委会到乡镇政府距离、户数、土地流转比例、贫困户比重、60 岁以上人口。根据已有研究结论：第一，村庄为贫困村或贫困户所占比重越大，村民收入较低，难以负担"一事一议"财政奖补制度筹资资金，通过村民出资的可能性越小（陈杰等，2013）。第二，外出务工率越高的村庄，召集村民议事及筹资的难度越大，越不易通过村民进行筹资（项继权等，2014）。第三，村级财务收入高的村，通过村集体出资，会降低村民出资额（卫龙宝等，2011）。第四，村民人均收入越高，村民越有能力提供"一事一议"财政奖补制度筹资资金，村干部也更有可能选择村民出资（周密、张广胜，2010）。第五，人口和户数越多的村庄，召集村民参加"一事一议"财政奖补制度筹资的成本越高（卫宝龙等，2011）。第六，人均耕地面积及土地流转比例各村庄要素禀赋的差异会影响"一事一议"财政奖补制度的开展（许莉等，2009）。第七，老年人口在享用公共产品的净现值低于年轻人，因此，60 岁以上人口比重大的村庄，村民出资意愿相对较低，不容易选择村民出资（周密、张广胜，2017）。最后，加入村内道路硬化长度表征村庄公共产品供给现状；加入村委会到乡镇政府距离表征村庄地理状况。

表 6-8　模型中的变量说明

变量名称	样本量	均值	标准差	最小值	最大值	变量含义及赋值
被解释变量						
是否选择村集体出资	337	0.50	0.50	0	1	是=1，否=0
是否选择村民出资	337	0.28	0.45	0	1	是=1，否=0
是否选择混合出资	337	0.18	0.39	0	1	是=1，否=0
解释变量						
村干部人格特征						
严谨性	337	13.16	1.84	7	15	
外向性	337	12.03	2.52	5	15	
顺从性	337	13.08	1.83	7	15	
神经质	337	6.81	2.80	3	14	
开放性	337	11.12	2.91	3	15	
控制变量						
村干部个人特征						
性别	337	0.87	0.33	0	1	男=1，女=0

（续）

变量名称	样本量	均值	标准差	最小值	最大值	变量含义及赋值
受教育年限	337	11.04	2.65	2	18	单位：年
年龄	337	49.46	8.91	25	73	单位：岁
村庄特征						
是否为贫困村	337	0.29	0.45	0	1	是=1，否=0
外出务工率	337	19	0.12	0	68	单位：%
人均耕地面积	337	2.19	1.52	0	10	单位：亩
村内道路硬化长度	337	18.52	14.02	0	96	单位：里
村级财务收入	337	17.83	36.56	0	275	单位：万元
村民人均纯收入	337	10 834.19	5 207.11	0	28 000	单位：元
人口	337	1 972	925.99	314	7 500	单位：人
村委会到乡镇政府距离	337	11.49	9.78	0	60	单位：里
户数	337	565	267.01	96	2 023	单位：户
土地流转比例	337	20.06	19.55	0	100	单位：%
贫困户比重	337	8.35	9.36	0	60	单位：%
60 岁以上人口数	337	521.39	331.04	16	1 900	单位：人

注：样本量 337 为 271 个样本村近三年实际开展的“一事一议”项目数。

数据来源：根据问卷调查整理。

6.5.2　村干部人格特征对筹资方式选择影响的回归结果

本部分利用二值选择回归模型，分析村干部人格特征对筹资方式选择的影响。将村干部“是否选择村集体出资”“是否选择村民出资”以及“是否选择混合出资”作为被解释变量，解释变量为严谨性、外向性、顺从性、神经质和开放性，控制变量为其他可能影响村干部出资方式选择的变量，此外，本章还加入了县域固定效应。分别对三种出资方式进行回归，Logit 回归模型估计结果如表 6－9 所示。

表 6－9　村干部人格特征对筹资选择影响的模型估计结果（Logit 回归）

筹资选择	(1) 村集体出资	(2) 村民出资	(3) 混合出资
严谨性	−0.180 (0.110)	0.197 (0.131)	0.988*** (0.328)
外向性	0.004 (0.082)	0.257** (0.113)	−0.255** (0.130)

（续）

筹资选择	(1) 村集体出资	(2) 村民出资	(3) 混合出资
顺同性	−0.118 (0.107)	0.048 (0.115)	0.041 (0.129)
神经质	−0.077 (0.076)	0.130 (0.089)	0.016 (0.090)
开放性	0.121* (0.072)	−0.073 (0.115)	−0.519*** (0.148)
年龄	−0.044* (0.022)	0.030 (0.027)	−0.027 (0.034)
性别	0.564 (0.550)	−0.630 (0.818)	−1.808** (0.772)
受教育程度	−0.117 (0.081)	−0.108 (0.135)	0.199 (0.153)
是否为贫困村	−1.136** (0.470)	0.882 (0.691)	0.079 (0.767)
外出务工率	1.232 (1.708)	−6.239** (2.450)	5.323** (2.115)
人均耕地面积	−1.066** (0.545)	0.596 (0.634)	0.752 (0.785)
村内道路硬化长度	0.539** (0.274)	−0.834** (0.373)	−0.062 (0.388)
村级财务收入	0.277* (0.163)	−0.251 (0.225)	−0.297 (0.212)
村民人均收入	−0.397 (0.443)	−0.387 (0.545)	1.023 (0.657)
人口	1.176** (0.549)	−1.809** (0.902)	1.366* (0.743)
村委会到乡镇政府距离	0.024 (0.021)	0.002 (0.023)	−0.071** (0.035)
土地流转比例	−0.003 (0.010)	−0.016 (0.011)	0.014 (0.016)
贫困户比重	0.002 (0.022)	0.018 (0.025)	0.027 (0.034)
60岁以上人口	−0.001 (0.001)	0.001 (0.001)	0.001 (0.001)
常数项	0.802 (5.741)	8.707 (6.567)	−22.266 (10.748)
固定效应	是	是	是
观测值	170	95	63

注：①*、**、***分别表示在10%、5%、1%水平上显著。②括号内为标准误差。③固定效应为县域控制。

表6-9中，第（1）列汇报了村干部不同人格特征对选择村集体出资影响的模型估计结果，结果显示，开放性人格特征在10%水平下正向显著影响村集体出资，说明开放性人格特征得分高的村干部，在选择“一事一议”财政奖补制度出资方式时更倾向村集体出资，假说1得到验证。

第（2）列汇报了村干部不同人格特征对选择村民出资影响的模型估计结果，结果显示，外向性在10%水平下正向显著影响村民出资，说明外向性人格特征得分高的村干部，在选择出资方式时更倾向村民出资。与假说2相同的是，外向性人格特征对选择村民出资存在显著的影响。但与假说2不同的是，神经质人格特征对选择村民出资的影响不显著，可能的原因是选择村民出资的村干部在神经质人格特征中表现出的差异并不明显。综合以上研究结论，假说 2 得到验证。

第（3）列汇报了村干部不同人格特征对选择混合出资影响的模型估计结果，结果显示，严谨性在 1%水平下正向显著影响混合出资，说明严谨性人格特征得分高的村干部，在选择出资方式时更倾向混合出资。与假说 3 相同，严谨性人格特征对选择混合出资存在显著影响，假说 3 得到验证。回归结果显示，开放性在 1%水平下负向显著影响混合出资，外向性在 5%水平下负向显著影响混合出资，说明村干部开放性和外向性得分越高，越不容易选择混合出资，可能的原因是，根据前文的回归结果，开放性人格特征更倾向选择村集体出资，外向性人格特征更倾向选择村民出资。

表 6－9 还汇报了控制变量的回归结果。第（1）列中，影响村集体出资的因素包括：年龄、是否为贫困村、人均耕地面积、村内道路硬化长度、村级财务收入以及村庄人口数量，其中，年龄在 10%的水平下显著负向影响村集体出资，可能的原因是年龄大的村干部较为保守，不倾向利用村集体资金进行村内公共产品投资。是否为贫困村在 5%的水平下显著负向影响村集体出资，贫困村的村集体收入较少，可能无力承担村级公共产品建设所需的资金。人均耕地面积在 5%的水平下显著负向影响村集体出资，人均耕地面积少可能会影响村民收入，村民无力承担筹资资金，因此更倾向选择村集体出资。村庄人口数量在 5%的水平下显著影响村集体出资，村庄人口越多，对村内公共产品需求越大，提供公共产品的效用值越大，村集体更有可能为利用集体资金满足村民的公共产品需求。

第（2）列中，影响村民出资的因素包括：外出务工率、村内道路硬化程度以及村庄人口数量，其中，外出务工率在 5%的水平下显著负向影响村民出资，外出务工率高，村民回村参与议事的成本较高，并且，外出务工农户使用村级公共产品的时间和机会较少，在一定程度上影响其村级公共产品投资的积极性，因此，外出务工率越高，村民出资的可能越小。村内道路硬化长度在 5%水平下显著负向影响村民出资，村内道路硬化长度体现了村内公共产品供给现状，道路硬化长度越长，说明本村公共产品较为完善，村民在已经满足其需求的情况下，可能不愿继续出资进行公共产品投资。村庄人口数量在5%的水平下显著负向影响村民出资，村庄人口越多，村民越不愿出资，可能的原因是人口较多更有可能陷入囚徒困境，因此不容易进行村民筹资。

第（3）列中，影响混合出资的因素包括：性别、外出务工率、村庄人口数量以及村委会到乡镇政府的距离，其中，性别在5%的水平下显著负向影响混合出资，可能的原因是，相对于男性而言，女性更为严谨，结合前文的研究结论，严谨性更强的村干部更容易选择混合出资。外出务工率在5%的水平下显著影响混合出资，外出务工导致部分村民无法参与村级公共产品投资，因此更需要村集体资金作为补充，从而选择混合出资的方式。村庄人口数量在10%的水平下显著影响混合出资，村庄人口越多对村级公共产品的需求越大，虽然较多的人口更有可能陷入囚徒困境，但仍会有部分村民选择出资，而缺乏的资金则会由集体资金作为补充。村委会到乡镇政府的距离在5%的水平下显著负向影响混合出资，可能的原因是，考虑到“一事一议”财政奖补制度的审批程序，较为偏僻的村庄可能更愿意选择简单的出资方式。

6.5.3 稳健性检验

本章通过样本筛选进行稳健性检验，样本的筛选包括三部分。

（1）研究表明，外出务工比例越高的村越不容易开展“一事一议”财政奖补制度（李秀义等，2016），并且，根据“一事一议”财政奖补制度的议事程序规定，议事会议需2/3以上的农户代表参加。因此，外出务工比率高的村庄更不易开展“一事一议”财政奖补制度，获得村民出资。本部分筛选“外出务工率”小于30%的样本，样本量为262，以解决外出务工对“一事一议”财政奖补制度执行以及村民出资造成的影响。

（2）村干部每届任期短①，导致村干部在村级公共产品建设时积极性较低，影响“一事一议”财政奖补制度的执行（杨卫军、王永莲，2005）。因此，本部分筛选“任职年限”大于等于6年的样本，样本量为202，以解决任职年限对村干部开展“一事一议”财政奖补制度积极性和村集体出资的影响。

（3）高湘伟等（2004）针对护士的人格特征研究表明，人格特征的形成受到教育程度的影响。因此，本部分筛选未受过高等教育的样本，即“受教

① 《中华人民共和国村民委员会组织法》第十一条规定，村民委员会每届任期三年。

育年限”小于等于12年的样本，样本量为265。以解决受教育程度对人格特征产生的影响。

采用与前文相同的二值选择模型，分别对不同筛选标准下的样本进行回归，以检验前文回归结果的稳健性。

表6-10　村干部人格特征对筹资选择影响的模型估计结果的稳健性检验（Logit回归）

样本筛选标准	出资方式	人格特征				
		严谨性	外向性	顺从性	神经质	开放性
(1) 外出务工率<30% n=262	村集体出资	−0.058	−0.086	−0.082	0.029	0.118**
		(0.087)	(0.061)	(0.078)	(0.054)	(0.055)
	村民出资	−0.018	0.181**	0.086	0.034	−0.051
		(0.102)	(0.071)	(0.091)	(0.057)	(0.064)
	混合出资	0.531***	−0.068	−0.114	−0.095	−0.295***
		(0.154)	(0.089)	(0.112)	(0.081)	(0.082)
(2) 任职年限≥6年 n=202	村集体出资	−0.189**	−0.096	−0.121	0.056	0.171**
		(0.096)	(0.067)	(0.097)	(0.064)	(0.068)
	村民出资	0.247*	0.151*	0.117	0.020	−0.186**
		(0.133)	(0.080)	(0.120)	(0.067)	(0.080)
	混合出资	0.517***	0.099	−0.145	−0.180*	−0.331***
		(0.164)	(0.088)	(0.105)	(0.097)	(0.117)
(3) 受教育年限≤12年 n=265	村集体出资	−0.066	−0.073	−0.111	−0.048	0.115**
		(0.092)	(0.061)	(0.079)	(0.052)	(0.058)
	村民出资	0.075	0.171**	0.051	0.048	−0.095
		(0.097)	(0.069)	(0.086)	(0.055)	(0.068)
	混合出资	0.345**	−0.045	0.067	0.008	−0.224***
		(0.146)	(0.078)	(0.112)	(0.068)	(0.085)

注：①*、**、***分别表示在10%、5%、1%水平上显著。②括号内为标准误差。③样本中的其他控制变量包括：年龄、性别、受教育程度、是否为贫困村、外出务工率、人均耕地面积、村内道路硬化长度、村级财务收入、村民人均收入、人口、村委会到乡镇政府距离、户数、土地流转比例、贫困户比重、60岁以上人口。

表6-10汇报了稳健性检验的结果，（1）是使用“外出务工率”小于30%样本的回归结果，结果显示，开放性在5%水平下显著影响村集体出资，外向性在5%水平下显著影响村民出资，严谨性在1%水平下显著影响混合出资。（2）是“任职年限”大于等于6年样本的回归结果，结果显示，

开放性在5%水平下显著影响村集体出资，外向性在10%水平下显著影响村民出资，严谨性在1%水平下显著影响混合出资。（3）是使用“受教育年限”小于等于12年样本的回归结果，结果显示，开放性在5%水平下显著影响村集体出资，外向性在5%水平下显著影响村民出资，严谨性在5%水平下显著影响混合出资。三种不同筛选标准下的样本回归结果均与前文研究结果一致，因此，本章的研究结果具有较强的稳健性。

6.5.4 村干部人格特征对筹资方式选择影响的作用路径分析

上述研究结果证实不同人格特征的村干部在选择“一事一议”财政奖补制度出资方式时存在异质性，但是需要解释为什么不同人格特征的村干部会倾向选择不同的出资方式，人格特征影响出资方式选择的作用路径是什么。本章采用Amos23.0软件进行结构方程模型估计，估计结果如表6-11所示。

表6-11 村干部人格特征影响筹资方式的结构方程估计结果

路径假设				路径系数	标准误差	临界比	显著性
(1)	是否进行筹资	<——	开放性	0.016	0.009	1.755	*
	村集体出资	<——	是否进行筹资	17.719	3.231	5.485	***
(2)	不保守	<——	外向性	0.384	0.021	17.984	***
	村民出资	<——	不保守	0.030	0.018	1.672	*
(3)	责任心	<——	严谨性	0.301	0.019	16.087	***
	混合出资	<——	责任心	0.059	0.025	2.359	**

注：①“<——”表示发生效用的方位。②*、**、***分别表示在10%、5%、1%水平下显著，拟合结果显著。③临界比（critical ratio，简称C.R.）为参数估计值与估计值标准误的比值。

由表6-11估计结果可知，开放性在10%水平下显著负向影响是否进行筹资，是否进行筹资在1%水平下显著负向影响选择村集体出资，即村干部开放性越强，越不愿进行村民筹资，越倾向选择村集体出资，假设（1）成立。外向性在1%水平下负向影响村干部的保守程度，村干部保守程度在10%水平下显著负向影响选择村民出资，即村干部外向性越强，越不保守，越倾向选择村民出资，假设（2）成立。严谨性在1%水平下显著正向影响村干部的责任心，责任心在5%水平下显著正向影响选择混合出资，即村干部严谨性越强，责任心越强，越倾向选择混合出资，假设（3）成立。

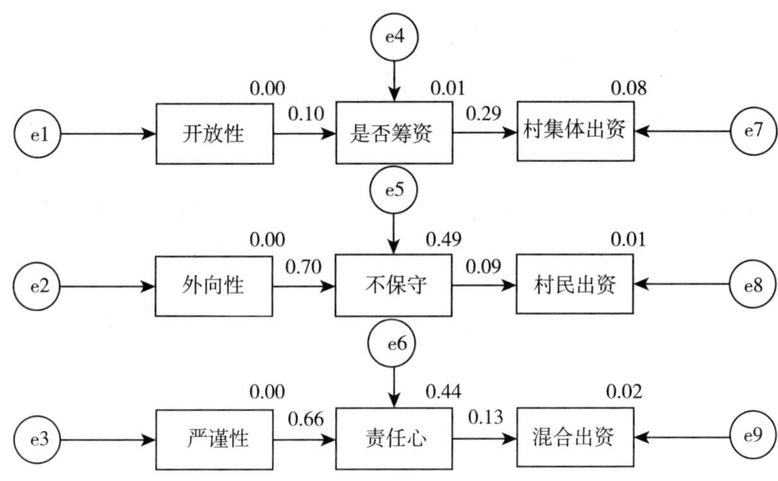

图 6-3　村干部人格特征影响筹资方式的路径图

图 6-3 为不同人格特征的村干部影响筹资方式的路径图，图 6-3 中的标准化路径系数证实假设（1）（2）（3）成立。其中，开放性对是否进行筹资的标准化路径系数是 0.10，是否进行筹资对选择村集体出资的标准化路径系数是 0.29，影响方向一致。根据已有研究和现实情况来看，开放性较强的村干部，较为反感和抵触制度约束，而且在金融投资方面，开放性表现出积极、正向的影响，因此开放性较强的村干部更有可能拒绝进行村民筹资，而是选择将村集体资金投入到村级公共产品建设中。

外向性对不保守的标准化路径系数是 0.70，不保守对选择村民出资的标准化路径系数是 0.09，影响方向一致。已有研究表明，外向性是个体人际关系和领导力的体现，从现实情况来看，外向性高的村干部，保守程度低，越不保守越有可能获得更多可利用的人脉资源，也就是村民的支持，因此，在“一事一议”财政奖补制度筹资时可以较为容易地获得村民出资，也更愿意选择村民出资。

严谨性对责任心的标准化路径系数是 0.66，责任心对选择混合出资的标准化路径系数是 0.13，影响方向一致。严谨性对工作表现的影响体现在个体的努力程度、责任心等。从现实情况来看，严谨性高的村干部，具有较强的促进本村村级公共产品供给的责任心，因此，会选择利用各种可能的方式（也就是混合出资）获得所需资金，从而达到本村村级公共产品建设的目的。

6.6 研究结论与政策建议

6.6.1 研究结论

本章利用辽宁省 271 个村的村干部调研数据，实证分析了村干部人格特征对“一事一议”财政奖补制度筹资方式的影响。采用人格特征研究领域被广泛接受和使用的“大五”人格分类法，对村干部的人格特征进行测度，力图揭示“大五”维度之下村干部不同人格特征对“一事一议”财政奖补制度筹资方式可能的异质性影响。本章在大类人格特征维度的基础上，进一步深入到各维度之下更为具体的细类人格特征，使用结构方程模型，探究村干部人格特征对“一事一议”财政奖补制度筹资方式产生影响的作用路径。根据已有研究结论，个体的人格特征在 30 岁以后基本保持稳定，在均值水平和排名顺序上发生变化的可能性极小（McCrae et al，2000），基于此，在本章中可以将人格特征看作外生变量，因此，本章的研究不存在内生性的问题。本章的主要结论如下：

（1）本章使用“大五”人格测度量表，测度了村干部人格特征。271 位村干部五种人格特征中，严谨性得分最高，说明村干部普遍具有较强的严谨性，符合作为领导者的要求。神经质处于较低水平，说明村干部情绪较为稳定。相对于其他四种人格特征而言，村干部在开放性人格特征维度的得分较低，开放性体现了个体的好奇心与创造力等，村干部开放性较低可能与村干部年龄和工作环境有关。具体到十五种细类人格特征来看，村干部普遍具有较强的责任心、社交能力、沟通能力和抗压能力等。但表现得较为保守、相对容易焦虑和紧张，并缺乏创造力、艺术感和想象力。总体而言，村干部满足作为领导所需具备的人格特征条件（如严谨性以及严谨性维度下的责任心），但在一些体现革新精神的特征中（如开放性以及开放性维度下的创造力）表现一般。

（2）目前辽宁省“一事一议”财政奖补制度筹资方式发生了变化。本章选择的 205 个样本村庄近三年累计开展“一事一议”财政奖补制度筹资活动 337 项，在已开展的 337 项“一事一议”财政奖补制度筹资项目中，有 170 项筹资资金来自村集体出资，95 项筹资资金来自村民出资，63 项筹资资金来自混合出资，9 项筹资资金来自社会捐赠，并且各种出资方式间存在显著差异。全部由村集体出资的样本占据全部样本的50%，说明村集体出资成为“一事一议”财政奖补制度筹资的主体，村民出资的比例在下降，并且就目前辽宁省的情况来看，社会捐赠作为“一事一议”财政奖补制度筹资方式之一，在实际筹资活动中受各种因素影响难以得到实施，通过社会捐赠获得“一事一议”财政奖补制度筹资资金的方式尚未得到广泛应用。

（3）本章利用二值选择模型分析了村干部人格特征对“一事一议”财政奖补制度筹资方式的影响。结果显示，在全部271个样本村337项“一事一议”财政奖补制度项目中，村干部开放性人格特征对选择村集体出资具有显著的正向影响，即开放性人格特征的村干部在“一事一议”财政奖补制度筹资中更倾向选择村集体出资；村干部外向性人格特征对选择村民出资有显著的正向影响，即外向性人格特征的村干部在“一事一议”财政奖补制度筹资中更倾向选择村民出资；村干部严谨性对选择混合出资有显著的正向影响，即严谨性人格特征的村干部在“一事一议”财政奖补制度筹资中更倾向选择混合出资。

进一步探究村干部影响“一事一议”财政奖补制度筹资方式的作用路径，结构方程模型估计结果显示，开放性人格特性对村集体出资产生影响的作用路径为是否进行筹资；外向性人格特性对村民出资产生影响的作用路径为保守程度；严谨性人格特性对混合出资产生影响的作用路径为责任心。

6.6.2　政策建议

“一事一议”财政奖补制度中的筹资初衷是提供村级公共产品建设所需的资金，村干部作为村组织的代表，其人格特征对选择何种出资方式有显著的影响，更多的实证研究将有助于更好的完善和发展“一事一议”财政奖补制度。根据以上研究结论，本章提出以下三点政策建议：

（1）重视村干部非认知能力。首先，在选拔、任命和考核村干部时，除了要考虑村干部的认知能力（如学历等），还应充分重视村干部的非认知能力即人格特征，以充分衡量其是否具备作为一名村干部的特质。其次，政府在制定相应的村民自治制度和基层政策时，应充分考虑作为村组织代表和政策执行者的村干部的人格特征对政策执行效力产生的影响。再次，村干部普遍在严谨性等方面表现突出，但在革新精神等特征方面表现一般，未来在选拔和任用村干部时，可以适当考虑开放性人格特征水平较高的，为乡村建设和振兴提供创造力。最后，部分村干部表现出较高的压力和焦虑程度，相关主管部门可考虑适当减轻村干部的压力，必要时应提供心理辅导和治疗，及时控制潜在心理障碍引发的危害。

（2）调整和完善“一事一议”财政奖补制度中的筹资机制。首先，应进一步调整和完善“一事一议”财政奖补制度中的筹资机制。目前辽宁省“一事一议”财政奖补制度筹资活动中，村集体出资成了筹资的主要方式，村民出资的比例在下降，这一方面体现出目前大部分村集体具备提供村级公共产品的经济实力，另一方面也体现出村民筹资困难，村民出资意愿不足或难以承担“一事一议”财政奖补制度筹资资金。因此，在后续可能的政策调整中，可以考虑适当减少村民出资的比例抑或是直接取消向村民筹资筹劳的政策规定，更多的由政府或村集体承担村级公共产品建设的资金。其次，作为“一事一议”财政奖补制度筹资方式之一的社会捐赠，在实际操作过程中并未得到广泛应用。因此，应积极鼓励通过社会捐赠的方式进行村级公共产品供给筹资，也可以通过给予村级公共产品捐赠者广告权和冠名权等方式，鼓励和引导社会资本投入到村级公共产品建设中。

（3）优化“一事一议”财政奖补制度筹资决策机制。本章的研究证实村干部人格特征对村庄“一事一议”财政奖补制度筹资方式的选择存在显著影响，且这种影响是非客观、不理性的。因此，需要进一步对“一事一议”财政奖补制度筹资决策制度进行完善，以此来限制村干部人格特征对“一事一议”财政奖补制度筹资方式选择的影响。政府在制定相应的完善“一事一议”财政奖补制度筹资决策制度的政策时，应充分考虑村干部人格特征对制度产生的影响，通过各种制度渠道，尽可能地降低村干部受主观人格特征影响决策的可能性，并不断加强对政策执行的监管，引导村干部严格遵守“一事一议”财政奖补制度的管理办法和规章制度。在进行“一事一议”财政奖补制度筹资决策时，应更加积极发挥村民自治组织民主决策的优势，即使受各种因素限制不能通过全体村民大会进行决策，也应该通过村民代表大会或是村民委员会进行民主决策。在选择“一事一议”财政奖补制度出资方式时，应更加科学、因地制宜、考虑周到且符合实际，通过制度调整，不断弱化村干部人格特征对“一事一议”财政奖补制度筹资方式选择的主观影响。

第七章 农村集体经济对“一事一议”财政奖补政策实施绩效影响研究

——基于村民筹资金额的中介作用

7.1 绪论

7.1.1 研究背景

“一事一议”财政奖补制度作为村级公共产品自愿性供给的唯一方式，促进了村级公共产品的有效供给（何文盛等，2018）。但基于只有在村级项目已筹集一定比例资金情况下，才能获得财政奖补的政策背景，增加了落后村庄及贫困村庄获得财政奖补的难度，导致村落间发展不平衡、村级公共产品供需错配等问题，不利于精准脱贫和全面建成小康社会（李秀义、刘伟平，2016；何文盛等，2018）。造成这些问题的原因在于其运行机制，“一事一议”财政奖补政策，是以推进社会主义新农村建设为目标，以农民自愿出资、出劳为基础，以政府奖补资金为引导，政府补助、部门扶持、社会捐赠、村组自筹和农民筹资筹劳相结合的村级公益事业建设投入新机制，以促进城乡统筹发展和农村社会进步。

“一事一议”财政奖补的前提条件是获得一定比例的村级筹资，主要来源包括村民筹资和村集体出资（周密、康壮，2019）。随着城镇化进程加快，我国农村外出务工劳动力人数累计达到 2.88 亿，约占农村总人口的 51.06%。大量农村劳动力的外流使通过村民筹资获得财政奖补的难度加大，对村级公共产品筹资和供给形成一定冲击（李秀义、刘伟平，2015；王子成、邓江年，2016）。

但“一事一议”财政奖补筹资结构正在由以村民筹资为主向村集体出资和村民筹资等多种筹资模式并存的方式转变，其中村集体出资的比重约占50%（周密、康壮，2019）。那么，村集体出资对村民筹资的替代是否会影响“一事一议”财政奖补政策的实施绩效？农村集体经济的壮大是否有利于“一事一议”财政奖补政策实施绩效的提高？其中的作用机制是什么？

为了回答以上问题，在借鉴何文盛等（2015）构建的“一事一议”财政奖补政策评价指标体系的基础上，本章结合辽宁省实际情况，利用辽宁省59个县区271个行政村的调研数据，构建了能够反映辽宁省“一事一议”财政奖补政策实施绩效的评价指标体系。同时考虑到农村集体经济对财政奖补政策实施不同方面的影响程度存在的差异，从组织领导、项目管理、资金管理、制度建设、工作成效五个方面分别分析农村集体经济对“一事一议”财政奖补政策实施绩效的影响，并探讨村民筹资金额在农村集体经济对“一事一议”财政奖补政策实施绩效的影响中发挥的中介作用。

7.1.2 研究目的和意义

7.1.2.1 研究目的

在农村公共产品通过“一事一议”财政奖补政策实行供给背景下，农村集体经济是提供农村公共产品的基础力量。本章将利用辽宁省59个县区271个村的调研数据，深入研究农村集体经济对“一事一议”财政奖补政策实施绩效的影响以及村民筹资金额在其中的作用机制，从而根据研究结果为探索壮大农村集体经济、提高“一事一议”财政奖补政策实施绩效提供参考依据。具体而言，这包括以下四个方面：

①描述辽宁省农村集体经济状况及“一事一议”财政奖补政策实施状况；②探究农村集体经济对“一事一议”财政奖补政策实施绩效的影响；③证实农村集体经济对“一事一议”财政奖补政策实施绩效产生影响的作用机制；④提出提高“一事一议”财政奖补政策实施绩效的政策建议。

7.1.2.2 研究意义

本研究的预期结果具有多方面的研究意义。

（1）理论意义。运用农村公共产品供给理论探讨壮大农村集体经济对

“一事一议”财政奖补政策实施绩效的影响及其作用机制，这对丰富农村公共产品供给理论具有重要价值和意义。

（2）现实意义。本章结合辽宁省实际情况，运用客观赋权的熵权法与主观赋权的层次分析法相结合的办法计算综合权重，对“一事一议”财政奖补政策实施绩效进行测度。通过描述性统计分析辽宁省农村集体经济发展状况以及“一事一议”财政奖补政策实施绩效现状、存在问题及其原因，并进一步实证分析了农村集体经济对“一事一议”财政奖补政策实施绩效的影响以及村民筹资金额在其中的作用机制，对探索壮大农村集体经济、提高“一事一议”财政奖补政策绩效具有重要的现实意义。

（3）政策含义。本研究在对辽宁省59个县区271个村进行大规模的调研基础上，基于村民筹资金额的中介效应分析壮大农村集体经济对“一事一议”财政奖补政策实施绩效的影响，为壮大农村集体经济、提高“一事一议”财政奖补政策绩效提出有价值的政策建议。

7.1.3　研究内容

本章利用2017年辽宁省271个村的调研数据，深入研究农村集体经济对“一事一议”财政奖补政策实施绩效的影响及其作用机制，为壮大农村集体经济、加强和完善“一事一议”财政奖补等相关政策制定提供科学的参考依据。本章主要研究内容如下：

7.1.3.1　农村集体经济与“一事一议”财政奖补政策实施绩效的现状分析

首先，构建“一事一议”财政奖补政策实施绩效评价指标体系。本研究结合“一事一议”财政奖补政策实施情况，遵循科学性、系统性及可操作性原则，按照《村级公益事业建设“一事一议”财政奖补资金管理办法》（财预〔2011〕561号）中的“一事一议”财政奖补工作考核内容主要包括组织保障、资金安排、项目规划、制度建设、监管系统建设、政策落实等方面的规定，借鉴何文盛等（2015）已有研究的基础上，构建了综合考虑辽宁省农村地区特征的“一事一议”财政奖补政策实施绩效评价指标体系，设定组织领导、项目管理、资金管理、制度建设、工作成效五个方面为“一事一议”财政奖补政策实施绩效评价指标体系的一级指标。其次，运用客观赋权的熵权法与主观赋权的层次分析法相结合的办法计算综合权重（李帅等，2014），根据综合权重测度“一事一议”财政奖补政策实施绩效。

其次，本章的解释变量是农村集体经济，村集体可用资金的来源总体上可分为经营性收入和非经营性收入两个部分，而经营性收入的多少是衡量农村集体经济实力强弱的主要标志（仝志辉、陈淑龙，2018）。基于此，本章使用农村集体经济总收入（薛继亮等，2010；王海英、屈宝香，2018）衡量农村集体经济发展状况，由于本章调查的是近三年村集体组织参与“一事一议”财政奖补情况，因而本章拟通过“本村近三年村级财务总收入均值”来衡量农村集体经济。并通过描述性统计分析揭示辽宁省农村集体经济的发展状况。

7.1.3.2 农村集体经济对“一事一议”财政奖补政策实施绩效影响的实证检验

本部分运用辽宁省调研数据及辽宁省样本村地理信息数据，实证检验农村集体经济对“一事一议”财政奖补政策实施绩效的影响。首先，使用普通最小二乘法验证农村集体经济对“一事一议”财政奖补政策实施绩效的影响作用；其次，使用工具变量法解决可能存在的内生性问题。

7.1.3.3 农村集体经济影响“一事一议”财政奖补政策实施绩效的作用机制

本部分运用辽宁省调研数据，使用中介效应模型实证检验村民筹资金额在农村集体经济影响“一事一议”财政奖补政策实施绩效中发挥的中介效应。具体而言，首先验证农村集体经济对中介变量村民筹资金额的影响作用；其次检验农村集体经济对“一事一议”财政奖补政策实施绩效的直接影响效应以及基于村民筹资金额的间接影响效应。

7.1.3.4 结论及政策建议

根据影响及作用机制的研究结果得出结论，提出相应的政策建议，以期为探索壮大农村集体经济、完善“一事一议”财政奖补政策筹资方式、提高村级公共产品供给水平、提高“一事一议”财政奖补政策实施绩效提供参考依据。

7.1.4 研究方法

本章运用的方法主要有：

（1）指标权重的确定（主要针对研究内容1）。指标权重的确定方法有很多，主要包括层次分析法（AHP法）、主成分分析法、熵权法、专家打分法、标准离差法等，这些方法又分为主观赋权法和客观赋权法。为了能较准确地确定权重，本研究采用主客观结合的方法确定“一事一议”财政奖补政策实施绩效评价体系的指标权重。首先利用AHP法和熵权法分别计算指标权重，然后再用最小信息熵原理将两种方法的权重组合计算组合权重。

（2）单一方程线性回归模型（针对研究内容2）。在研究“一事一议”财政奖补政策的实施绩效问题时，本章采用最小二乘法进行回归，建立六个基本回归模型分别研究农村集体经济对“一事一议”财政奖补政策“组织领导”“项目管理”“资金管理”“制度建设”“工作成效”以及总体“实施绩效”的影响，以此确定“一事一议”财政奖补政策的实施绩效以及针对具体五个方面的实施绩效。

（3）中介效应模型（针对研究内容3）。农村集体经济对“一事一议”财政奖补政策实施绩效存在影响，那么农村集体经济如何通过影响村民筹资金额，从而对“一事一议”财政奖补政策实施绩效带来影响？因此，为了检验村民筹资金额在农村集体经济影响“一事一议”财政奖补政策实施绩效中发挥的中介效应，本章借鉴温忠麟等人提出的中介效应检验方法，检验农村集体经济是否通过改变村民筹资金额进而影响“一事一议”财政奖补政策实施绩效。

7.1.5　技术路线

本章的研究思路如图7-1所示。本章沿着“现状分析-实证分析-政策建议”的逻辑思路展开。首先，通过构建“一事一议”财政奖补政策实施绩效评价指标体系测度辽宁省“一事一议”财政奖补政策实施绩效；其次，利用最小二乘法实证检验农村集体经济对“一事一议”财政奖补政策实施绩效的影响，并进一步利用中介效应模型探讨村民筹资金额对农村集体经济影响“一事一议”财政奖补政策实施绩效的中介作用。最后，根据本章的研究结论提出相应的政策建议。

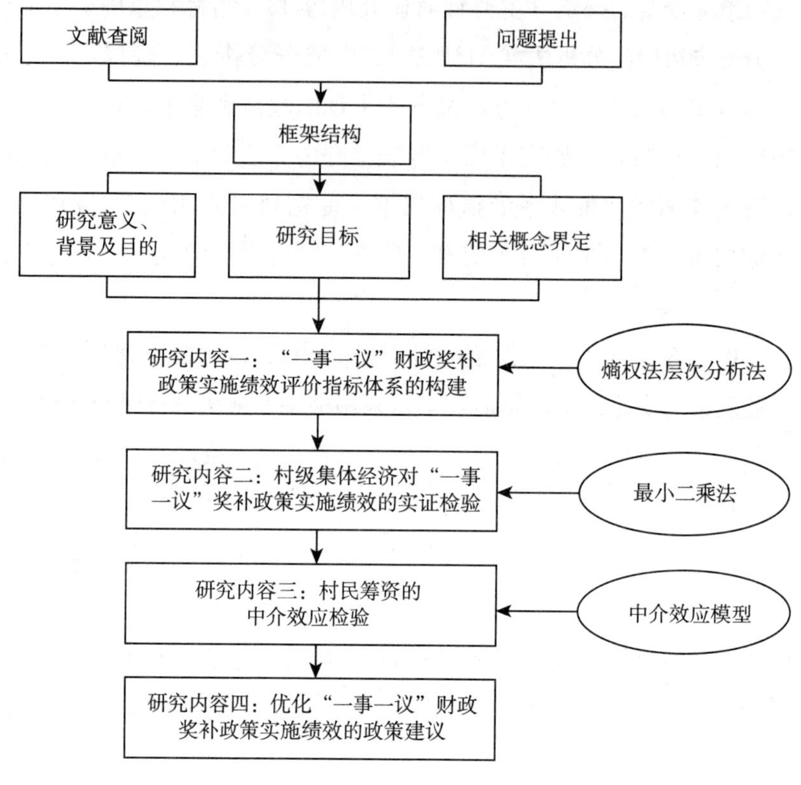

图 7-1 技术路线图

7.1.6 本研究的创新点及不足之处

7.1.6.1 创新点

本章首先通过构建“一事一议”财政奖补政策实施绩效评价指标体系测度辽宁省“一事一议”财政奖补政策实施绩效；其次，实证检验农村集体经济对“一事一议”财政奖补政策实施绩效的影响，并进一步探讨村民筹资金额对农村集体经济影响“一事一议”财政奖补政策实施绩效的中介作用。本章研究具有以下两点创新：

（1）研究视角上，目前针对“一事一议”财政奖补政策实施绩效的研究多以村民、村干部或上级政府的视角为主，缺乏分析农村集体经济状况对政策执行绩效产生的影响。本章在考察“一事一议”财政奖补政策实施绩效的实证研究方面以农村集体经济为主要切入点，丰富了已有研究。

(2) 研究内容上，“一事一议”财政奖补政策自 2008 年试点实施至今已有十余年，但已有文献以定性分析为主、定量分析较少。本章运用最小二乘法实证分析农村集体经济对“一事一议”财政奖补政策实施绩效的影响，并进一步通过中介效应模型揭示农村集体经济对“一事一议”财政奖补政策实施绩效产生影响的作用机制。

7.1.6.2　不足之处

因受时间、资料获取及作者个人能力的限制，本章的研究数据具有局限性。本章对“一事一议”财政奖补政策实施绩效的调研，仅仅以辽宁省 271 个行政村作为调查对象，所得研究不能很好地代表全国范围内的具体情况，且由于调研规模较大，未能进行追踪调查，不能较好地体现出“一事一议”财政奖补政策实施绩效在辽宁省的发展态势。因此，在未来的研究中需要进一步进行追踪调查以丰富本章的研究结果相关概念界定及文献综述。

7.2　相关概念界定及文献综述

7.2.1　相关概念界定

7.2.1.1　农村集体经济

农村集体经济指的是主要的生产资料归农村社区成员共同所有，共同劳动，并共同享有劳动果实的经济组织形式（仝志辉、陈淑龙，2018）。而村集体可用资金的来源总体上可分为经营性收入和非经营性收入两个部分，而经营性收入的多少是衡量农村集体经济实力强弱的主要标志（仝志辉、陈淑龙，2018；楼宇杰等，2020）。基于此，本章使用村级财务总收入（薛继亮等，2010；王海英、屈宝香，2018）衡量农村集体经济状况。

7.2.1.2　“一事一议”财政奖补

“一事一议”是指在农村税费改革这项系统工程中，取消了乡统筹和改革村提留后，原由乡统筹和村提留中开支的“农田水利基本建设、道路修建、植树造林、农业综合开发有关的土地治理项目和村民认为需要兴办的集体生产生活等其他公益事业项目”所需资金，不再固定向农民收取，采取“一事一议”的筹集办法。

所谓村级公益事业建设“一事一议”财政奖补政策，是以推进社会主义新农村建设为目标，以农民自愿出资、出劳为基础，以政府奖补资金为引导，政府补助、部门扶持、社会捐赠、村组自筹和农民筹资筹劳相结合的村级公益事业建设投入新机制，以促进城乡统筹发展和农村社会进步。“一事一议”财政奖补范围主要包括以村民“一事一议”筹资筹劳为基础、目前支农资金没有覆盖的村内水渠（灌溉区支渠以下的斗渠、毛渠）、堰塘、桥涵、机电井、小型提灌或排灌站等小型水利设施，村内道路（行政村到自然村或居民点）和环卫设施、植树造林等村级公益事业建设（引自农业农村部关于开展村级公益事业建设“一事一议”财政奖补试点工作的通知），其实质是对农村社区公益事业建设实行“民办公助”。

7.2.1.3 公共政策绩效评价

公共政策制定的初衷是增进公共利益、合理分配公共资源进而促进社会发展，公共政策绩效是指政府制定的公共政策在特定时间、特定实施领域所取得的成绩和效益，与公共项目绩效、公共部门绩效等共同构成政府绩效的内容体系（郑方辉等，2016）。推行公共政策绩效评价作为国家治理现代化的本质要求，最终目的不仅仅在于测评公共政策绩效，还在于推动公共部门体制改革以及职能进一步明晰，特别是在新常态下，公共政策绩效评价可以助力解决地方政府行政问责体制滞后、公共部门行政成本居高不下等突出问题（何文盛等，2018）。

7.2.2 文献综述

本部分将从“一事一议”财政奖补政策相关研究、农村集体经济相关研究、农村集体经济对“一事一议”财政奖补政策实施绩效的影响研究和农村集体经济对村民筹资的影响研究四个方面展开综述并进行文献述评。

7.2.2.1 “一事一议”财政奖补政策的相关研究

“一事一议”财政奖补是村级公益事业建设的基本途径，改善了村级公共产品的供给方式，同时更带来了诸多的挑战和难题，该项政策在实施中绩效到底如何？以及哪些因素影响着财政奖补实施绩效也逐渐成为学术界的热点研究范畴。已有对“一事一议”财政奖补政策的研究主要从以下几个方面展开：

一是分析该政策实施以来所取得的成效。包括促进农村公益事业发展，改善农村群众生活质量（沈小华，2013）；加强村级民主政治建设，发挥财政奖补的引导效应（张颖举，2010）；保障公共产品资金来源，提高公共产品建设效率（刘晗等，2012）等。

二是政策实施过程中存在的问题及对策。如：该政策在实施过程中暴露出的交易成本问题和搭便车问题，事难议、议难决、决难行（安瑾瑾，2012）；财政投入与农户需求差距较大，资金项目管理严格又烦琐，农户受益不均衡；政策宣传不到位，“奖补”资金少，农户参与积极性低（彭长生，2011）；项目后续管护缺乏（梁昊，2013）等。

针对上述问题，许多研究者为使该政策能在不断改进中得到高效实施，提出诸多建议：培育多元投入主体，提高政府财政奖补资金占整个公益事业建设资金的比重（常玉红，2009；黄维健，2012）；吸收社会资金，引入市场竞争机制（张颖举，2010）；充分利用各种媒介，加强政策宣传（张莉莉，2011）；建立多元监管机制，完善配套机制（周志敏，2011）等。

三是政策绩效评价方法。已有关于“一事一议”财政奖补政策绩效评价研究方法主要包括主成分分析法（许庞、曹海林，2014）、因子分析法（曹海林等，2017）、深度访谈法（何文盛等，2018；陈杰等，2013；何志才，2017）、层次分析法（杨硕等，2014；何文盛等，2015）、模糊综合评价法（杨硕等，2014）、灰色关联模型（安瑾瑾，2012）等。

7.2.2.2　农村集体经济的相关研究

我国农村集体经济的发展从人民公社、家庭联产承包责任制到农村体制改革的推行，经历了统、分、合三个阶段，学者的研究重心也随之发生着转移，总结为以下三个方面：

一是农村集体经济的概念。目前我国国内学界农村集体经济的概念有以下两种：传统农村集体经济，指农村群众按照一定的区域，依照自愿互利的原则，共同占有生产资料，在某种程度上进行合作经营，一定程度上实行按劳分配的所有制经济（汪水波，1990）；新型农村集体经济，指在合作制原则的指导下，实现资本与劳动联合，企业可以灵活向社会筹资以充分发挥股份制优势，劳动者对企业还具有一定控制权，使集体经济兼具股份制与合作制的特点（朱有志等，2013；宫凯，2015；黄振华，2015）。

二是关于农村集体经济形式的探究。当前国内存在着多种农村集体经济形式，包括公司＋农户（薛继亮、李录堂，2011）、公司＋农户＋专业合作社（唐超等，2018）、公司＋合作社＋家庭农场（唐超等，2018）、资产或生产要素租赁承包经营（陈亚军，2015）、农村专业合作社（陈锡文等，2009；冯蕾，2014）、村办股份制合作企业（联合社）（陈军亚，2015；黄振华，2015）等。

三是农村集体经济发展制约因素的研究。一些学者比较倾向于从主观认识等方面入手，如群众、村两委干部普遍缺乏专业知识、认知能力有限，不能很好地掌握将当前先进的科学技术经验转化为农业生产力，导致农村集体经济难以快速发展（孙蔚，2007；黄振华，2015）。此外，一部分学者从公共政策角度入手，认为当前政府没有制定出有效的法律法规制度，需要加以完善（张忠根、李华敏，2007；叶祖成，2013；李昌平，2016）；另一部分学者从制度分析入手，着重研究分析村级基层组织在管理农村集体资产制度方面的缺失（项继权，2002；刘行玉、魏宪朝，2017）；还有一部分学者习惯开展综合性研究，主要从资金方面、人才管理方面、外在帮扶支持方面等研究制约农村集体经济发展的因素（李俊英，2017）。

7.2.2.3 农村集体经济对“一事一议”财政奖补政策实施绩效的影响研究

随着社会经济发展及政策体制演变，农村集体经济已经成为当前村级公益事业建设的主力军（余丽燕，2015；王景新、郭海霞，2018；周密、康壮，2019）。发展壮大农村集体经济在保障农村基层组织正常运转、提供农村公共品、完善农村社会治理等方面起着重要作用（张杨、程恩富，2018；耿羽，2019），同时也是实施乡村振兴战略的需要。已有研究表明，“一事一议”财政奖补作为推进村级公益事业建设的突破口，其项目的建设、使用和管理都与农村集体经济的发展相辅相成（王玉柱、金燕，2013；余丽燕，2015；周密等，2017），只有农村集体经济发展了，才能更好地认真实施“一事一议”项目，而不是被动等待上级安排项目资金（占一熙，2014；李秀义、刘伟平，2016）。目前我国农村集体经济发展状况不仅表现为区域间不均衡，而且区域内也逐渐呈现明显的贫富差距（王奎泉、范诗强，2011），这种村落间农村集体经济发展的不平衡使得农村区域性公共品需求偏好呈现一定的差异（Samuelson，1954）。

农村集体经济的存在，在很大程度上为村居公共服务事业、村居范围内的公共设施建设提供了资金支持（管兵，2019），总而言之农村集体经济在公共物品提供和公共服务保障中发挥着重要作用（肖龙、马超峰，2020），发展壮大村级集体经济有利于提高乡村公共服务能力（王海英、屈宝香，2018）。而村级公共产品自愿性供给的唯一方式是“一事一议”财政奖补制度（周密、康壮，2019），因此，农村集体经济状况会影响“一事一议”财政奖补政策的实施。

7.2.2.4　农村集体经济对村民筹资的影响研究

农村集体经济发展状况是影响村民筹资的重要因素。持续稳定的资金来源是农村公益事业长期稳定发展和良性运转的必要前提（周密等，2017）。按照规定“一事一议”财政奖补坚持“先议后筹，先筹后补”原则，筹资方式包括村民出资、村集体出资、社会捐赠和混合出资（出资主体两种及两种以上）四类（周密、康壮，2019）。近几年，辽宁省“一事一议”财政奖补筹资结构已由村民筹资为主逐步向村集体出资和村民筹资等多种筹资模式并存的方式转变（周密、康壮，2019）。村集体出资可以替代村民筹资，村级财务收入高的村通过村集体投入可以降低村民筹资成本（彭长生，2012；余丽燕，2015；李秀义、刘伟平，2016）。村民筹资成本降低会提高村民合作积极性，从而有利于农村社区公共品供给（卫龙宝等，2011）。根据相关公共经济学理论，村民参与公共项目的决策与建设，能够增进信息的交流、改善村民需求偏好的表达，进而有效提高公共投资的配置效率，使之符合当地村民的需要（KHWAJA A，2004，2009）。

7.2.2.5　文献述评

通过对以往研究文献进行梳理可以发现，目前关于发展壮大农村集体经济促进农村公共品有效供给、推进村级公益事业建设的研究已取得一定成果，对本章有重要的借鉴意义，但还存在一些不足。①“一事一议”财政奖补制度作为一项提高村级公共产品供给水平的支农、惠农政策，自实施以来，已有学者开始通过构建评价指标体系的方式对“一事一议”财政奖补政策实施绩效进行评价。但我国幅员辽阔，各地区发展情况存在较大差异，现有评价指标体系未能结合辽宁省实际情况对“一事一议”财政奖补政策实施绩效进行测度。②已有研究对壮大农村集体经济能够促进“一事一议”财政奖补政策实施绩效的关注较多，但是对其影响作用内在机理的相关研究却相对匮乏。③已有关于农村集体经济影响“一事一议”财政奖补政策实施绩效的研究以定性分析为主，鲜有文献基于翔实数据进行定量分析。本章正是在已有理论研究基础上，运用定量分析方法，实证分析农村集体经济对“一事一议”财政奖补政策实施绩效的影响及其作用路径，进而为政策优化和绩效改进提供经验借鉴。

基于以上考虑，本研究对辽宁省展开实地调研，深入探讨农村集体经济对“一事一议”财政奖补政策实施绩效的影响及其作用机理，以期为促进“一事一议”财政奖补政策实施提供借鉴思路。具体研究设计为：首先，使用辽宁省调研数据分析辽宁省农村集体经济状况及“一事一议”财政奖补政策实施状况；其次，在充分考虑可能存在的内生性问题条件下，运用计量模型实证检验农村集体经济对“一事一议”财政奖补政策实施绩效的影响；然后，运用中介效应模型探讨村民筹资金额在其中发挥的中介效应，进而从农村集体经济的角度，提出优化和提高“一事一议”财政奖补政策实施绩效的政策建议。

7.3 模型与方法

7.3.1 指标权重的确定

指标权重的确定方法有很多，主要包括层次分析法、标准离差法、主成分分析法、熵权法、专家打分法等，这些方法又分为主观赋权法和客观赋权法（李帅等，2014）。主观赋权法指人们对分析对象的各个因素按照其重要程度，依照经验主观的确定权重，这类方法较成熟，但客观性较差；客观赋权法指对实际发生的资料进行整理、计算和分析，从而得到权重，该方法相对主观赋权法而言形成较晚且很不完善。为了能较准确地确定权重，本研究采用主客观结合的方法确定“一事一议”财政奖补政策实施绩效评价体系的指标权重。首先利用层次分析法和熵权法分别计算指标权重，然后再用最小信息熵原理计算组合权重。

（1）层次分析法。通过层次分析法建立体系分明的指标评价体系。对同一层次的各指标，以上层的指标为准则进行两两比较，构造两两比较判断矩阵，并进行一致性检验，确定指标权重 W_{1i} 。然后利用同一层次中所有本层次对应从属指标的权重值，以及上层次所有指标的权重，进行加权计算本层次所有指标对最高层次的权重值，最后得出"一事一议"财政奖补政策实施绩效的主观权重（卫宝龙等，2012）。

（2）熵权法。信息论中的熵值理论反映了信息的无序化程度，可用来评定信息量的大小，某项指标携带的信息越多，其对决策的作用越大。当评价对象在某项指标上的值相差较大时，熵值较小，说明该指标提供的信息量较大，该指标的权重也应较大。可用信息熵理论评价各指标的有序性及其效用，即由评价指标值构成的判断矩阵确定各评价指标权重。设 m 个评价指标、n 个评价对象，则形成原始数据矩阵 $R=(r_{ij})_{m\cdot n}$。对第 i 个指标的熵定义为：

$$H_i=-k\sum_{j=1}^{n}f_{ij}\ln f_{ij}(i=1,2,3,\cdots,m;j=1,2,3,\cdots,n) \tag{7-1}$$

上述公式中，$f_{ij}=f_{ij}/\sum_{j=1}^{n}r_{ij},k=1/\ln n$，当 $f_{ij}=0$ 时，令 $f_{ij}\ln f_{ij}=0$。f_{ij} 为第 i 个指标下第 j 个评价对象占该指标的比重；n 为评价对象的个数；H_i 为第 i 个指标的熵；定义第 i 个指标的熵之后，第 i 个指标的熵权定义为：

$$w_{2i}=\frac{1-H_i}{n-\sum_{i=1}^{m}H_i} \tag{7-2}$$

上述公式中，$0\leqslant w_{2i}\leqslant 1$，$\sum_{i=1}^{m}=1$ 。H_i 为第 i 个指标的熵；m 为评价指标的个数；w_{2i} 为第 i 个指标的熵权。

（3）最小相对信息熵确定组合权重。综合指标的主观权重 w_{1i} 和客观权重 w_{2i} 可得组合权重 $w_i,i=1-m$ 。w_i 与 w_{1i} 和 w_{2i} 应尽可能接近。根据最小相对信息熵原理，用拉格朗日乘子法优化可得组合权重计算式：

$$w_i=\frac{(w_{1i}w_{2i})^{0.5}}{\sum_{i=1}^{m}(w_{1i},w_{2i})^{0.5}}(i=1,2,3,\cdots,m) \tag{7-3}$$

通过以上步骤，即可确定不同方法下"一事一议"财政奖补政策实施绩效评价体系中各指标的权重，在进行综合评价时，采用组合权重对“一事一议”财政奖补政策实施绩效的五个方面进行评价，系统层指标权重由指标层权重相加得到。单独对系统层指标的质量进行评价时，评价体系只含有系统层和指标层，不含有目标层（表7-1）。

表7-1　不同方法确定的评价指标权重

目标层	系统层	权重（%）	指标层	权重（%）		
一级指标	二级指标	组合法	三级指标	层次分析法	熵权法	组合法
“一事一议”财政奖补政策实施绩效	组织领导	11.78	对村民筹资筹劳的效率	3.74	7.82	5.77
			施工方案合理程度	3.74	8.45	6.01
	项目管理	12.28	财政奖补项目申报程序	2.10	8.35	4.47
			工程质量达标情况	6.30	8.49	7.81
	资金管理	24.55	奖补资金发放效率	15.67	8.37	12.23
			本地区资金管理办法合理性	15.67	8.49	12.32
	制度建设	26.21	筹资上限（20元）的合理性	8.24	8.06	8.71
			筹劳上限（5个工作日）的合理性	2.64	8.16	4.96
			奖补标准	4.28	8.38	6.39
			建设项目设施管护	3.95	8.39	6.15
	工作成效	25.18	财政奖补在您村实施效果	22.44	8.48	14.73
			对“一事一议”制度整体评价	11.22	8.54	10.45

数据来源：根据问卷调查计算。

7.3.2　单一方程线性回归模型

本部分主要研究农村集体经济对“一事一议”财政奖补政策实施绩效的影响效应，因此选用“一事一议”财政奖补政策实施绩效作为被解释变量，选用该村2016、2015、2014三年[①]的村级财务总收入均值作为解释变量。并采用最小二乘法（OLS）进行回归，建立六个基本回归模型分别研究农村集体经济对“一事一议”财政奖补政策“组织领导”“项目管理”“资金管理”“制度建设”“工作成效”以及总体“实施绩效”的影响，以此确定“一

① 后文将使用“近三年”代替“2016、2015、2014三年”。

事一议”财政奖补政策的实施绩效以及针对具体五个方面的实施绩效。可得回归模型（7-4）：

$$y_i = \alpha_0 + \alpha_1 x + \alpha_2 c_i + \varepsilon_i (i = 1, \cdots, n) \tag{7-4}$$

式中的 y_i 表示被解释变量“一事一议”财政奖补政策实施绩效（组织领导、项目管理、资金管理、制度建设、工作成效），x 表示解释变量农村集体经济，α_1 为其回归系数，c_i 为其他控制变量，i 代表第 i 个样本村，ε_i 为残差项。若 α_1 显著为正，说明农村集体经济越壮大“一事一议”财政奖补政策实施绩效越高。

7.3.3　工具变量法

OLS 能够成立的最重要条件是解释变量与扰动项不相关。否则，OLS 估计量将是不一致的。考虑到原回归模型中存在遗漏变量及解释变量为内生变量的可能，本章使用工具变量法解决以上问题。

本市其他村的村级财务总收入会对本村的村级财务收入产生影响作用，但是不会对被解释变量“一事一议”财政奖补政策实施绩效产生直接影响。基于以上考虑，本部分选取近三年本市其他村的村级财务总收入均值①为工具变量，运用二阶段最小二乘法（2SLS）回归以解决内生性问题。并汇报了农村集体经济对“一事一议”财政奖补政策实施绩效影响的 2SLS 估计结果。

7.3.4　中介效应模型

农村集体经济壮大影响“一事一议”财政奖补政策实施绩效中的作用机制是什么？“一事一议”财政奖补坚持“先议后筹，先筹后补”原则，即项目建设要在村民民主议事同意后，按政府确定的标准筹资筹劳（曹海林等，2017；田孟，2019）。根据“一事一议”财政奖补政策有关规定，村集体出资可以替代村民筹资。在项目投资额确定的情况下，农村集体经济好的村通过村集体投入可以降低村民筹资金额。村民筹资金额降低会提高村民合作积

① 近三年本市其他村的村级财务总收入均值＝同一城市中除本村外近三年村级财务总收入均值÷（该市样本村数量－1）。

极性，从而有利于“一事一议”财政奖补政策实施绩效的提高。

为了检验村民筹资金额在农村集体经济影响“一事一议”财政奖补政策实施绩效中的中介效应，本章借鉴 Baron 以及温忠麟等人提出的中介效应检验方法，检验农村集体经济是否通过村民筹资金额的中介效应影响“一事一议”财政奖补政策实施绩效，为此本部分构建以下回归模型：

$$y_i = \alpha_0 + \alpha_1 x + \alpha_2 c_i + \varepsilon_i \tag{7-5}$$

$$M_i = \beta_0 + \beta_1 x + \beta_2 c_i + \varepsilon_i \tag{7-6}$$

$$y_i = \gamma_0 + \gamma_1 x + \gamma_m M_i + \gamma_2 c_i + \varepsilon_i \tag{7-7}$$

式中的 M_i 表示中介变量（村民筹资金额），α、β、γ 为模型回归系数。检验步骤为：第一步检验解释变量（农村集体经济）与被解释变量（“一事一议”财政奖补政策实施绩效）的回归系数 α_1 是否显著，如果系数 α_1 显著为正，说明农村集体经济越壮大“一事一议”财政奖补政策实施绩效越高；如果不显著则停止检验。第二步检验中介变量与解释变量的回归系数 β_1 是否显著，如果系数 β_1 显著，说明农村集体经济显著影响村民筹资金额。第三步同时加入解释变量和中介变量进行回归，如果系数 γ_1 和 γ_m 都显著，则说明存在部分中介效应；如果农村集体经济的回归系数 γ_1 不显著，但村民筹资金额的回归系数 γ_m 显著，则说明村民筹资金额发挥了完全中介的效应。

7.4 数据来源及描述性统计

7.4.1 数据来源与样本选择

2017 年 8—10 月，沈阳农业大学经济管理学院农业经济理论与政策课题组展开了以村干部为主要受访对象，以“村集体组织参与‘一事一议’财政奖补情况”为主题的调研，共涉及 13 个地级市 59 个县 228 个乡镇（街道）的 271 个村。调研数据样本抽样过程：选择辽宁省 13 个地级市（计划单列市大连市除外[①]），在 13 个市中随机选取 59 个县（区、县级市），然后在 59 个县（区、县级市）随机选取乡镇和村庄，同时兼顾村庄经济发展水

① 辽宁省农村综合改革领导小组办公室、省财政厅、省农委于 2010 年发布的《关于村级公益事业建设“一事一议”财政奖补试点工作的意见》将大连市排除在工作目标之外，因此本次调查对象不包括大连市。

平和公共产品供给的差异性，共回收有效问卷271份。样本村分布广泛，在经济水平、人口规模、村级公共产品供给水平、干群关系等多方面存在差异。此外，受访者选择村干部，是因为村干部作为村集体的代表、“一事一议”财政奖补政策的执行者和村级公共产品投资决策的重要影响者，更了解村级层面的公共投资情况。此次调研数据能够较为全面、真实、客观地反映“一事一议”财政奖补政策在辽宁省的发展状况。由于271个样本村庄中，近三年开展过“一事一议”财政奖补筹资活动的共有205个村庄，鉴于本章重点分析农村集体经济对“一事一议”财政奖补政策实施绩效的影响，因此，本章仅对开展“一事一议”财政奖补筹资活动的205个样本村庄进行分析。

7.4.2　描述性统计分析

7.4.2.1　变量设定

本章的被解释变量是“一事一议”财政奖补政策实施绩效。“一事一议”财政奖补是一项复杂的工作，判断一个地方的“一事一议”财政奖补工作是否达到政府的预期效果，就需要构建一套客观、适用的“一事一议”财政奖补政策评价指标体系，用来衡量“一事一议”财政奖补政策的实施成效，从而促进“一事一议”财政奖补工作的不断发展。因此，本章构建“一事一议”财政奖补政策实施绩效评价指标体系既要遵循客观性和公正性、系统性和层次性、经济性和可操作性等一般性原则，又要遵循从政策特征出发的特殊性原则：第一，强调政府首责。政府作为政策实施的重要主体，不仅是村级公益事业建设的领导者、政策配套措施的实施者，也是财政奖补资金的提供者，评价指标应充分反映政府的职责和作用。第二，立足公共项目绩效管理。“一事一议”财政奖补政策的实施最终以具体村级公共项目的形式呈现，评价指标的选取应从公共项目绩效评价的视角出发，综合考量公共项目建设的投入、产出、效率、成果和有效性等。第三，关注村干部满意度。村干部作为村集体的代表、“一事一议”财政奖补政策的执行者和村级公共产品投资决策的重要影响者，需要着重关注其对“一事一议”财政奖补政策实施绩效的满意程度。

因此，本章构建的“一事一议”财政奖补政策绩效评价指标体系在借鉴何文盛等（2015）对“一事一议”财政奖补实施绩效的指标分类基础上，遵循客观性和公正性、系统性和层次性、经济性和可操作性等一般性原则和从政策特征出发的特殊性原则，按照《村级公益事业建设“一事一议”财政奖补资金管理办法》（财预〔2011〕561号）中的规定，“一事一议”财政奖补工作考核内容主要包括组织保障、资金安排、项目规划、制度建设、监管系统建设、政策落实等方面，结合辽宁省实地调研情况，本章最终选取运用组织领导、项目管理、资金管理、制度建设、工作成效5个一级指标和12个二级指标对“一事一议”财政奖补实施绩效进行衡量。二级指标主要采用李克特量表法，用1～5分依次代表“非常不同意”“不同意”“一般”“同意”“非常同意”，反映被访者对“一事一议”财政奖补政策开展情况的绩效评价。

“一事一议”财政奖补政策的实施绩效是多方面力量共同推进的结果，因其政策性强、涉及面广、工作量大，其实施效果与许多非制度因素相互影响、相互作用，数据无法完全收集。因此，本章参考李帅等（2014）运用客观赋权的熵权法与主观赋权的层次分析法相结合的办法计算综合权重，对“一事一议”财政奖补政策总绩效及其五个方面的实施绩效进行测度并进行了归一化处理，从而对政策实施绩效进行质和量的统一评价。

本章的解释变量是农村集体经济，目前较常用的衡量指标是村级财务收入。由于本章调查的是近三年村集体组织参与“一事一议”财政奖补情况，因而本章通过“本村近三年村级财务总收入均值”来衡量农村集体经济。本章选取村民筹资金额为中介变量（包括以资代劳①），对应问卷的题项“村民筹资筹劳金额（万元）”。

本章的控制变量包括年末债务余额、村民人均纯收入、全村在册总人口数、60岁以上人口数、贫困户比重、是否是贫困村、人均耕地面积、村内是否通小客或公交、村委会到乡镇政府的距离、村庄是否享受到其他支农惠农政策。年末债务余额体现村集体经济实力，负债越多村集体出资可能越少（周密等，2018）；村民人均收入越高，村民越有能力提供“一事一议”筹资资金（周密等，2017）；人口越多的村庄获得奖补额越多，在项目投资额确

① 根据2012年规定，每人每年只能筹资20元，筹劳3个工作日，可以以资代劳，以资代劳工价是20元/天，由于工价比较低，实际上村民大都愿意上交以资代劳的60元而不愿意出劳力。

定的情况下，村民出资成本下降，村民合作建设社区公共品的积极性增加（李秀义、刘伟平，2016）；60 岁以上人口比重大的村庄，村民出资意愿相对较低（周密等，2018）；贫困村或贫困户所占比重较大的村，村民收入较低，难以负担“一事一议”筹资资金（陈杰等，2013）；人均耕地面积、土地流转比例及各村庄要素禀赋的差异会影响“一事一议”实施绩效（王凤羽等，2019）；村庄是否享受到其他支农惠农政策可以反映上级对村庄的支持力度（周密等，2018）；村内是否通小客或公交反映村庄交通状况；加入村委会到乡镇政府距离，以表征村庄地理状况（周密、康壮，2019）。

7.4.2.2　样本特征的描述性分析

与本章实证研究相关的数据主要包括被解释变量、核心解释变量、中介变量及其他控制变量等，表 7－2 和表 7－3 分别汇报了各变量具体描述统计特征。

表 7－2　主要变量的描述性统计

变量名称	变量含义及赋值	观测值	均值	标准差	最小值	最大值
被解释变量						
实施绩效	0～100 分赋值	205	71.74	19.89	0	100
组织领导	0～100 分赋值	205	71.71	24.18	0	100
项目管理	0～100 分赋值	205	79.43	20.04	0	100
资金管理	0～100 分赋值	205	80.81	18.90	0	100
制度建设	0～100 分赋值	205	66.60	24.53	0	100
工作成效	0～100 分赋值	205	81.39	22.97	0	100
解释变量						
农村集体经济	本村近三年村级财务总收入均值（万元）	205	15.68	33.37	0	332.60
中介变量						
村民筹资金额	本村近三年“一事一议”筹资中村民筹资筹劳金额（万元）	205	6.94	15.25	0	120

数据来源：根据问卷调查整理。

表 7－2 主要对被解释变量包括“一事一议”财政奖补政策实施绩效及其五个评价维度（组织领导、项目管理、资金管理、制度建设、工作成效），

解释变量农村集体经济，中介变量村民筹资金额进行了描述性统计。由表 7－2 可以看出辽宁省 205 个样本村的农村集体经济水平的差距较大，样本村中近三年村级财务总收入最低的仅为 0 元，均值为 15.68 万元，最高的为 332.6 万元，其中有 29.29％的样本村近三年村级财务总收入均值为 0 元即该村无村级财务收入。由此可见，近三分之一的样本村农村集体经济的发展基本停滞，失去了“造血”功能。

从“一事一议”财政奖补政策实施绩效角度来看，205 个样本村的实施绩效评价均值为 71.74，最小值为 0，最大值为 100，可以看出实施绩效总体态势较好但各村之间仍有差距。从“一事一议”财政奖补政策实施绩效下分的五个方面来看，组织领导、项目管理、资金管理、制度建设、工作成效的样本均值分别为 71.71、79.43、80.81、66.60、81.39，可见“一事一议”财政奖补政策在辽宁省的实施绩效评价中制度建设评价最低、工作成效评价最高。

从村民筹资金额上看，样本村近三年“一事一议”筹资中村民筹资筹劳金额最低为 0 元，最高为 120 万元，均值为 6.94 万元。从数据来看，样本村中各村村民筹资金额相差较大，“一事一议”财政奖补筹资方式有待进一步改善。

表 7－3　其他变量的描述性统计

变量名称	变量含义及赋值	观测值	均值	标准差	最小值	最大值
控制变量						
年末债务余额	本村近三年年末债务余额（万元）	205	29.96	77.96	0	666.67
村民人均纯收入	本村近三年村民人均纯收入（元）	205	10 240.41	5 175.83	1 000	28 000
人口	本村在册总人口数（人）	205	1 974.15	978.48	314	7 500
60 岁以上人口数	本村 60 岁以上人口数（人）	205	514.28	326.81	16	1 900
贫困户比重	本村贫困户占全村在册户数的比例（％）	205	8.45	9.44	0	60
是否是贫困村	本村是否贫困村：是＝1，否＝0	205	0.33	0.47	0	1

（续）

变量名称	变量含义及赋值	观测值	均值	标准差	最小值	最大值
人均耕地面积	本村人均耕地面积（亩）	205	2.28	1.54	0	10
村内是否通小客或公交	本村内是否通小客或公交：是=1，否=0	205	0.75	0.44	0	1
村委会到乡镇政府距离	本村村委会到乡镇政府的距离（千米）	205	5.81	4.93	0	30
是否享受其他支农惠农政策	本村近三年享受其他支农惠农政策：是=1，否=0	205	0.88	0.32	0	1
工具变量						
本市其他村村级财务总收入均值	本市其他村近三年村级财务总收入均值（万元）	205	15.67	7.56	2.09	30.07

数据来源：根据问卷调查整理。

表7-3主要对控制变量及工具变量进行了描述性统计。如表7-3所示，本章的控制变量包括年末债务余额、村民人均纯收入、全村在册总人口数、60岁以上人口数、贫困户比重、是否是贫困村、人均耕地面积、村内是否通小客或公交、村委会到乡镇政府距离、村庄是否享受到其他支农惠农政策。

从表7-3可以看出，在205个样本村中，各村近三年年末债务余额均值为29.96万元，其中年末债务余额最低为0元，最高为666.67万元，由此可见，部分村的债务问题较为严重，可能影响到“一事一议”财政奖补政策实施绩效评价。各村近三年村民人均纯收入平均为10 240.41元，与辽宁省统计局公布的《二〇一六年辽宁省国民经济和社会发展统计公报》中辽宁省2016年农村常住居民人均可支配收入12 881元、《二〇一七年辽宁省国民经济和社会发展统计公报》中辽宁省2017年农村常住居民人均可支配收入13 432、《二〇一八年辽宁省国民经济和社会发展统计公报》中辽宁省2018年农村常住居民人均可支配收入14 617元的均值13 643元相近，说明本章使用的数据能够客观的反映实际情况，具有一定的说服力。

表7-3中样本村庄近三年平均人口为1 974.15人，村庄规模最大的拥有7 500人，规模最小的拥有314人，标准差为978.48。由此可见，本章调

查的样本村数据较好的覆盖了不同规模的村庄。样本村庄近三年 60 岁以上人口数平均为 514.28 人，60 岁以上人口最多为 1 900 人，最少为 16 人。60 岁以上人口数量反映了人口老龄化情况，205 个样本村的 60 岁以上人口接近总人口的四分之一，一定程度上说明人口老龄化状况较为严重。

从表 7-3 可以看出贫困户比重均值为 8.45%，最低为 0%，最高为 60%，样本较好的覆盖了贫困户和非贫困户。贫困村比重为 33%，同样说明样本较好的覆盖了贫困村和非贫困村。村庄人均耕地面积为 2.28 亩，耕地面积最多的村庄为人均 10 亩，人均耕地面积最少的村庄为 0 亩，意味着该村土地全部流转。

村内是否通小客或公交反映交通便利程度，数据显示 75%的样本村通小客或公交，说明大部分样本村的交通较为便利。村委会到乡镇政府的距离反映了村庄的地理位置，在全部 205 个样本村中，村委会到乡镇政府的平均距离为 5.81 千米，距离最远的为 30 千米，最近的为 0，即乡镇政府所在地为本村内。是否享受其他支农惠农政策反映上级政府对本村的帮扶力度及重视程度，可以看出 88%的样本村享受其他支农惠农政策，说明大部分上级政府对各村庄都较为重视。

如表 7-3 所示，本章的工具变量为本市其他村村级财务总收入均值，数据显示本市其他村近三年村级财务总收入均值为 15.67 万元，最低为 2.09 万元，最高为 30.07 万元。

7.5 农村集体经济影响财政奖补政策实施绩效的实证分析

7.5.1 农村集体经济对“一事一议”财政奖补政策实施绩效影响的回归结果

本部分利用辽宁省 205 个行政村实地调研数据，运用 OLS 法实证检验农村集体经济对“一事一议”财政奖补政策实施绩效的影响①。在进行回归

① 由于篇幅原因，对本部分所有回归模型只汇报核心解释变量结果，其他变量的回归结果未列出，感兴趣的读者可向本文作者索要。

分析之前，本章对模型进行了多重共线性检验，模型的方差膨胀因子（VIF）均在1左右，证明模型不存在严重的多重共线性问题。另外，为了消除残差的异方差和自相关，本章所有回归均采用异方差稳健的标准误。

表7-4列示了农村集体经济对“一事一议”财政奖补政策实施绩效影响的回归结果，其中模型1的因变量为实施绩效，模型2的因变量为组织领导，模型3的因变量为项目管理，模型4的因变量为资金管理，模型5的因变量为制度建设，模型6的因变量为工作成效。

表7-4　农村集体经济对“一事一议”财政奖补政策实施绩效影响的模型估计结果

	(1) 实施绩效	(2) 组织领导	(3) 项目管理	(4) 资金管理	(5) 制度建设	(6) 工作成效
农村集体经济	0.09** (0.04)	0.04 (0.05)	0.03 (0.04)	0.06** (0.03)	0.11* (0.06)	0.09** (0.04)
常数项	61.36*** (11.13)	85.32*** (14.76)	73.77*** (11.93)	65.84*** (10.17)	53.74*** (13.61)	77.77*** (13.68)
其他控制变量	是	是	是	是	是	是
城市固定效应	是	是	是	是	是	是
观测值	205	205	205	205	205	205
R平方项	0.16	0.16	0.13	0.25	0.15	0.09
调整后的R平方项	0.05	0.05	0.02	0.14	0.03	0.00

注：①*、**、***分别表示在10%、5%、1%水平上显著。②括号内小数为标准误差。③样本中的其他控制变量包括：年末债务余额、村民人均纯收入、全村在册总人口数、60岁以上人口数、贫困户比重、是否是贫困村、人均耕地面积、村内是否通小客或公交、村委会到乡镇政府的距离、村庄是否享受到其他支农惠农政策。

表7-4模型（1）的结果表明，农村集体经济与“一事一议”财政奖补政策实施绩效在5%水平上显著正相关，加入控制变量和固定效应后的系数提高了但结果基本一致，即农村集体经济壮大有助于提高“一事一议”财政奖补政策实施绩效。农村集体经济的存在，在很大程度上为村居公共服务事业、村居范围内的公共设施建设提供了资金支持，发展壮大村级集体经济有利于提高乡村公共服务能力。而村级公共产品自愿性供给的唯一方式就是通过“一事一议”进行供给，因此，发展壮大农村集体经济状况有助于优化和提高“一事一议”财政奖补政策实施绩效。

表7-4模型（2）的结果表明，农村集体经济与组织领导之间没有显著

的相关性。表7-4模型（3）的结果表明，农村集体经济与项目管理之间没有显著的相关性。可能的解释是组织领导和项目管理主要依靠村干部等领导者的组织管理能力，而不是农村集体经济情况。

表7-4模型（4）的结果表明，在加入控制变量和固定效应后，农村集体经济与资金管理在5%水平上显著正相关。项目建设资金的管理关系到村级公益事业建设的持续性，也就是说农村集体经济壮大有助于提高村级公共产品建设的持续性。表7-4模型（5）的结果表明，农村集体经济与制度建设在10%水平上显著正相关，加入控制变量和固定效应后的系数提高了但结果基本一致，即农村集体经济壮大有助于提高制度建设水平。表7-4模型（6）的结果表明，在加入控制变量和固定效应后，农村集体经济与工作成效在5%水平上显著正相关。工作成效是村级公益事业建设成果最直观的评价指标，也就是说农村集体经济壮大有助于提高“一事一议”财政奖补政策的实际效果。

7.5.2 内生性问题解决

本部分选取近三年本市其他村的村级财务总收入均值为工具变量，使用二阶段最小二乘法回归以解决内生性问题。回归结果如表7-5所示，表明在解决内生性问题后，二阶段最小二乘法估计结果略低于普通最小二乘法估计结果，但总体差异不大，表明回归结果是稳健可信的。弱工具变量检验结果中的 P 值均小于0.01、F 值均大于10，表明不存在弱工具变量①。

表7-5 工具变量检验—2SLS回归结果

变量名称	(1) 实施绩效	(2) 组织领导	(3) 项目管理	(4) 资金管理	(5) 制度建设	(6) 工作成效
农村集体经济	0.09** (0.04)	0.02 (0.05)	0.03 (0.04)	0.07** (0.03)	0.09* (0.05)	0.08** (0.03)
常数项	81.70*** (8.11)	91.16*** (9.90)	83.06*** (9.20)	93.76*** (8.41)	72.25*** (10.14)	86.15*** (8.88)

① 考虑到可能存在的“弱工具变量”问题，我们同时也计算了“有限信息最大似然估计值”(LIML)。LIML估计值一般受弱工具变量的影响较少。但我们发现，LIML估计值和2SLS估计值没有明显差异，进一步验证了无弱工具变量问题。由于篇幅原因，LIML估计结果未进行报告，感兴趣的可向作者索要。

（续）

变量名称	(1) 实施绩效	(2) 组织领导	(3) 项目管理	(4) 资金管理	(5) 制度建设	(6) 工作成效
其他控制变量	是	是	是	是	是	是
城市固定效应	是	是	是	是	是	是
观测值	205	205	205	205	205	205
R 平方项	0.07	0.09	0.05	0.06	0.09	0.04
调整后的 R 平方项	0.01	0.04	0.00	0.01	0.03	0.00

注：①*、**、*** 分别表示在 10%、5%、1%水平上显著。②括号中为标准误差。③样本中的其他控制变量包括：年末债务余额、村民人均纯收入、全村在册总人口数、60 岁以上人口数、贫困户比重、是否是贫困村、人均耕地面积、村内是否通小客或公交、村委会到乡镇政府的距离、村庄地理特征、村庄是否享受到其他支农惠农政策。

表 7-5 模型（1）的二阶段最小二乘法估计结果表明，农村集体经济与“一事一议”财政奖补政策实施绩效在 5%水平上显著正相关，与 OLS 回归结果相比基本一致，实证了农村集体经济壮大有助于提高“一事一议”财政奖补政策实施绩效。

表 7-5 模型（2）、（3）的二阶段最小二乘法估计结果与表 7-5 模型（2）、（3）的 OLS 回归结果基本相同，农村集体经济与组织领导、项目管理没有显著的相关性。表 7-5 模型（4）的二阶段最小二乘法估计结果表明农村集体经济与资金管理在 5%水平上显著正相关，系数略高于普通最小二乘法估计结果。

表 7-5 模型（5）的二阶段最小二乘法估计结果表明，农村集体经济与制度建设在 10%水平上显著正相关，与 OLS 回归结果相比基本一致，即农村集体经济壮大有助于提高制度建设水平。表 7-5 模型（6）的二阶段最小二乘法估计结果与 OLS 回归结果相比基本一致，表明农村集体经济与工作成效在 5%水平上显著正相关，也就是说农村集体经济壮大有助于提高“一事一议”财政奖补政策实施的实际效果。

7.5.3 农村集体经济影响“一事一议”财政奖补政策实施绩效的中介机制

根据“一事一议”财政奖补政策有关规定，村集体出资可以替代村民筹资款，农村集体经济好的村通过村集体投入可以降低村民筹资成本。基于此，本部分使用中介效应模型实证检验村民筹资金额在农村集体经济影响“一事一议”财政奖补政策实施绩效中发挥的中介作用。具体而言，首先验证农村集体经济对村民筹资金额的影响作用；其次检验农村集体经济对“一事一议”财政奖补政策实施绩效的直接影响效应以及基于村民筹资金额的间接影响效应。

7.5.3.1 农村集体经济对村民筹资金额的影响

为了考察农村集体经济对“一事一议”财政奖补政策实施绩效影响的中介作用，首先要验证农村集体经济对中介变量村民筹资金额的影响作用。本部分选取本村近三年“一事一议”筹资中村民筹资筹劳金额均值来衡量村民筹资金额。具体回归结果如表 7－6 所示。

表 7－6 农村集体经济对中介变量村民筹资金额影响的估计结果

变量名称	村民筹资金额
农村集体经济	－0.06* (0.03)
常数项	18.32* (10.49)
其他控制变量	是
城市固定效应	是
观测值	205
R 平方项	0.14
调整后的 R 平方项	0.04

注：①*、**、***分别表示在 10%、5%、1%水平上显著。②括号中为标准误差。③样本中的其他控制变量包括：年末债务余额、村民人均纯收入、全村在册总人口数、60 岁以上人口数、贫困户比重、是否是贫困村、人均耕地面积、村内是否通小客或公交、村委会到乡镇政府的距离、村庄地理特征、村庄是否享受到其他支农惠农政策。

由表 7－6 可以看出，农村集体经济越壮大村民筹资金额越少。从影响程度上来看，回归系数均是在 10%的显著水平下显著为负的，说明“一事一议”项目筹资过程中农村集体经济越壮大的村村民筹资金额越少。

7.5.3.2 村民筹资金额的中介影响效应分析

验证出农村集体经济壮大能够显著影响村民筹资金额后，接下来要检验村民筹资金额是否能够影响到“一事一议”财政奖补政策实施绩效、发挥其中介影响效应。在基准回归模型中加入中介变量——村民筹资金额，回归结果如图 7－2 所示。

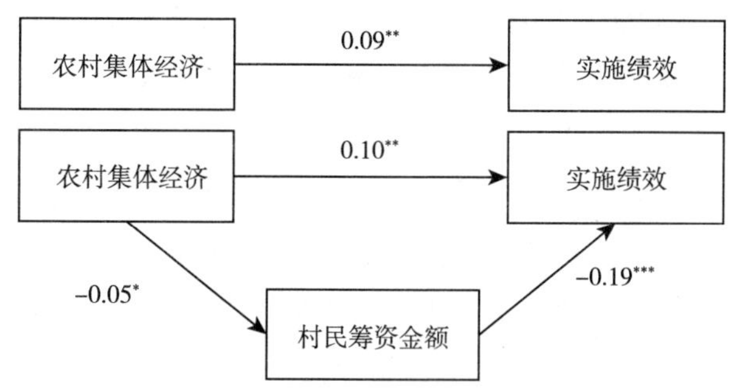

图 7－2　村民筹资金额的中介效应分析

图 7－2 为加入中介变量村民筹资金额后的回归结果，可以看出农村集体经济对村民筹资金额的回归结果在 10%水平上显著负相关，其系数为－0.05，可能的原因是农村集体经济好的村通过村集体投入可以降低村民筹资成本。而农村集体经济影响“一事一议”财政奖补政策实施绩效的系数由图 7－2 中的 0.09 上升为 0.10，这表明村民筹资金额在农村集体经济影响“一事一议”财政奖补政策实施绩效中具有部分中介效应。可能是村民筹资金额降低减轻了村民的负担，提高了村民合作积极性，从而有利于“一事一议”财政奖补政策实施绩效的提高。

综上所述，村民筹资金额在农村集体经济影响“一事一议”财政奖补政策实施绩效中能够发挥其中介作用。“一事一议”财政奖补制度作为村级公共产品自愿性供给的唯一方式，随着“一事一议”财政奖补筹资结构由村民筹资为主逐步向村集体出资为主转变，农村集体经济的壮大会降低村民筹资成本，缓解村民出资出劳的压力，从而提高了“一事一议”财政奖补政策实施绩效。

7.6　结论与建议

7.6.1　研究结论

“一事一议”财政奖补制度是具有中国特色的村级公共产品供给制度，是村级公共产品供给方式的重大制度创新，村干部作为村集体的代表、“一事一议”财政奖补政策的执行者和村级公共产品投资决策的重要影响者，更了解村级层面的公共投资情况，是评价该制度实施绩效的重要方面。本章利用2017年辽宁省205个行政村调查数据，运用普通最小二乘法进行定量研究，实证分析了农村集体经济对“一事一议”财政奖补政策实施绩效的影响，并进一步通过作用机制分析揭示了村民筹资金额在农村集体经济影响“一事一议”财政奖补政策实施绩效中的中介效应，得出主要结论如下：

（1）农村集体经济越壮大的村“一事一议”财政奖补政策的实施绩效越高。实证结果表明农村集体经济与“一事一议”财政奖补政策实施绩效在5%水平上显著正相关，加入控制变量和固定效应后的系数提高了但结果基本一致，进一步解决可能存在的内生性问题后，这种正向的影响作用依然存在。农村集体经济的存在，在很大程度上为村居公共服务事业、村居范围内的公共设施建设提供了资金支持，发展壮大村级集体经济有利于提高乡村公共服务能力。而小型农田水利、道路、健身休闲场所等村庄基础设施均是“一事一议”财政奖补制度所覆盖的范畴，因此，发展壮大农村集体经济状况有助于优化和提高“一事一议”财政奖补政策实施绩效，若农村集体经济逐渐壮大，则该村的“一事一议”财政奖补政策实施绩效就会有所提高。

（2）农村集体经济对资金管理、制度建设及工作成效起到显著的提升作用。首先，农村集体经济与资金管理在10%水平上显著正相关，加入控制变量和固定效应后结果在5%水平上显著正相关。项目建设资金的管理关系到村级公益事业建设的持续性，也就是说农村集体经济壮大有助于提高村级公共产品建设的持续性。其次，农村集体经济与制度建设在10%水平上显著正相关，加入控制变量和固定效应后的系数提高了但结果基本一致，即农村集体经济壮大有助于提高制度建设水平。最后实证结果显示农村集体经济与工作成效在1%水平上显著正相关，加入控制变量和固定效应后结果在5%水平上显著正相关。工作成效是村级公益事业建设成果最直观的评价指标，也就是说农村集体经济壮大有助于提高“一事一议”财政奖补政策的实施效果。

（3）农村集体经济越壮大村民筹资金额越少。从影响程度上来看，回归系数均是在10%的显著水平下显著为负的，说明“一事一议”项目筹资过程中农村集体经济越壮大的村村民筹资金额越少。根据“一事一议”财政奖补政策有关规定，村集体出资可以替代村民筹资。“一事一议”财政奖补坚持“先议后筹，先筹后补”原则，即项目建设要在村民民主议事同意后，按政府确定的标准筹资筹劳。在项目投资额确定的情况下，农村集体经济好的村通过村集体投入可以降低村民筹资金额。

（4）农村集体经济通过村民筹资金额影响“一事一议”财政奖补政策实施绩效。中介效应回归结果显示农村集体经济对村民筹资金额的回归结果在10%水平上显著负相关，其系数为−0.05，可能的原因是农村集体经济好的村通过村集体投入可以降低村民筹资成本。而农村集体经济影响“一事一议”财政奖补政策实施绩效的系数提高了，这表明村民筹资金额在农村集体经济影响“一事一议”财政奖补政策实施绩效中具有部分中介效应。“一事一议”财政奖补制度作为村级公共产品自愿性供给的唯一方式，随着“一事一议”财政奖补筹资结构由村民筹资为主逐步向村集体出资为主转变，农村集体经济的壮大会降低村民筹资成本，缓解村民出资出劳的压力，提高村民合作积极性，从而有利于“一事一议”财政奖补政策实施绩效的提高。

7.6.2　政策建议

目前，辽宁省“一事一议”财政奖补筹资结构已由以往的以村民筹资为主转变为村集体出资和村民筹资等多种筹资方式并存。本章的实证研究结果表明农村集体经济对“一事一议”财政奖补政策实施绩效有显著正向影响。考虑到村集体投入的前提是农村集体经济具有出资能力，因此提高“一事一议”财政奖补政策实施绩效的有效措施之一就是发展壮大农村集体经济。基于此，本研究从壮大农村集体经济角度出发，为进一步优化“一事一议”财政奖补政策实施绩效提供参考提出以下几个方面的政策建议：

强化农村集体产业支撑。一方面积极推进产权制度改革，因为集体产权的分化和发展是村集体经济有效实现的动力基础，因此推进产权制度改革可以进一步扫清农村集体经济产业发展的障碍；另一方面要与市场经济相结合，从实际出发，需因地制宜、因村施策，发展高效益农业，拓宽和延伸农业产业，逐渐形成区域内的比较优势。

提高农村集体经济运营管理能力。政府注重引进外部经济管理人才、产业技术人才；培养本地区农民的集体意识，提高农民科学文化素质，鼓励更多产业带头人加入农村集体经济的运营管理；制定中长期人才发展计划，培育一支由大学生村官、退伍军人、新型职业农民组成的多元化人才队伍。

加大政府政策和财政扶持力度。政府应继续加强对农村集体经济的发展指导并制定出台发展壮大村集体经济的政策措施；同时，适当加大项目财政资金投入力度，在此基础上政府还应该鼓励农业发展银行、农商行、农村信用合作社等金融机构积极参与农村集体经济建设。

第三篇

“一事一议”财政奖补制度实施绩效及对农村居民收入影响效应研究

第八章 “一事一议”财政奖补制度实施的双重效应及其协调机制——基于空间计量模型的实证分析

在发展中国家，弱势群体往往很难享受到上级政府提供的服务，所以不得不依靠所在社区提供的公共服务，因此，寻求最有效的社区治理方式，就各种治理方式进行实证评价已经成为农村发展过程中普遍面临的一个关键问题。在中国，大部分人口居住在农村，他们主要依靠所在村提供最基本的基础设施，如灌溉、饮用水和道路交通等。农民上缴大量税费，但从中央政府得到的财政再分配和转移支付却很少。在这种大背景下，农村治理方式无疑直接影响到基层公共物品供给的效率。农民税收负担问题长期困扰着国家领导人和学术界。如何有效地改善农村公共财政制度，提高农村公共物品提供的效率，是政策制订者无法回避的一大挑战（张晓波等，2003）。“一事一议”作为农村税费改革的一项配套制度安排，是指在村民自愿的基础上，经过一定的民主程序，由他们自主决定出资出劳，兴办包括村内农田水利基本建设、道路修建、植树造林、农业综合开发有关的土地治理项目等村民直接受益的集体生产公益事业的行为，其实质上是一种民主化的农村公共产品供给制度。长期以来，在我国“二元经济结构”下，农村与城市之间实行两套不同的公共产品供给体制，城市公共产品基本是由国家提供，而农村公共产品有相当大的比重则是由农民自己承担。“一事一议”制度主要有提供农村公共产品和推进农村基层民主建设两大目标任务。“一事一议”是民主化的村庄公共产品供给机制，它包括公共产品供给的民主决策制度、公共产品供给的资金筹措或者成本分摊制度以及用于公共产品供给的资金的使用与管理制度三个基本要素。“一事一议”制度，是农村税费改革后确保村庄社区公共产品供给的重要制度安排。“一事一议”主要是解决村庄范围内农田水利基本建设、植树造林、修建村级道路、改水、血吸虫防治等村内集体生产公益事业建设的筹资筹劳问题。“一事一议”的突出特点是民主决策，即村内公益事业的建设必须征得村民的同意。村内建设什么样的公益事业、如何分摊成本、怎么组织实施等都必须经过村民的民主决议。“一事一议”实际上是对村民享有对村庄事务的参与权、选择权、决定权和监督权的肯定和尊重。它的实施则是民主决策、民主管理和民主监督的生动体现。如今，“一事一议”已经成为兴办农村公共事业的主要模式。在现有的制度环境与发展要求下，如何有效促进制度的主要相关者参与和支持“一事一议”农村公共产品供给成为解决当前我国农村公共产品供给不足和供求失衡的关键所在。究竟应该从哪些方面推动“一事一议”农村公共产品的供给问题？这是非常值得研究的问题。目前，“一事一议”财政奖补制度是兴办农村公共事业的重要保障，是深化农村综合改革的一项重大制度创新。该制度将农民需求偏好和政府决策偏好有机地结合起来，充分实现了村级公共产品供给与需求的有效对接，并且得到了广泛的认可和好评（余丽燕，2015）。村级公益事业“一事一议”是一个典型的自下而上的公共物品供给集体行动过程，行动的直接主体是村民和村干部：理性村民在综合计算成本和收益的基础上决定自己所在的家庭是否提供资金和劳动力参与村庄的“一事一议”项目合作，进而直接影响到公共物品的供给；村干部作为村组织的代表，其决策影响村集体对村公益事业建设的出资，其“一事一议”的工作积极性也决定了村民会议通过的公益事业建设方案能否被有效地执行，进而也直接影响到村级公共物品的供给。因此村级公益事业供给的有效形成，就要从调动村民合作积极性和村干部“一事一议”工作积极性两方面入手。然而，从需求方面来看，在村财弱、村组少、人口少的村庄，农户之间更不容易开展合作提供大型的村级公共产品，因此“一事一议”制度改革的方向，一方面要继续加大对村庄“一事一议”筹资的奖补力度，另一方面要建立对不同村庄不同需求的开放式回应机制，尤其是建立针对弱势村庄的特惠奖补机制，最终促成不同特征的村庄都能通过“一事一议”合作形成村级公共物品的供给（李秀义、刘伟平，2016）；从供给方面来看，有些研究检讨了现行农村公共产品供给体制的缺陷与不足，认为农村公共产品供给体制的不合理是造成农民负担问题日益突出的重要原因。有些研究则提出了制度创新的政策建议、倡导建立更为合理的农村公共产品供给机制。本章研究观点表明“一事一议”财政奖补资金的发放采用项目制的形式，对所资助的村庄存在选择性。因此，为了避免村级公共产品供给出现“马太效应”，有必要考察上级政府在一定的财政约束情况下，优先资助的究竟应该是基础条件好的富裕村，还是基础条件差的非富裕村？

为此，基于上述研究，需要回答以下三个问题：①在获得“一事一议”财政奖补资金上各个村庄是否存在竞争效应？②如果村庄之间存在竞争效应，上级政府是否有相应的协调机制？如果存在协调机制，哪一级政府起主导作用？③如果上级政府有所协调，那么更倾向于向哪一类村庄提供“一事一议”财政奖补？清楚回答好以上问题，将有利于了解“一事一议”财政奖补制度的倾向性及其内在的运行机制。“一事一议”财政奖补是加强农业基础建设，统筹城乡发展，促进城乡公共服务均等化的重要举措，是深化农村综合改革的一项重大制度创新，有利于激发村民参与“一事一议”的热情，引导和鼓励村民出资出劳，调动农民参与公益事业建设的主动性，促进社会主义新农村建设；有利于调动基层干部和群众的民主议事积极性，运用民主方式解决涉及农民切身利益的问题，并不断完善民主议事机制，推进农村基层民主政治建设；有利于形成村级公益事业建设多渠道投入的新机制，让农民切身感受到党和政府的关怀，相应的政策含义将对完善“一事一议”财政奖补制度、促进新农村建设、促进城乡协调发展、构建社会主义和谐社会、全面建成小康社会具有重要的现实意义。

8.1 文献综述

本章的研究涉及以下三种类型文献：

第一，关于“一事一议”筹资筹劳制度的相关文献。“一事一议”筹资筹劳制度是2011年之前村级公共产品自愿性供给的主要方式，主要通过村民的筹资筹劳建设村级公共产品，上级政府不给予奖励或补助。但是由于这种方式筹措的资金少而且难以开展大项目，2011年之后“一事一议”财政奖补制度应运而生，“一事一议”财政奖补制度是公共财政制度和基层民主管理制度融合而成的村公共产品供给制度，是我国农村村民民主决策的重要保障，是村民自治与管理方式的一次制度变革与创新，同时也是对我国农村公共产品供给方式的制度变革与创新，更是推进城乡一体化发展的制度变革与创新。“一事一议”财政奖补制度的基本目标是达到农村公共产品供给与需求的相对均衡。在此之前，无论是在数量上还是在结构上，政府的直接供给制度都无法满足农民对公共产品的需求，而原“一事一议”筹资筹劳制度也无法保证足够资金投入，无法调动村民和村集体的积极性。而“一事一议”财政奖补制度是以农民自愿筹资筹劳为前提的，重点是建设农村保障民生的工程，尤其是农民迫切需求的、直接受益的公共工程，旨在解决农村范围内的公共产品的供给问题，有利于推动农村经济建设的发展。该制度既延续了以往村集体的“一事一议”筹资筹劳制度，又新增加了上级政府的“财政奖补”制度。尽管有学者认为，自从改革开放以来，国家将有限的财力大部分投向城市，造成了农村公共产品供给的严重短缺，成为制约农民收入增长缓慢的重要原因。而农村公共产品供给能够有效地提高农业生产的边际产出，增加农户和其他投资主体的投资积极性，降低农业生产所面临的风险和不确定性。同时农村公共产品的非排他性、非竞争性和外溢效应明显的特点，决定了政府应该在农村公共产品供给中发挥重要的作用。“一事一议”筹资筹劳制度没有政府奖补制度，其交易成本高、不确定性大，不利于公共产品的供给，应该取消“一事一议”制度，村级公共产品的供给应该纳入市场化范畴（李琴等，2005），但是有更多学者认为，“一事一议”筹资筹劳制度有其积极意义，它能充分利用民间资本，拓宽公共服务的筹资渠道，减轻政府财政的公共服务供给压力，有助于逐步建立与市场经济环境相适应的农村公共财政体制。所以该制度在农村公共产品供给中发挥了重要的作用（林万龙，2007；Zhang & Zhou，2010）。“一事一议”在满足“熟人社会”和村民真实表达偏好的条件下发挥较大作用。富裕地区、外出务工比重大的地区村级公共投资更活跃。总之，村级公共产品的筹资问题是一个综合性问题，涉及农村社会生活的很多方面，如何利用并且完善好“一事一议”制度对于提高村级公共产品供给水平是具有现实意义的，但是仅仅从“一事一议”制度层面来分析是远远不够的，还需要以后通过对不同筹资模式的对比研究提出不同类别村级公共产品的不同筹资模式、不同地区村级公共产品的不同供给主体。同时，在村级公共投资的基础之上，应该充分利用“一事一议”制度，并且不断完善该制度，该制度会对增加村级公共投资项目产生显著影响（周密、张广胜，2009；2010）。“一事一议”有助于村集体实施村民最需要的公共投资项目，也有助于及时满足村民亟须的公共投资项目需求，因此“一事一议”民主化决策过程确实能够保证在项目决策的过程中更多地采纳村民的意见并且满足其对村级公共物品的需求偏好。同时，“一事一议”还提高了村民在村级公共投资项目实施过程中的集资份额与出工数量，表明“一事一议”有效提高了村级公共投资项目实施过程中的村民参与水平，所以未来应继续推广并深化这一村级公共投资的民主化决策制度。一方面，应该关注那些尚未实行“一事一议”的村庄，探究其没能够实施这一制度的具体原因，并且寻找相应的解决方案或替代性的制度安排。另一方面，对于广大已经实行了“一事一议”的村庄，应该进一步探究“一事一议”的每一个环节中村民的公共投资意愿是否得到充分的表达，以期待达到更好满足村民对村级公共物品的需求偏好以及提高村民对村级公共投资项目参与水平的政策目的（罗仁福等，2016）。与此同时，“一事一议”筹资筹劳制度存在显著的空间溢出效应，即经济发达的村庄实施“一事一议”政策会显著增加邻近村庄实施该政策的概率，并且同一县中人均纯收入较高村庄的空间溢出效应要显著的大于人均纯收入较低的村庄，这意味着基层改革具有非常明显的学习特征而不是简单的跟风。此外，基层选举类型及村干部的个人特质对“一事一议”政策的实施也具有重要的塑造作用。新政策的引进和推行必须与当地的实际相适应。政策实施在空间上存在溢出效应也具有明显的政策含义，即这种效应彰显出制度创新在顶层设计时进行小范围试点的重要性。制度选择理论一般认为，自上而下的外生性改革虽然比较普遍，但其成功的概率低于自下而上的内生性改革（陈硕、朱琳，2015）。“一事一议”财政奖补制度不同于“一事一议”筹资筹劳制度，后者只是村民内部的筹资筹劳过程，而前者不仅与村民内部筹资筹劳有关，还与上级政府财政资助有关。因此，“一事一议”财政奖补制度是否存在空间溢出效应以及其影响机制更加值得被关注。

第二，关于“一事一议”财政奖补的相关文献。已有研究多从“一事一议”财政奖补绩效以及获得“一事一议”财政奖补村庄的特征两个方面展开研究。关于财政奖补绩效方面，研究表明："一事一议"财政奖补已经成为创新投入机制，汇集各方力量，保障和改善农村民生问题的重要平台。自从2009年财政奖补制度建立以来，由于"一事一议"活动开会频率明显提升，农民自主建设和社会力量参与的热情尤其是参与公共产品建设的热情得到了有效地激发。农民对与其生产生活密切相关的公共设施及服务需求意愿强烈，大部分村民对于已经建成的农村公共产品是满意的。"一事一议"制度本身及实施效果评价较高，是税费改革后解决村级公共产品短缺配套的制度安排，其在促进农村公共产品供给方面的优势逐步发挥：一是政府通过财政资金奖补的形式为农村公共产品的建设提供资金，消除了传统制度中由于信息不对称导致的供给结构失衡造成资源浪费的不利影响。二是"一事一议"筹资筹劳制度在获得财政资金的支持下可以保障公共产品的项目修建所需的资金数量，提高所提供的公共产品的层次和质量，充分调动农民参与的积极性，促使农民尽快达成公共产品修建的一致性意见，并且积极主动地自发筹集项目建设的配套资金和劳动力，提升效率的同时也为公共产品的顺利开工建设提供资金和劳动力上的保障。三是新制度克服了传统制度下存在的供给质量结构效率上的缺陷，形成了一个促进农村公共产品长期稳定发展的良性循环。财政奖补制度正在逐步替代对村民的筹资筹劳制度，村级公共产品资金短缺的严重性和迫切性使村干部的主要精力放到争取上级财政奖补上面。关于获得"一事一议"财政奖补村庄的特征方面，研究表明：如果村"两委"支持和肯定"一事一议"公共产品的供给，他们可以利用村集体资源来建立对村民的奖惩机制表明其态度，一个明显行动就是在筹资的过程中，可以调用村集体经济资源投入公共产品的建设。因此，村"两委"越支持（表现在村集体经济投入越多），越有利于促进"一事一议"公共产品的供给。外出务工村民的比例也影响"一事一议"的实施，根据相关规定，要求本村满18岁的村民三分之二以上或者家庭代表二分之一以上参加时才能召开"一事一议"会议。外出务工人数多，一方面，导致开会人数不够，另一方面，由于很多农民举家在外打工或者经商，他们也可能对村级公益事业不关心。因此外出务工村民比例越高越不容易促成"一事一议"合作与项目建设。"一事一议"时期，为推动农村村级公益事业供给，除了财政奖补，中央还出台了对地方政府开展"一事一议"工作的考核机制；省政府又出台了对市县的考核机制，最终县乡也通过对村干部绩效考核指标的调整，在考核指标中更重视村级公益事业的建设，将村级公益事业建设的工作压力转移到村干部。绩效考核调整以后，各地大多也相应地提高了村干部工资，以提高村干部“一事一议”工作的积极性。工资是绩效考核的集中体现，所以村干部通过这个绩效体系能获得的工资越高，其“一事一议”工作积极性就越高。村民对筹资筹劳的接受能力（通过村民的积极参与体现）也是影响“一事一议”制度成功执行的重要因素。同时，在村级公益事业建设“一事一议”财政奖补政策的实施过程中，全面有效地宣传和培训事关政策方向的正确性和实施的规范性以及健全的工作机制也是这一政策顺利推进的必要条件（陈杰等，2013；彭长生，2012；何文盛等，2015）。其间，还有文献从需求角度考察了影响获得“一事一议”财政奖补资金的“筹资筹劳”环节的因素（余丽燕，2015；李秀义、刘伟平，2016），认为村集体投入和村庄规模对获得“一事一议”财政奖补资助具有显著的负向影响。经济基础决定上层建筑，村民的经济情况可以影响甚至决定“一事一议”筹资筹劳意愿，从而影响“一事一议”制度能否顺利实施。村民年均收入越高的地区，第二、三产业越发达的村庄，村民参与“一事一议”筹资筹劳的意愿越高，从而越有利于“一事一议”制度的顺利实施。由于理性个人搭便车的倾向，集体规模越大越不利于形成合作，因而共同行动概率就降低。这主要基于集体行动形成的组织成本考虑。而“一事一议”是一种典型的集体行动行为，通过村民民主表决方式决定农村公共产品的供给，其对参会人数和方式做出了严格的规定。所以，村庄规模越大，“一事一议”组织协调人员参会成本可能越高。反之，小规模群体，不仅在法定人员议会成本上具有优势，而且其内部具有较强的自主性、向心力、道德感等特征，将减少村民不合作和机会主义的行为。因此得出村庄规模对“一事一议”的村民行动产生影响，村庄规模越小，村民越愿意参与“一事一议”农村公共产品供给。而本章拟从供给角度，在“财政奖补”环节上考察其空间溢出效应。

第三，运用空间计量经济研究方法进行政策分析的相关文献。尽管已有文献证实了政府公共支出存在显著的空间相关关系，例如，政府效率在空间上存在着显著的互补效应，较高政府效率的地区和较高政府效率的地区相靠近，较低政府效率的地区和较低政府效率的地区相邻。地方政府效率存在空间相关性，即地方政府效率存在明显的空间集聚。地方政府效率能产生空间外溢，与高效率的政府相邻能够提高本地区的政府效率，也即效率的繁殖效应。产生这种空间外溢的因素有可能是随着市场化进程的推进，有关于税收—公共品的信息不对称减弱，判断相邻政府效率所需成本减少，制约高素质个体“以脚投票”迁移到具有更高公共服务地区的户籍制度的松动，使得本地政府为了留住税基而不得不提高效率。政府效率空间外溢的另一个原因是，当相邻地方政府增加某些公共物品时，比如治理环境污染、提供公共安全和娱乐设施等，这些正的外部效应的存在也使得本地政府的效率有所上升。地方政府效率出现空间“互补效应”的原因可能是对目前基于经济增长的政绩考核的一种反映，比如某地方政府为发展经济的招商引资行动，一般是以相邻地区为竞争标尺的，东部沿海发达地区在招商引资时不会把西部落后地区作为比较对象，所以地方政府有“邻里模仿”行动。地理和空间因素通过模仿传导机制，在政府效率变化中发挥着重要的影响。地方政府效率存在空间自相关的结论证明，对各地方政府效率进行研究时，不能忽视空间因素，应该在经济模型中引入地理空间变量和纳入空间效应的影响，所以普通的计量模型已经不再适用，空间计量的应用成为必然（解垩，2007）。竞争效应和基础教育财政支出本身的外溢效应，会导致基础教育财政支出的不足，而财政生产性支出的外溢效应有助于提高政府的基础教育支出水平。竞争效应会导致地方政府间在教育支出上的竞次，溢出效应却会导致地方政府间在教育支出上的相互替代，相邻县财政基础教育支出呈现显著的负相关关系（李世刚、尹恒，2012）。总体来看，围绕“一事一议”财政奖补的文献缺乏对其空间效应及作用机制的探讨。因此本章拟运用两区制空间计量模型，分析了不同村庄获得“一事一议”财政奖补资金的空间差异，从而进一步揭示“一事一议”财政奖补制度的运行机制。

相比于以往的研究，本章有以下几点创新之处：首先，本章首次从供给角度考察“一事一议”财政奖补制度的空间溢出效应，并且根据上级政府协调机制，揭示出哪一类村庄会更多地得到“一事一议”财政奖补资助。其次，将两区制非线性空间计量模型应用于村集体之间的竞争效应分析中，而不是仅仅采用线性空间计量模型。考虑到同县各个村庄之间的竞争效应往往是因为县级政府的统一部署而减弱，或者是因为经济发达地区的县级政府更有财力进行内部协调而减弱，所以本章采用了 Elhorst and Fréret（2009）提出的两区制空间计量模型，分析和验证其非对称效应。

8.2 “一事一议”财政奖补制度的背景及运行机制

8.2.1 背景

自农村实行家庭联产承包责任制以来，中国的城乡差别日益严重，“城市像欧洲，农村像非洲”。特别是公益事业的差别表现得最为突出。“户外村内”的道路、桥梁、水利等农村小型基础设施建设，直接关系到农民的切身利益，是改善农村生活环境、提高农民生活水平、增加农民收入的关键问题。因此，中国农村治理经历了两次重要的改革。第一次是从 1990 年开始实施的村民委员会选举。《中华人民共和国村民委员会组织法》以法律的形式确保了这次改革在全国范围内得到实施。到 2003 年，全国 99%的村庄进行了选举，29 个省份村委会选举的平均选民参选率达到 91.5%（史卫民等，2009）。现有文献已经发现，村委会选举在提高基层公共服务水平、降低村庄内部不平等以及促使村干部更加负责方面具有显著的成效。虽然这次改革解决了基层干部任命民主化的问题，但是并没有涉及日常的村务行政工作。村委会腐败、暴力执法以及农民税费负担过重等一系列问题依然出现在 20 世纪 90 年代以来的新闻报道中，有些甚至酿成农民上访等重大群体性事件。这些新出现的问题促使人们进行深刻思考，仅靠村级选举是否足以使村干部对村民更加负责？是否需要进一步的改革来约束基层干部的行为？农村税费改革前，村级公益事业建设主要依靠村提留、“两工”（劳动积累工和义务工）来进行。中央政府在 2000 年开始逐步减免农业税，并在 2005 年最终取消了农业税、村提留和农村“两工”，大幅度减轻了农民的负担，规范了涉农收费的行为，遏制了各方面向农民乱收费的现象。取消农业税虽然降低了农民的生活负担，但是也在一定程度上导致了基层政府在提供公共服务上出现资金困难等问题。在上述多个背景共同作用的前提下，中央政府在 2000 年颁布《村级范围内筹资筹劳管理暂行规定》，在农村地区进行第二轮改革：实施“一事一议”筹资筹劳制度。由村民大会民主讨论决定，实行村务公开、村民监督、上限控制和上级审计。但是由于这项制度当时相关配套措施不完善，没有建立相应的激励机制，农民积极性调动不起来，所以出现了“事难议、议难决、决难行”的局面，从农村税费改革到“一事一议”财政奖补试点前，村级公益事业建设投入总体上呈下滑趋势，成为农民反映强烈、要求迫切的问题。“一事一议”筹资筹劳制度中面临的困境和难题，“一事一议”制度落实中存在的问题，影响到了新农村建设的推进，引起了各级党委、政府的高度重视，一些地方开始积极研究和探索解决的办法。

“一事一议”财政奖补制度是对“一事一议”筹资筹劳制度的完善。目的为重点建设农民需求最迫切、受益最直接的村内民生项目，破解村级公益事业建设难题，促进农村经济社会的发展。2003 年，为了减轻农民税费负担，国家出台了“一事一议”筹资筹劳制度。截至 2008 年，全国通过“一事一议”筹资筹劳建成村级公益事业项目的村庄比例累计不到 14%（胡静林，2013）。为了促进村级公共产品的有效供给，从 2008 年起，中央政府开始试点“一事一议”财政奖补制度，并于 2011 年在全国全面推行。所谓“一事一议”财政奖补制度，是指中央和地方各级政府安排一定的财政奖补资金，对农民通过“一事一议”的方式兴办村内基础设施和公益事业建设项目，实行以奖代补，以组织、支持和引导农民筹资筹劳改善农村生产生活条件的一种新型农村公益事业建设投入制度。因此，目前的“一事一议”财政奖补制度包含两个层面，即村集体的“一事一议”筹资筹劳和上级政府的“一事一议”财政奖补。

辽宁省是较早开始试行“一事一议”财政奖补制度的省份之一。2009 年 6 月，辽宁省最初选择本溪县、灯塔市、凌源市三个县（市）作为试点地区。目前，辽宁省“一事一议”财政奖补比例为农民筹资筹劳总额的 50%，所需资金由省级以上财政承担 70%，由市、县级财政承担 30%；对 15 个辽宁省省定点扶贫开发工作重点县，省级以上财政承担比例提高到 80%，市、县级财政承担降低到 20%。

8.2.2 运行机制与研究假说

尽管不同省份可根据实际情况制定“一事一议”财政奖补制度实施计划，但是大部分的省份均采取“一事一议”财政奖补分级管理模式，辽宁省也采用该模式（图 8-1）。其具体运行机制如下：首先，村集体通过召开村民大会或村民代表大会，开展“一事一议”筹资筹劳活动；其次，将获得的筹资款（包括村民筹资、村集体投入、社会捐赠等资金）全额交存乡镇“一事一议”项目专户，经县级农民负担监督管理部门审批后，上报县级农村综合改革办公室和县级农村工作委员会等部门；最后，县级农村综合改革办公室组织将获得批准的“一事一议”筹资筹劳项目录入“一事一议”财政奖补信息监管系统，建立“一事一议”项目库，每年 3 月底，由县级农村综合改革办公室牵头，会同县级农村工作委员会等部门具体负责，依据省每年下达的年度“一事一议”财政奖补资金控制额度，共同从“一事一议”项目库中选择重点项目，经县级政府批准后，上报到市、省相关部门备案。

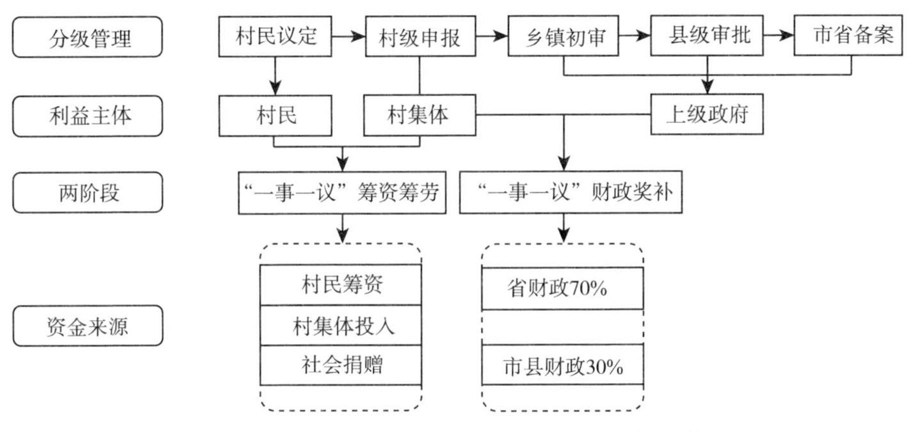

图 8-1 “一事一议”财政奖补制度的运行机制

基于此，本章提出 4 个待检验的假说：

假说 1：同县各个村庄之间在申请“一事一议”财政奖补上存在学习效应。属于相同县的村庄在政策理解和运用上存在学习效应（陈硕、朱琳，2015），即县内其他村庄获得“一事一议”财政奖补，会促进本村申请“一事一议”财政奖补。

假说 2：同县各个村庄之间在获得“一事一议”财政奖补上存在竞争效应。同一行政区域所辖下级政府存在相互竞争且治理传统相似（Murrell et al.，1996），村集体开展“一事一议”筹资筹劳且申请“一事一议”财政奖补后，县级政府依据省每年下达的年度“一事一议”财政奖补资金控制额度，选择重点项目予以资助。因此，各村之间在获得“一事一议”财政奖补资金上存在竞争效应。

假说 3：县级政府在“一事一议”财政奖补资金的分配上起着重要的协调作用。“一事一议”财政奖补制度的运行机制表明，县级政府在项目分配上起主要作用，由于县级政府的协调，同县各村的竞争程度要弱于异县邻村的竞争程度。

假说 4：在有限的财力下，县级政府更倾向于资助人均纯收入低的村庄。由于“一事一议”财政奖补制度实行项目制，按照项目制的“择优”原则，经济条件好、基础设施完善的村庄理论上应该更容易获得“一事一议”财政奖补。但是，根据财政的二次分配调节作用，本章认为，县级政府会优先资助人均纯收入低的村庄。

8.3 模型与方法

8.3.1 一般空间计量模型

一般空间计量模型主要包括空间自回归模型与空间误差模型。空间自回归模型主要用于研究相邻地区行为对整个系统内其他地区行为的直接影响，其空间依赖性在被解释变量的滞后项上体现。由于空间自回归模型与时间滞后模型在形式上完全相同，只是空间权重更为复杂，所以空间自回归模型也称为空间滞后模型或混合回归-空间自回归模型（陈强，2014）。空间自回归模型的数学表达式为：

$$y_i = \rho\sum_{j=1}^{N} W_{ij} y_i + X_i\beta + \varepsilon_i \qquad (8-1)$$

式（8－1）中，y_i 为被解释变量，指区域 i 是否获得了“一事一议”财政奖补资金；ρ 为空间自回归系数，表示“一事一议”财政奖补空间滞后 Wy 对 y 的影响，即相邻区域获得了“一事一议”财政奖补资金对本区域是否获得“一事一议”财政奖补资金的影响程度；W 为空间权重矩阵，W_{ij} 为经过行标准化处理后的矩阵元素，下标 i 表示空间权重矩阵的行，j 表示空间权重矩阵的列，j 的取值为从 1 到 N，N 为样本容量。X_i 为外生解释变量向量；β 为解释变量 X_i 的回归系数向量；ε_i 为残差项。

此外，空间依赖性还可以通过误差项来体现，即空间误差模型，其表达式为：

$$y_i = X_i\beta + u_i \tag{8-2}$$

$$u_i = \lambda \sum_{j=1}^{N} M_{ij} u_i + \varepsilon_i \tag{8-3}$$

式（8-2）中，y_i 为被解释变量，指区域 i 是否获得了“一事一议”财政奖补资金，X_i 为外生解释变量向量；β 为解释变量 X_i 的回归系数向量，u_i 为误差项，模型中假定 u_i 存在空间依赖性，如式（8-3）所示。在式（8-3）中，M_{ij} 为经过行标准化处理后的空间权重矩阵 M 的矩阵元素，λ 为空间误差系数，用于度量相邻区域被解释变量的误差冲击对本区域被解释变量的影响程度，ε_i 为残差项。对于空间误差模型，最大似然估计（MLE）是最有效的估计方法（陈强，2014）。

为了研究各村对“一事一议”财政奖补的主动竞争行为，本章采用空间自回归模型为基准模型，而未采用空间误差模型。其主要原因在于，空间误差模型通过误差项之间的关联来体现空间相关性，不能充分体现村庄之间的主动竞争①。这里将具体介绍如何设置空间误差模型的空间权重矩阵以验证学习效应和竞争效应。

第一，学习效应。由于本章研究中的样本量为 n，其相应的空间滞后矩阵为 $n \times n$ 阶矩阵，该矩阵第 i 行表示第 i 个村庄和其他样本村庄之间的空间关系。该矩阵对角线上的元素取值为 0，在其他与之对应的（$n-1$）个村庄中，如果和该村同属于一个县且申请了“一事一议”财政奖补的村庄数为 θ，则这些村庄所对应的列元素取值为 $1/\theta$，其他村庄所对应的列元素取值为 0。这种对行进行标准化处理的过程可以保证每一行中元素的取值之和为 1。若式（8-1）中的空间自回归系数显著为正，那么村庄之间存在学习效应，则可以验证假说 1。

第二，竞争效应。“一事一议”财政奖补制度中的竞争效应与村庄之间的地理位置和经济发展程度有关系（陈硕、朱琳，2015）。本章将这种竞争效应划分为 4 种类型，分别通过构建相应的空间权重矩阵来测度村庄之间的竞争程度。若式（8-1）中的空间自回归系数为负，那么村庄之间存在竞争效应，则可以验证假说 2。4 种竞争效应类型如下所示：

（1）县内各个村庄之间的竞争。为测度县内各个村庄在获得“一事一

① 本文研究通过 Stata14.0 软件的 SPREG 命令计算空间滞后效应和空间误差效应。

议”财政奖补方面的竞争效应，本章将空间权重矩阵设置为：若和该村同属于一个县且获得了“一事一议”财政奖补的村庄数为θ，那么这些村庄所对应的列元素取值为$1/\theta$，其他村庄所对应的列元素取值为0。如果空间自回归系数显著为负，那么同县内不同村庄之间存在竞争效应；反之，则不存在竞争效应。

（2）县外市内相邻村庄之间的竞争。为比较县外市内相邻村庄之间的竞争效应，本章将空间权重的矩阵设置如下：在和该村隶属同市不同县的村庄中，获得了“一事一议”财政奖补资助且相距50千米以内的村庄总数为θ，则这些村庄所对应的列元素取值为$1/\theta$，其他村庄所对应的列元素取值为0。这区别于之前空间权重矩阵的设置，此处计算获得了“一事一议”财政奖补资助的村庄总数时不再以行政区划县为边界，而是以市为边界、实际空间距离小于50千米为依据①。这样可以考察同市内无论是否隶属同县，相邻村庄之间的竞争效应，以体现县级政府的协调作用。

（3）省内市外相邻村庄之间的竞争。在相距50千米以内省内市外的相邻村庄中，若获得了“一事一议”财政奖补资助的村庄总数为θ，那么这些村庄所对应的列元素取值为$1/\theta$，其他村庄所对应的列元素取值为0。这样可以考察同省内无论是否隶属同一个市，相邻村庄之间的竞争效应，以体现市级政府的协调作用。

（4）村庄异质性与同县各个村庄之间的竞争。为了考察人均纯收入对村庄获得“一事一议”财政奖补资金的影响，本章将空间权重矩阵设置为：若在同县各个村庄中，人均纯收入高于本村且获得了“一事一议”财政奖补资助的村庄总数为θ，那么这些村庄所对应的列元素取值分别为$1/\theta$，其他村庄所对应的列元素取值为0。同样，若在同县内的村集体中，人均纯收入低于本村且获得了“一事一议”财政奖补资助的村庄总数为θ，那么这些村庄所对应的列元素取值为$1/\theta$，其他村庄所对应的列元素取值为0。这样可以考察，若人均纯收入高（低）的村获得“一事一议”财政奖补资金，那么这对于同县内其他村获得“一事一议”财政奖补资金是否有影响以及影响程度多大，即在有限的财政资源下，富裕村（非富裕村）获得“一事一议”财政

① 本文还尝试将相距20千米以内的村庄视为邻村，但对回归结果影响不大。

奖补资金是否会对其他村获得“一事一议”财政奖补资金产生显著影响以及影响的程度如何。

8.3.2 两区制空间自回归模型

为了进一步探讨县级政府的协调机制和地区间经济发展程度差异的非对称效应，借鉴龙小宁等（2014）的研究思路，本章采用两区制空间自回归模型，分别计算县内外两个区域的竞争反应系数及其差异，以及经济发达和经济欠发达两个区域的竞争反应系数及其差异①。

（1）县内各村竞争反应系数与县外市内邻村竞争反应系数的比较。本章分别设置了县内各村竞争反应系数和县外市内邻村竞争反应系数，具体模型如下：

$$y_i = \rho_1 \sum_{j=1}^{N} \widetilde{W}_{ij,1} y_i + \rho_2 \sum_{j=1}^{N} \widetilde{W}_{ij,2} y_i + X_i \beta + \varepsilon_i \quad (8-4)$$

式（8-4）中，ρ_1 和 ρ_2 分别代表县内各村和县外市内邻村的竞争反应系数。$\widetilde{W}_{ij,1}$ 和 $\widetilde{W}_{ij,2}$ 分别为空间权重矩阵 $\widetilde{W}_1$ 和 $\widetilde{W}_2$ 的矩阵元素。$\widetilde{W}_1 = MW$，$\widetilde{W}_2 = (I-M)W$，I 为单位对角矩阵，W 为经过标准化处理的被解释变量的空间权重矩阵，M 的含义如下：

$$M = \begin{cases} 1, \text{村庄 } i \text{ 和村庄 } j \text{ 相邻，并且两者位于不同县} \\ 0, \text{其他} \end{cases} \quad (8-5)$$

采用两区制空间自回归模型的理论基础是：假定所有村庄之间在获得“一事一议”财政奖补资金上均存在竞争关系，若不存在协调机制，那么村与村之间的竞争反应系数应该是一致的；如果县内各个村庄的竞争反应系数小于县外市内邻村的竞争反应系数，那么可能存在县内协调机制，导致县内各个村庄的竞争有所缓和。

（2）“一事一议”财政奖补资金获得对经济发展程度的敏感性分析。如果县级政府在各村“一事一议”财政奖补资金发放方面存在协调机制，那么，哪类村庄更有机会获得“一事一议”财政奖补资金呢？由于本章的调查对象为辽宁省部分地区的农户，而在辽宁省全部的 14 个地级市中，沈阳市

① 本章研究通过调整 SARREGImE _ PAnEL 程序参数，运用 mATLAb R2015A 软件计算两区制空间计量模型中的竞争反应系数及其差异。

和大连市为副省级市，他们的财政收入远高于辽宁省其他 12 个地级市。因此，本章将沈阳市和大连市视为经济发达地区，而将其他地区视为经济欠发达地区。

为验证假说 4，本章在两区制空间自回归模型中分别设置了两类地区的竞争反应系数，以验证两者之间是否存在显著差异。类似于式（8-4），本章构建如下两区制空间自回归模型：

$$y_i = \rho_1 \sum_{j=1}^{N} \widetilde{W}_{ij,1} y_i + \rho_2 \sum_{j=1}^{N} \widetilde{W}_{ij,2} y_i + X_i\beta + \varepsilon_i \quad (8-6)$$

式（8-6）中，ρ_1 和 ρ_2 分别代表经济发达地区和经济欠发达地区的竞争反应系数。$\widetilde{W}_{ij,1}$ 和 $\widetilde{W}_{ij,2}$ 分别为空间权重矩阵 $\widetilde{W}_1$ 和 $\widetilde{W}_2$ 的矩阵元素。$\widetilde{W}_1 = MW$，$\widetilde{W}_2 = (I-M)W$，其中，I 为单位对角矩阵，W 为经过标准化处理的空间权重矩阵，M 的含义如下：

$$M = \begin{cases} 1, \text{村庄 } i \text{ 在经济发达地区} \\ 0, \text{村庄 } i \text{ 在经济欠发达地区} \end{cases} \quad (8-7)$$

式（8-7）中，令 $\widetilde{W}_1$ 和 $\widetilde{W}_2$ 的所有对角线元素等于 0。其他的设定与基准模型相同。

8.4 数据处理及描述性分析

8.4.1 数据来源

2005 年 10 月，中共中央开会研讨正式决定要进行社会主义新农村的建设，同年，沈阳农业大学经济管理学院为了响应国家号召在本省内组织了“百村千户”的调研活动。2015 年恰逢是社会主义新农村建设提出的第 10 年，因此，沈阳农业大学经济管理学院组织再次设计全面的调查问卷对 2005 年调查的各个县、乡、村进行了跟踪回访。此次调查问卷包括农户、村集体、乡镇政府共计三个层次，调查的内容涵盖了新农村建设关于“生产发展、生活宽裕、乡风文明、村容整洁、管理民主”共五大方面。

本次调查中样本的选取方式采用分层随机抽样的方法。首先，将辽宁省划分为辽东、辽西、辽南、辽北、辽中共 5 个区域；其次，将各个区域按照经济发展程度的差异分为三个等级分别为富裕、中等、贫困，然后分别在富裕、中等、贫困中各抽取 1 个县，在每个县根据经济发展程度的差异分别抽取富裕、中等、贫困各1个乡，在每个乡再根据经济发展程度的差异分别抽取富裕、中等、贫困各1个村；最后，按照人均纯收入水平将所有农户等分为3组“富裕、中等、贫困”，各组中随机抽取3个农户进行调查。此次共调查了15个县、45个乡镇、135个村和1 215个农户，获得了有效乡问卷共计45份，有效村问卷共计125份，有效农户问卷共计1 214份。此次问卷调查是调查员与村庄代表进行面对面交流沟通，并且对所得问卷进行全面整理归纳，对于问卷中模棱两可的问题进行再次回访，目的是了解村庄“一事一议”制度的具体实施情况，保证调查问卷的真实性和有效性。本章运用2015年村调查问卷数据进行分析，数据来源于辽宁省10个地级市。

8.4.2 变量选择

根据对现有文献的梳理和总结，并且结合农村公共产品供给理论、“一事一议”筹资筹劳制度和“一事一议”财政奖补制度实施的实践经验，针对样本村庄“一事一议”财政奖补制度实施的特点，本章选取了影响村庄“一事一议”财政奖补资金获得的指标。其中，被解释变量选取的是样本村“2012—2015年是否获得了‘一事一议’财政奖补资金；是=1，否=0”的二分变量。解释变量选取的是村庄特征、县级特征和村“两委”个体特征3个方面的变量，其中村庄特征包括村庄人口数、村庄60岁以上人口所占比重、农户人均纯收入、村庄耕地面积、村庄与所在地城市中心的距离、村里企业数量、村里外出打工劳动力所占比重、村庄是否统一处理生活垃圾、村里是否有路灯共九个方面。县级特征包括县级政府财力缺口一个方面。村“两委”个体特征包括受访村干部年龄、受访村干部性别、受访村干部受正规教育年限、村“两委”参与合作社领办共四个方面。具体如表8-1所示。

表8-1 主要变量的描述性统计

变量及赋值	观测值	均值	标准差	最小值	最大值
被解释变量					
获得“一事一议”财政奖补资金（是=1，否=0）	125	0.414	0.495	0	1
申请“一事一议”财政奖补资金（是=1，否=0）	125	0.608	0.490	0	1

（续）

变量及赋值	观测值	均值	标准差	最小值	最大值
解释变量					
村庄特征					
村庄人口数（人）	125	764.186	663.501	70	4 200
村庄 60 岁以上人口所占比重（%）	125	32.427	21.272	0.6	90
农户人均纯收入（元）	125	20 290.012	32 272.113	4 362.607	340 841.411
村庄耕地面积（亩）	125	5 350.776	3 441.391	200	18 000
村庄与所在地城市中心的距离（千米）	125	63.722	38.749	8	181
村里企业数量（个）	125	5.017	12.718	0	70
村里外出打工劳动力所占比重（%）	125	29.181	18.974	1	85
村庄是否统一处理生活垃圾（是=1，否=0）	125	0.750	0.435	0	1
村里是否有路灯（是=1，否=0）	125	0.733	0.444	0	1
县级特征					
县级政府财力缺口（亿元）[a]	125	0.072	0.115	−0.261	0.166
村“两委”个体特征					
受访村干部年龄（岁）	125	51.388	9.462	31	71
受访村干部性别（男=0，女=1）	125	0.129	0.337	0	1
受访村干部受正规教育年限（年）	125	9.828	2.422	5	15
村“两委”参与合作社领办（是=1，否=0）	125	0.241	0.430	0	1

注：a. 县级政府财力缺口的计算公式为：2012 年县级政府财力缺口＝地方财政一般预算支出－地方财政一般预算收入；2013 年和 2014 年的县级政府财力缺口＝公共财政支出－公共财政收入，所需数据均来自《辽宁省统计年鉴》（2013，2014，2015 年）。

村庄特征变量包括：村庄人口数、村庄 60 岁以上人口所占比重、农户人均纯收入、村庄耕地面积、村庄与所在地城市中心的距离、村里企业数量、村里外出打工劳动力所占比重、村庄是否统一处理生活垃圾和村里是否有路灯等。根据已有文献的研究结论：第一，村庄人口数越多，召集村民参加"一事一议"筹资筹劳的成本越高，越难以形成决议，不利于"一事一议"筹资筹劳制度的开展（卫龙宝等，2011）。第二，人均纯收入越高，一方面，村民越有能力提供"一事一议"筹资筹劳资金，也越有可能获得上级政府"一事一议"财政奖补资金。不过，从另一个方面来看，人均纯收入越高的村庄，经济发展程度越好，越有能力自己提供村级公共产品，而不需要依靠上级政府的财政补贴（周密、张广胜，2010）。第三，村庄老龄化问题越严重，老年人口所占比重越大，其享用公共产品的净现值就越低。因此，60岁以上老年人口所占比重越大的村庄，越不容易开展"一事一议"筹资筹劳制度，也越难以获得上级政府的"一事一议"财政奖补资金。第四，考虑到村庄内有企业会更容易筹集到村民筹资筹劳所需的资金，有利于申请"一事一议"财政奖补资金，所以，模型中增加了村里企业数量的变量，假设企业数量对村庄"一事一议"筹资筹劳制度的实施具有正向效应。第五，村庄外出劳动力所占的比重越高，召集村民议事的难度程度就越大，获得"一事一议"财政奖补资金的概率就越小。最后，加入村庄是否统一处理生活垃圾和村里是否有路灯这两个变量，用来表征村庄公共产品的供给现状。

县级特征变量包括：县级政府财力缺口。县级政府在"一事一议"财政奖补资金发放上起着主导作用，县级政府的财力富裕程度直接影响村庄"一事一议"制度的实施，若县级政府财力富裕，那么其会资助更多"一事一议"财政奖补的申报项目，各个村集体也更加容易获得"一事一议"财政奖补资金。因此，本章根据《辽宁省统计年鉴》计算出县级政府财力缺口，并把它作为衡量县级特征的变量。

村"两委"成员个体特征变量包括：受访村"两委"成员的年龄、性别、受正规教育年限，以及村"两委"是否参与合作社领办。本章发放调查问卷的对象是辽宁省各个市的村干部，被访村干部的个性特征如下所示。在所调查的所有村干部中，从性别来看，男性村干部所占比重比女性村干部所占比重多，并且具有压倒性的优势，由此可以得出，在农村的政治工作领域中，村干部中男性占大多数，女性还是在一定程度上受性别歧视的影响，仅仅有一小部分女性担任村干部。在所被调查的村干部中，从年龄上看，年轻人和老年人在村庄中担任村干部的人数比重较少，村干部的年龄主要集中在

40～60 岁。造成村干部年龄如此分配的原因可能是，40～60 岁的村干部精力比较充沛，为人处世能力较强，能处理好村里的事情。而年龄在 40 岁之下的村干部，没有丰富的工作经验，很难处理好村庄里的烦琐事件；年龄在 60 岁以上的村干部，虽然工作经验比较丰富，但是精力有限，不能有多余的活力继续担任村干部。从文化程度上看，村干部中具有中学学历的人口占大多数比例，小学文化水平和高中文化水平的村干部也占据一定比例，但是大专文化水平的和本科以上文化水平的村干部所占比例很小。除了在控制变量中引入受访村“两委”成员的个体特征以外，根据已有文献（余丽燕，2015），村“两委”中参与合作社领办的人数远远大于没有参加过合作社领办的人数，其中某村村干部如果参与了村合作社领办并且在合作社中具有任职，那么在村干部的领导下，本村村民参与合作社的积极性会更高，并且更有意愿参与合作社，更愿意为了合作社发展促成村庄的公共产品供给，这样的情况将有利于村合作社的发展。因此，本章还在模型中加入了控制变量——村“两委”是否参与合作社领办。

8.5 “一事一议”财政奖补双重效应及其协调机制的实证分析

8.5.1 “一事一议”财政奖补双重效应的验证

本章首先验证是否存在学习效应，即县内其他村庄获得“一事一议”财政奖补资金对本村是否申请“一事一议”财政奖补资金的影响。在回归中，考虑到可能存在的孤岛效应[①]（即一个县中仅有 1 个村庄获得了“一事一议”财政奖补资金），最后得到了分布在 13 个区县的 116 个村庄。回归结果见表 8-2。空间自回归模型结果显示，县内其他村庄获得“一事一议”财政奖补资金对本村申请“一事一议”财政奖补资金有显著的正向影响，即存在学习效应。尽管空间误差模型得出了相同的结果，但是在统计上并不显

① 如果样本中包含孤岛，那么可能导致程序计算困难，故在实践中一般去掉孤岛，比如在研究美国各州的空间数据时，常去掉夏威夷州与阿拉斯加州（陈强，2014）。此外，本章还对保留了孤岛的样本进行了分析，得到的研究结论与去掉孤岛得到的研究结论无显著差异，限于篇幅，本章并未报告。

著。这说明，县内其他村庄获得“一事一议”财政奖补资金对本村申请“一事一议”财政奖补项目具有正向的空间溢出效应，而不存在空间误差效应。因此，假说1得到了验证。

验证了学习效应之后，本章继续验证是否存在竞争效应，即县内其他村庄获得“一事一议”财政奖补资金对本村是否获得“一事一议”财政奖补资金的影响。回归结果（表8-2）显示，县内其他村庄获得“一事一议”财政奖补资金会降低本村获得“一事一议”财政奖补资金的概率，从而验证了同县各村之间在获得“一事一议”财政奖补资金上存在竞争效应。同时，空间误差系数的影响并不显著，说明县内其他村获得“一事一议”财政奖补项目对本村获得“一事一议”财政奖补资金具有负向的空间溢出效应，而不存在空间误差效应。因此，假说2得到了验证。

此外，通过比较空间自回归模型和空间误差模型中的拉格朗日乘子(Lagrange multiplier，LM)，可以发现，空间自回归模型表现得更好。借鉴相关文献中的通用做法（龙小宁等，2014），并结合“一事一议”财政奖补制度的运行机制，为了体现同县各个村庄之间在获得“一事一议”财政奖补资金方面的主动竞争，后文报告结果均基于空间自回归模型。

表8-2 “一事一议”财政奖补资金申请上的学习效应与获取上的竞争效应分析

	系数	标准误
学习效应：县内其他村庄获得“一事一议”财政奖补资金对本村申请“一事一议”财政奖补资金的影响		
空间自回归系数（ρ）	0.734***	0.218
空间误差系数（λ）	0.172	0.147
竞争效应：县内其他村庄获得“一事一议”财政奖补资金对本村获得“一事一议”财政奖补资金的影响		
空间自回归系数（ρ）	−0.883***	0.114
空间误差系数（λ）	−0.059	0.078
样本量	116	116

注：①*、**、***表示在10%、5%、1%的水平上显著；②由于篇幅原因，模型中其他变量的回归结果未列出，感兴趣的读者可向本书作者索要；③回归中采用了GS2SLS方法，并加入了heteroskedastic选项，以解决异方差问题。

8.5.2 上级政府协调机制的验证

本章将验证各级政府对“一事一议”财政奖补资金分配的协调机制，结果如表 8-3 所示。表 8-3 中空间自回归模型回归结果显示，县级政府在“一事一议”财政奖补资金的分配中起到了重要的协调作用。具体来看，县内各个村庄之间的空间滞后效应系数为−0.889，县外市内相邻村庄之间的空间滞后效应系数为−1.118，市外省内相邻村庄之间的空间滞后效应系数为−0.010。对比县内各个村庄之间与县外市内相邻村庄之间的空间自相关系数可知，前者的竞争程度要低于后者的竞争程度，说明县级政府的协调作用强于市级政府的协调作用。然而，市外省内相邻村庄之间的空间自相关系数在统计上并不显著，说明省级政府并不会协调村级的“一事一议”财政奖补资金竞争。该结果证实了“一事一议”财政奖补资金协调以县级政府为主的运行机制。

表 8-3 县级政府对辖区内各村“一事一议”财政奖补资金的协调机制分析

	系数	标准误
空间自回归模型回归的空间自相关系数（ρ）		
县内各村	−0.889***	0.109
县外市内邻村	−1.118***	0.136
市外省内邻村	−0.010	0.016
两区制空间计量模型回归的竞争反应系数及其检验		
县外市内邻村竞争反应系数（ρ_1）	−0.235**	0.115
县内各村竞争反应系数（ρ_2）	0.240	0.226
原假设为 $\rho_1=\rho_2$ 的 t 检验	−0.475***	0.257

注：①*、**、***分别表示在 10%、5%、1%的水平上显著；②由于篇幅原因，模型中其他变量的回归结果未列出，感兴趣的读者可向本书著者索要；③回归中采用了 GS2SLS 方法，并加入了 heteroskedastic 选项，以解决异方差问题。

两区制空间计量模型将空间自回归模型的空间自相关系数分成县外市内邻村与县内各村两个区制。回归结果显示，县外市内邻村竞争反应系数为−0.235，而县内各村竞争反应系数为 0.240，且前者在统计上显著，后者在统计上不显著。为了比较两者之间是否存在显著差异，本章进一步检验了县内各村之间获得“一事一议”财政奖补资金的竞争反应系数是否显著小于县外邻村之间的竞争反应系数。从非对称效应 t 检验的统计量和相应的 P 值可以看出，在1%的显著性水平上，县外市内邻村竞争反应系数的绝对值显著大于同县各村竞争反应系数的绝对值。这意味着，县级政府对县内各村“一事一议”财政奖补资金竞争的协调作用显著。具体而言，县级政府会基于本县农村经济发展的大目标，协调“一事一议”财政奖补资金项目安排，各个村庄之间的竞争程度因此被减弱了。综合以上研究结论，假说3得到了验证。

8.5.3 村庄异质性与竞争效应

表8-4中的空间自回归模型回归结果显示，同县内不同经济发展程度的村庄获得“一事一议”财政奖补资金的空间效应存在差异。人均纯收入高于本村的县内其他村庄获得“一事一议”财政奖补资金，其空间滞后效应系数为－0.005；人均纯收入低于本村的县内其他村庄获得“一事一议”财政奖补资金，其空间滞后效应系数为－0.537。尽管两者系数符号均为负，但是，前者不显著，而后者在1%的水平上显著，说明人均纯收入低的县内其他村庄获得“一事一议”财政奖补资金，会降低本村获得“一事一议”财政奖补资金的概率。

为了检验经济发展程度与获得“一事一议”财政奖补资金的敏感性程度之间的关系，本章选择了更大范围的两区制，即根据各个村庄所在城市的经济发展情况划分经济发达地区和经济欠发达地区。表8-4中的两区制空间计量模型回归结果进一步验证了，经济欠发达地区的村庄在获得“一事一议”财政奖补资金上敏感性更强。与上文分析相似，假定位于经济发达地区的村庄和位于经济欠发达地区的村庄所对应的“一事一议”财政奖补资金资助的竞争反应系数不同，区制1和区制2的竞争反应系数分别反映了位于经济发达地区的村庄和位于经济欠发达地区的村庄对区域内其他村庄获得“一事一议”财政奖补资金资助的敏感程度。结果显示，在经济发达地区，县内各个村庄之间“一事一议”财政奖补资金的竞争反应系数为－0.076；而在经济欠发达地区，县内各个村庄之间“一事一议”财政奖补资金的竞争反应系数为－0.555；而且前者在统计上不显著，后者在10%的水平上具有显著负向影响。此外，经济欠发达地区村庄之间的竞争反应系数绝对值明显大于经济发达地区村庄之间的竞争反应系数的绝对值。这说明，经济欠发达地区的村庄比经济发达地区的村庄对其他村庄获得“一事一议”财政奖补资金更加敏感，即前者在与其他村庄的竞争过程中表现出更加强烈的竞争效应，而后者的竞争效应并不显著。综合以上研究结论，假说 4 得到了验证。

表 8－4　经济发展程度与村庄获得“一事一议”财政奖补资金的空间效应

	系数	标准误
空间自回归模型回归的空间自相关系数（ρ）		
人均纯收入高于本村的县内其他村获得“一事一议”财政奖补资金的空间自回归系数	−0.005	0.127
人均纯收入低于本村的县内其他村获得“一事一议”财政奖补资金的空间自回归系数	−0.537***	0.112
两区制空间计量模型回归的竞争反应系数及其检验		
位于经济发达地区县内各村之间的竞争反应系数（ρ_1）	−0.076	0.117
位于经济欠发达地区县内各村之间的竞争反应系数（ρ_2）	−0.555*	0.309
原假设为 $\rho_1=\rho_2$ 的 t 检验	0.478*	0.329

注：①*、**、***分别表示在 10%、5%、1%的水平上显著；②由于篇幅原因，模型中其他变量的回归结果未列出，感兴趣的读者可以向本书作者索要；③回归中采用了 GS2SLS 方法，并加入了 heteroskedastic 选项，以解决异方差问题。

8.6　结论与启示

政府是公共物品的供给主体，但是就我国农村经济和社会发展的现实而言，因为我国在社会公共物品供给上实行二元结构体系，导致了我国农村地区基础设施薄弱，一些无论从理论上还是法律上都应该由政府供给的公共物品，长期得不到供给。尤其在税费体制改革之后，农村基础设施改善基本上处于停滞状态，为了改变这种现象，“一事一议”制度应运而生。“一事一议”制度作为农村公益事业建设制度的提出以及在全国范围内的推广，为缓解农村地区公益事业建设的压力、改善农村生产生活条件、缩小城乡差距、推进社会主义新农村建设发挥了重要作用。从实践上看，虽然“一事一议”制度在具体的实施过程中，存在一些制约因素和困境，但是“一事一议”制度有利于推动农村居民之间的相互沟通与理解，加强和创新农村社会管理。在项目实施过程中，村民自行协商解决建设占地、以资抵劳等问题，并在集体劳动过程中促进交流、互相帮助、增进友谊，有利于化解矛盾和纠纷，让农民亲身体验到党和政府的关怀，实现全社会的共同参与，使农民能够进一步增强信心，对于基础设施的改善、加快推进农村基础设施建设步伐、扎实推进社会主义新农村建设，切实起到了积极的作用。从政策上看，“一事一议”制度是随着税费体制改革而设立的，以改善农村基础设施为目的，一项成熟的政策需要经历问题的确认、政策的制定、政策的试验、政策的全面开展、政策的修改等多个步骤。“一事一议”政策是经过多年的分析、论证、试验才逐步建立完善的，在具体的实施过程中，对公共产品的供给有一定的帮助。从政治上看，中国农业人口占总人口的 60%，对农民有影响的问题一直受到党和政府的高度重视。妥善解决“三农”问题关系着国家稳定的大局。但是由于我国的二元结构体制，农村集体经济薄弱，农村基础设施长期得不到改善，农民的公共产品需求得不到满足，因此“一事一议”制度可以有效地促进农村地区的稳定。

本章通过利用 2015 年辽宁省百村千户的调查数据，构建了空间自回归模型和两区制空间自回归模型，对“一事一议”财政奖补的运行机制进行了定量研究。研究发现，县内其他村庄获得“一事一议”财政奖补资金对本村申请“一事一议”财政奖补资金有正向的溢出效应，但是对本村获得“一事一议”财政奖补资金有负向的溢出效应；相比于市级政府，县级政府在协调“一事一议”财政奖补资金分配的过程中起着更加重要的作用；人均纯收入较低的村庄更容易优先获得“一事一议”财政奖补资金，且经济欠发达地区各村之间在获得“一事一议”财政奖补资金上存在强烈的竞争效应，而经济发达地区各村之间的竞争效应并不显著。

“一事一议”财政奖补制度的初衷是满足村级公共产品建设的资金需求，但也带来了村庄之间对“一事一议”财政奖补资金的竞争。更多的实证研究将有助于更好地评价“一事一议”财政奖补制度对村级公共产品供给和经济发展的全面影响。本章的研究结果将有助于政府更好地制定相关政策。政府对项目的投入有效解决了农村生产生活最急需、群众愿望最迫切的村级公益事业项目建设问题，有力地促进了农村地区公益事业的发展。既保护了农民利益，减轻了农民负担，维护了税改成果，又充分发挥了农民群众在新农村建设中的主体作用。“一事一议”财政奖补制度不仅改善了农民生产生活的条件，改善了农村的村容村貌和基础设施薄弱的现状，提高了农民生产生活水平，形成了调动农民积极性的激励机制，还增强了在农民群众中基层政府的服务意识，使农民当家做主的意识增强，提高了基层民主与基层组织的建设。本章研究结论可能的政策含义为：首先，加大经济欠发达地区“一事一议”财政奖补资金的力度，充分利用市县两级政府对下辖地方政府的管理和协调作用，提高县级政府实施“一事一议”财政奖补制度的积极性；其次，鼓励地方政府加大“一事一议”财政奖补资金的覆盖面，发挥其空间溢出效应，同时，避免基础较差的薄弱村被边缘化，促进实现农村全面小康。针对实际工作中所发现的问题，提出的上述几条建议，可以为今后的工作提供参考与借鉴。以进一步完善“一事一议”财政奖补制度，更好地配置农村资源、激活多方面的活力，开创更和谐的社会主义新农村建设。

第九章 基于农户视角的“一事一议”财政奖补制度评价研究——以辽宁省为例

党的十九大报告提出“乡村振兴战略”，其中加大对农村基本公共服务和基础设施建设的投入，健全自治、法治、德治相结合的乡村治理体系是当前的重要任务。为了缩小发达地区和欠发达地区在公共产品供应方面的差距，政府应该增加落后地区的公共产品供给，促进各个区域充分、均衡发展（RAMóN LóPEZ 等，2007），且农村公共产品的有效供给，对一国农业生产和农民生活水平提高有着显著促进作用。但是单单依靠农民自身的力量组织供给农村公共产品是不现实的，可能造成公共物品供给的社会最优水平大大低于均衡水平的后果（MONDAL，2015）。如早期的“一事一议”制度设计是以村民自愿筹资筹劳为主要资金来源的“一事一议”筹资筹劳制度，但是受到农民收入水平限制以及搭便车者的存在，“一事一议”筹资筹劳制度陷入“有事难议、议事难决、决事难行”的困境（周密、张广胜，2009）。在此背景下，“一事一议”财政奖补制度以其筹补结合的制度安排，有效刺激了村级公共产品供给主体的参与意愿，为村级公共产品的有效供给提供重要保障（YANG HONGYAN，2018）。

“一事一议”财政奖补制度于 2011 年正式在全国范围内开始实施，这是一项结合乡村自治与政府财政支持以满足村级公共产品供给的制度保障，为农民在村级公共产品供给中所出现的资金短缺等问题提供了解决办法。政府要有的放矢地供给农村公共产品离不开农民对农村公共产品的需求，农民是农村公共产品主要的使用者，在农村公共产品需求表达和投资决策中具有发言权。研究农户对该制度满意度的影响因素，是推进“一事一议”财政奖补制度进一步发展的关键问题，对促进乡村振兴、决胜全面建成小康社会具有重要现实意义。“一事一议”财政奖补制度实现村级公共产品供给的前提是农户自愿性供给，最大的获益主体为农户，且农户对制度的满意度能够客观反映农民需求的满足程度和社会福利水平，因此该群体对这一制度的满意度在该制度有效性的评价上起着至关重要的作用。

目前学界对“一事一议”财政奖补制度的制定、实施以及农民参与的积极性进行了研究，得到了如下启示：①村庄异质性决定了“一事一议”制度的执行效果，强社区记忆的农民能够通过“一事一议”提供村级公共产品（叶文辉等，2009）。②“一事一议”财政奖补制度为村级公共产品建设提供了资金保障、提升了农村地区对村级公共产品的供给程度和效率、扩大了农村地区公共物品的供给规模（周密、张广胜，2009）。③实行该项制度具有较强的学习效应和竞争效应，即县内其他村获得财政奖补提高了本村申请财政奖补的概率，而财政奖补资金的获得在县内各村之间存在竞争，并非平均分配（周密等，2017）。④在筹资方面，村庄密度对“一事一议”财政奖补的筹款产生正向影响，而村庄规模则对其产生负向影响（卫龙宝，2011）；村干部人格特征对“一事一议”筹资方式选择也存在影响（周密、康壮，2019）。以上研究均从村级层面进行分析，而作为“一事一议”财政奖补制度的主要受益者——农民，对该制度执行效果评价如何，目前鲜有文献运用较严谨的计量模型对此进行细致分析。

此外，对于不同类型的村级公共产品，农户对“一事一议”财政奖补制度的执行效果评价可能存在异质性。根据村级公共产品的内容不同，可将其划分为生产性公共产品和生活性公共产品（周密、张广胜，2010）。由于各个村庄经济发展水平的差异，村级公共产品、农民的公共产品需求偏好存在较大差异（俞锋等，2008），农户对生产性公共产品需求迫切（李大胜等，2006），但是村级生产性公共产品存在供给总量不足、结构失调及体制缺陷等问题。因此，农户对“一事一议”财政奖补制度执行效果评价的作用机制上亦存在差异，这在以往的文献中较少被考虑。

基于此，本章使用2015年“辽宁省新农村建设百村千户”项目调查数据，运用二阶段回归模型分析农户对“一事一议”财政奖补制度满意程度的影响因素。并进一步利用路径分析方法，从生产性公共产品供给和生活性公共产品供给两个角度研究该制度的实施效果。本章可能的贡献在于：①采用二阶段回归模型，解决排序选择模型的内生性问题；②运用路径依赖模型，分别测算不同类型公共产品供给对农户“一事一议”财政奖补制度满意度的直接影响、间接影响及总影响；③运用辽宁省大规模农户调查数据，分析农户对该制度实施效果的评价。

9.1　模型设定与评价机理分析

本研究采用二阶段回归模型，解决传统排序选择模型的内生性问题，运用路径依赖模型分别测算不同类型公共产品供给对农户“一事一议”财政奖补制度满意度的直接影响、间接影响及总影响程度。

9.1.1　基础回归模型设定

文章主要围绕农户对“一事一议”财政奖补制度满意度的影响因素展开研究。因为“农户对‘一事一议’财政奖补制度的满意程度”这一被解释变量是五项有序选择变量，故本章拟使用排序选择模型进行实证检验。但考虑到农户参与“一事一议”的自愿性原则，即有些农户是由于所在村未开展“一事一议”，而缺少对该制度满意度的评价；而有些农户，即使所在村庄开展了“一事一议”，但是由于缺少对该制度的信任或主观参与意愿不足而缺少对该制度满意度的评价。若回归时不对此进行考虑，则可能存在样本自选择问题，使回归结果产生偏误。基于此，本章借鉴陈珣等（2014）对样本自选择问题的处理思路和 HECKMAN 样本自选择模型，采用二阶段回归模型处理排序选择模型中的样本自选择问题。借鉴已有文献的研究结论，本章把影响“一事一议”财政奖补制度农户满意度的因素总结为以下三类：村庄特征、家庭特征以及受访者个人特征，具体见第三部分数据来源与样本特征。

9.1.2　路径依赖评价机理及模型设定

农村公共产品满意度的概念最初起源于“消费者满意度”，是消费者对某种产品或服务及其要素满足期望的类型、品质和强度进行价值判断的产物（JOHNSON，1991）。本研究涉及的农户满意度是农户对村级公共产品供给基本制度“一事一议”财政奖补制度实施结果的一种感性效率评价。

已有研究表明，农户对各公共产品的需求与其所在地的经济状况息息相关（董明涛、孙钰，2011），且具有一定的层次性和阶段性，其需求状况表现出一定的次序性（朱玉春等，2010）。比如，农业支出占总支出比重大的农户，对生产性公共产品的需求较高；而受教育程度、家庭人均纯收入高的家庭对生产性公共产品的需求则较小，而更希望得到生活性公共产品供给。因此，本研究在分析受访者个体特征、农户家庭特征和村庄特征等因素对农户满意度影响基础上，引入生产性公共产品供给以及生活性公共产品供给为中间变量，借助路径依赖分析方法，揭示其作用程度。影响机理框架图如图 9-1 所示。

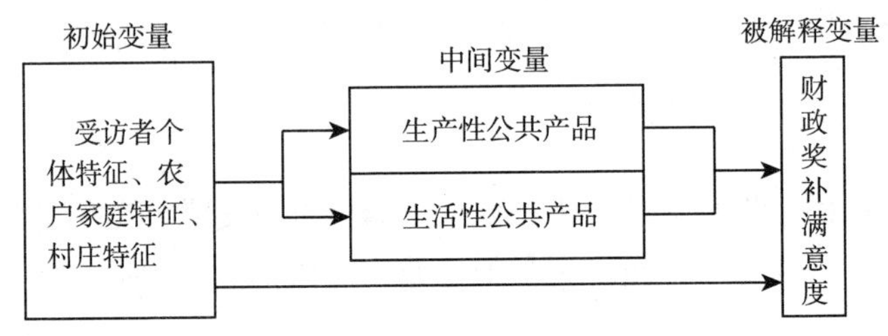

图 9-1　影响机理框架图

为进一步验证图 9-1 所示影响机理，本研究使用路径分析方法（王延中等，2010），测度了农户对财政奖补效果满意度的异质性。本部分将农户对“一事一议”财政奖补制度满意度的影响因素进行划分，主要有初始变量[①]和中间变量两大构成要素，中间变量分为生产性和生活性公共产品[②]。首先，借助生产性和生活性公共产品供给来对“一事一议”财政奖补制度满意程度进行多元回归分析；然后，利用初始变量对生产性和生活性公共产品供给及“一事一议”财政奖补制度满意度进行多元回归分析；最后，总结出被解释变量受初始变量影响的过程。在上述过程中，间接影响和直接影响之

① 根据已有对村级公共产品供给影响的研究设定本部分初始变量：文化水平等农户个体特征、人均纯收入等农户家庭特征、村庄人口数量（凌玲，2011）。

② 在生产性公共产品供给方面，由于农村居民对小型农田水利设施等公共需求较高（陈杰、刘伟平等，2013），所以本文使用“道路和农田水利现状评价”衡量。在生活性公共产品供给方面，由于村民对乡村基础设施具有较高需求，如道路建设、水源供给等（陈杰、刘伟平等，2013），因此本文以“是否进行过村容改造”衡量。

和为总影响；而间接影响等于初始变量对各中间变量的回归系数和中间变量对被解释变量的回归系数的乘积。

9.2　数据来源与样本特征

9.2.1　数据来源

本研究所用数据来源于“辽宁省新农村建设百村千户”调研项目，这一项目始于2015年7月，以抽样调查的方式针对辽宁省范围内的农村进行大规模调查，具体抽样过程如下：首先，以地理位置为依据，将辽宁省划分为辽东、辽西、辽南、辽北、辽中五大区域；然后，以经济发展状况为依据，在上述五个区域中挑选出经济水平很好、经济水平一般和经济较为落后的县各一个，并在这15个（5×3）县中，再以经济水平为依据挑选出富裕、中等和贫困乡各一个，而后再具体到村，参照上述划分依据，再抽选出不同经济发展水平的村各一个；最后，依照人均纯收入这一依据，将所抽取的村庄中的农户进行划分，使其划分为“富裕”“中等”以及“贫困”三大类型，而后在每一类型中以随机抽样的方式，各抽选出三个农户。在本次调查中，共计调查15个县、135个村以及1 215个农户。共发放问卷1 215份，在所收回的问卷中，有效问卷占比85.85%。

被调查村庄中，在最近三年内，有76个村庄曾开展过“一事一议”筹资筹劳活动，占总调查村庄数量的56.3%。而剩余59个村庄并未在近三年内开展“一事一议”筹资筹劳活动，所以无法享有财政奖补，进而不存在对该制度的满意度。结合村级问卷中，针对“最近三年来，本村是否享有过‘一事一议’财政奖补”这一问题，将选择“否”的农户予以剔除。

9.2.2　农户对公共产品供给制度评价分析

（1）农户对“一事一议”财政奖补制度的满意度是本论文关注的核心变量。该问题在调查问卷中为五分类变量，即5＝“很好”，4＝“较好”，等级随分数逐级下降。数据结果显示，认为“一事一议”财政奖补制度“很好”或“较好”的农户约达85%，对该制度不满意的农户为15%，这说明农户的满意程度存在较大差异。

(2) 农户对不同种类公共产品的满意度分析。首先，在生活性公共产品中，我们选择农户对村健身休闲场所现状的评价这一指标。其中，超一半农户对这一指标的评分为 5 分或 4 分；而认为当前村健身休闲场所现状“很差”或“较差”的农户占比为 18.5%。据此可以得知，辽宁省在近几年的农村生活性公共产品供给上表现较好，且供给质量和效率也较高，村民的需求也能得到一定程度的满足。

其次，在生产性公共产品中，我们选择农户对村街道修建现状的满意程度这一指标。其中，大部分农户对此表示为“较好”或“很好”，共计 708 人；有 28.53%的农户对村街道修建现状打分为 1 或 2 分；而有 12.75%的农户持“一般”态度。辽宁省农村综合改革办公室为落实“一事一议”财政奖补制度，于 2011 年出台相应方案，其中明确表明，从第二年开始，要将“一事一议”财政奖补资金运用于乡村道路的建设上，并且这一工作将持续三年。历经多年的发展建设，当前取得不错成效，但出于道路修建指标、资金不足等限制因素的影响，导致农户需求无法得到充分满足，部分村庄的道路建设还有待加强。

9.2.3 样本特征

调查样本村庄和农户的基本情况如表 9-1 所示。以下分别从受访者个体特征、家庭特征和村庄特征三方面进行描述。

表 9-1 样本统计性描述

变量名称	最小值	最大值	均值	标准差	变量含义及赋值
个体特征					
性别	0	1	0.95	0.21	男=1，女=0
年龄	26	81	56.07	10.18	单位：岁
受教育程度	0	16	8.25	2.63	单位：年
家庭特征					
农业支出占总支出的比重[a]	0	1	0.27	0.24	单位：%
家庭总人口数	1	8	3.36	1.20	单位：人
家庭人均纯收入	140	40 000	12 555	8 643	单位：元
家庭类型	1	3	2.23	0.85	纯农户=1，一兼农户=2，二兼农户=3

（续）

变量名称	最小值	最大值	均值	标准差	变量含义及赋值
村庄特征					
村庄总人口数	178	14 710	2 421	1 878	单位：人
村健身休闲场所现状评价	1	5	3.66	1.10	1～5 分，由差到好
村邻里关系和谐现状评价	1	5	4.37	0.66	1～5 分，由差到好
村街道的修建现状评价	1	5	3.79	1.17	1～5 分，由差到好
村集体民主管理现状评价	1	5	4.14	0.88	1～5 分，由差到好
道路和农田水利现状评价	1	5	3.62	1.26	1～5 分，由差到好
是否进行过村容改造	1	2	1.74	0.44	否＝1，是＝2
是否参加“一事一议”财政奖补	0	1	0.51	0.50	是＝1，否＝0

数据来源：根据问卷调查整理。

注：a. 农业支出主要指农户农业生产性支出，主要涵盖生产农、林、牧等产品所需使用的农机具折旧、饲料、生产工人薪资等由于管理生产及服务而产生的费用支出。

（1）受访者个体特征。由于项目要求以问卷形式对户主进行调查，所以受访者性别以男性为主，占到样本总量的 95.4%。受访者年龄最小 26 岁，最大 81 岁，平均年龄 56 岁。其中，平均受教育年限为 8.2 年，受教育年限最长的为 16 年，最短的则为 0 年。

（2）农户家庭特征。从受访农户的家庭规模来看，样本平均值为 3.36 人，其中家庭人口数量最多达 8 人，少至 1 人。在所收集到的样本家庭收入数据中，其平均收入为 12 555 元，这一金额和辽宁省 2014 年农村常住人口的平均可支配收入相近。就家庭收入结构这一层面来说，在家庭总收入中，将非农业收入所占比重作为划分依据，纯农户、一兼农户、二兼农户三种类型所占比例分别为 27.4%、22.2%、50.4%①。

（3）样本村庄。村庄总人口数均值为 2 421 人，从村健身休闲场所的现状评价、村邻里关系的和谐现状评价、村街道的修建现状评价、村集体民主管理现状评价、道路和农田水利现状评价上看，认为“较好”或“很好”的农户比例分别为 58.4%、91.7%、72.3%、83.4%、66.2%，认为“一般”或“差”的农户比例分别为 41.6%、8.3%、17.7%、16.6%、33.8%，此

① 借鉴张忠明、钱文荣（2014）的做法，本文对农户类型的划分使用非农产业收入占家庭总收入的比重，比重小于 10%的农户为纯农户，比重在 10%～50%的农户为一兼农户，比重超过 50%的农户为二兼农户。

外，有74%的村庄进行过村容改造工作。

9.3 估计结果与评价阐释

9.3.1 估计结果

如上文第二部分所述，在所选样本农户中，并非所有农户都参与过“一事一议”财政奖补活动，所以本章将通过二阶段回归的方法来进行下一步的分析工作。在第一阶段，运用LOGIT模型分析“农户是否参与过‘一事一议’财政奖补”，并计算出其预测值ZHAT。本阶段回归样本数量为787个，根据回归结果可得，准R^2值为0.11、WALD统计量为89.06、相应的P值为0.00，因此方程系数具有较强的联合显著性（常数项不包含在内）。在第二阶段中使用排序选择模型，并在这一模型中引入上阶段的预测值ZHAT，再对农户“一事一议”财政奖补制度满意度展开回归分析。经过本阶段的分析筛选后，将所在村开展了“一事一议”活动，但并未参加的样本农户予以剔除，因此本阶段共有观察值为400个，回归结果显示，准R^2为0.13、WALD统计量为92.87、对应的P值为0.00。具体结果如表9-2所示。

表9-2 二阶段回归结果

变量名称	第一阶段回归结果 是否参加“一事一议”		第二阶段回归结果 执行效果评价	
	系数 [1]	标准误 [2]	系数 [3]	标准误 [4]
是否参加过“一事一议”的预测值（ZHAT）			−13.043**	3.107
性别	−0.503	0.370	0.987	0.374
年龄	0.006	0.021	0.049*	0.028
受访者受教育程度				
小学毕业	0.779**	0.342	2.653**	0.588
初中毕业	1.376***	0.331	4.767**	0.985
高中及以上	2.439***	0.394	7.861**	1.626
农业支出占总支出的比重	0.576	0.423	2.739***	0.464
家庭总人口数	0.081	0.068	0.296*	0.076
家庭人均纯收入	−0.545	0.281	−1.971**	0.399
村健身休闲场所的现状评价	0.286***	0.081	1.025**	0.210
村邻里关系的和谐现状评价	−0.087	0.134	0.885**	0.121

（续）

变量名称	第一阶段回归结果 是否参加“一事一议”		第二阶段回归结果 执行效果评价	
	系数 [1]	标准误 [2]	系数 [3]	标准误 [4]
村街道的修建现状评价	−0.322***	0.083	−0.375*	0.213
村集体民主管理现状评价	0.492***	0.119	2.504***	0.374

注：***、**、*分别表示在1%、5%和10%水平上显著。

接下来依据图9-1所提供的影响机理框架图测度了农户对财政奖补效果满意度的异质性，首先利用中间变量来对农户满意度开展回归分析，回归结果如表9-3所示。

表9-3　中间变量对财政奖补制度满意度直接影响的二元回归分析（标准化回归系数）

变量名称	系数	标准误
生产性公共产品供给		
是否提供过道路和农田水利等公共产品供给	0.115**	2.309
生活性公共产品供给		
是否进行过村容改造	0.035*	0.703

注：***、**、*分别表示在1%、5%和10%水平上显著。

回归结果表明，生产性公共产品供给作为中间变量时，其衡量指标“道路和农田水利现状评价”通过了显著性检验，回归系数为0.115；当中间变量为生活性公共产品供给时，“是否进行过村容改造”这一指标所得回归系数值为0.035，且通过了显著性检验。

然后，做初始变量对中间变量和被解释变量影响的多元回归估计结果。

表9-4　初始变量对中间变量和被解释变量影响的多元回归分析（标准化回归系数）

初始变量	中间变量		被解释变量
	生产性公共产品供给 （是否提供过道路和农田水利）	生活性公共产品供给 （是否进行过村容改造）	“一事一议”财政奖补制度满意度
受访者个体特征			
性别	−0.031	0.011	−0.040
年龄	−0.034	0.015	0.006
受教育程度	−0.007	0.123***	0.068

（续）

初始变量	中间变量		被解释变量
	生产性公共产品供给（是否提供过道路和农田水利）	生活性公共产品供给（是否进行过村容改造）	“一事一议”财政奖补制度满意度
农户家庭特征			
农业支出占家庭总支出的比重	0.043**	0.044	0.031
家庭总人口数	−0.012	0.030	0.014
家庭人均纯收入	−0.006	−0.012	0.019
村庄特征			
村健身休闲场所的现状评价	0.090***	0.074*	0.105**
村街道的修建现状评价	0.409***	0.019	0.003
村邻里关系的和谐现状评价	−0.013	0.018	0.173***
村集体民主管理现状评价	0.066*	0.027	0.347***

注：***、**、*分别表示在1%、5%和10%水平上显著。

根据表9-4可知，显著影响中间变量“生产性公共产品供给（道路和农田水利现状评价）”的初始变量为农业支出占总支出的比重、村健身休闲场所的现状评价、村邻里关系的和谐现状评价、村街道的修建现状评价及村集体民主管理现状评价；其中，受访者的受教育程度这一初始变量对“生活性公共产品供给”的影响最为明显。对农户“一事一议”财政奖补制度满意度产生直接显著影响的是村健身休闲场所的现状评价、村邻里关系的和谐现状评价及村集体民主管理现状评价。

最后，利用路径分析的方式，分析了不同因素给“一事一议”财政奖补制度满意度所造成的总影响、间接及直接影响，回归结果见表9-5。初始变量对每一中间变量的标准化回归系数和这一中间变量对因变量的标准化回归系数的乘积为间接影响，而总影响则为间接影响和直接影响之和。

表9-5　初始变量对财政奖补制度满意度的路径分析

初始变量	总影响	间接影响		直接影响
		生产性公共产品供给（是否提供道路和农田水利）	生活性公共产品供给（是否进行过村容改造）	
受访者个体特征				
性别		—[a]	—	—

（续）

初始变量	总影响	间接影响		直接影响
		生产性公共产品供给（是否提供道路和农田水利）	生活性公共产品供给（是否进行过村容改造）	
年龄		—	—	—
受教育程度	0.004	—	0.004[b]	—
农户家庭特征				
农业支出占家庭总支出的比重	0.005	0.005	—	—
家庭总人口数		—	—	—
家庭人均纯收入		—	—	—
村庄特征				
村健身休闲场所的现状评价	0.118	0.010	0.003	0.105
村街道的修建现状评价	0.047	0.047	—	—
村邻里关系的和谐现状评价	0.173	—	—	0.173
村集体民主管理现状评价	0.355	0.008	—	0.347

注：a. 据表 9-3 可知，显著性水平大于 10%的回归系数未纳入表 9-4 中（用符号“—”表示）。

b. 表 9-4 中的“受教育程度”在 1%的水平上显著，相应的系数为 0.123，且中间变量为“生活性公共产品供给”，而表 9-3 中“生活性公共产品供给”的标准化回归系数为 0.035，根据“间接影响=初始变量对各个中间变量的标准化回归系数×该中间变量对因变量的标准化回归系数”公示，我们可以得到间接影响为：0.123×0.035=0.004。

结果显示，村集体民主管理现状评价这一指标对实行“一事一议”财政奖补制度的满意度最高，其系数为 0.355；紧随其后的即为村邻里关系的和谐现状评价，其系数值低于前者 0.182；位居第三的为村健身休闲场所的现状评价，系数值为 0.118。而对实行“一事一议”财政奖补制度的农户满意程度受以下因素的影响较小，如受访者的家庭收入、家庭人口数量、年龄等。

9.3.2 评价阐释

（1）受访者个人特征方面。根据表 9-2 可知，农户学历水平显著影响其对“一事一议”财政奖补制度的满意程度，且两者呈正相关关系。进一步来看，无论是从农户参加“一事一议”活动、还是对其满意程度的角度来看，学历越高影响程度越大（即高中及以上学历的农户参加“一事一议”活动的可能性最高且对制度更加满意，其次是初中毕业的农户，小学毕业农户的参与率最低且满意程度最低）。究其原因，可能是学历越高的农户，更容易接受“一事一议”财政奖补制度，因而更愿意参与进来。

表9-3至表9-5的机制分析结果表明，农户学历水平对“一事一议”财政奖补制度农户满意度所产生的影响是借助生活性公共产品供给这一中间变量产生作用的。究其原因，则是因为大多学历高的农户所从事的工作并不是农业生产，外加上受教育程度高和对生活品质要求的不断提升，其对生活性公共产品的需求要远大于生产性公共产品。因此，对于学历水平高的农户来说，生活性公共产品的供给现状直接影响着其对“一事一议”财政奖补制度的满意与否，如果村庄以此为着手点，为其提供相应的生活性公共产品，那么其对该制度的满意度也会随之提升。而性别、年龄等个体特征对是否参加“一事一议”及其对“一事一议”财政奖补执行效果的评价均不显著。

（2）农户家庭特征方面。根据表9-2第3列回归结果可得，农业支出占总支出的比重多少直接影响着农户对“一事一议”财政奖补制度的满意度，且两者成正相关。究其原因，农业支出在总支出中占比较高的农户大多以农业生产作为主要生活来源，因此其对村级公共产品的需求较大，而村级公共产品的供应能有效提高其生产生活条件，农户获得的实际收益更多，因此满意程度更高。

表9-3至表9-5的机制分析结果表明，农业支出占家庭总支出的比重这一变量作用于农户对该制度的满意度主要是借助生产性公共产品供给这一中间变量来得以实现的，换言之，在家庭总支出中，农业支出占比较大的家庭对生产性公共产品的供给活动有着更高的兴致和参与意向，如果村庄开展了这一活动，则有利于提高其对该制度的满意度。究其原因，有可能是由于农业支出较大的农户家庭的生活收入主要来源于农业生产，因此其对该类公共产品的需求更高，而该制度为其提供了更多的生产性公共产品，给其劳动生产创造了有利条件，使其劳作条件得到改善，进而增加其收入。因此，对于那些农业支出占比较大的家庭来说，生产性公共产品的供给情况直接决定了其对该制度的满意程度，且两者呈正相关。

另外，家庭人口数越多的农户对“一事一议”财政奖补制度执行效果的满意度越高，这说明家庭规模越大，则会有越多的家庭成员享受到公共产品带来的福利，因此其满意程度更高。家庭人均纯收入越高的农户对"一事一议"财政奖补制度满意度越低，主要原因在于，收入水平越高的农户更加注重生活质量的提高，对村级基础设施有更高的需求，进而对该制度报以更大的期望，从而也会提高其对该制度不满意的可能性。

（3）村庄特征方面。根据表 9-2 第 3 列结果可知，农户"一事一议"财政奖补制度满意度会随村健身休闲场所修建现状评价的提高而提高。在经济水平不断提升条件下，农村生活环境等方面得到极大改善，农户开始注重对生活质量的追求；"一事一议"财政奖补制度恰恰涵盖了生活娱乐设施建设这一项内容，而这正是农户所关心的，如果农户享受到更优质的娱乐服务，那么其对该制度的满意度也会随之提高。

表 9-3 至表 9-5 的机制分析结果表明，村健身休闲场所的现状评价直接影响着农户对"一事一议"财政奖补制度的满意度（路径系数的绝对值为 0.105），同时也会受到生活性公共产品（路径系数绝对值为 0.001）和生产性公共产品（路径系数绝对值为 0.010）供给的影响，所以农户对该制度满意度主要受到两大影响，即直接和间接影响，其中间接影响的影响程度要弱于直接影响。即农户对当前村健身休闲场所的评价和其对"一事一议"财政奖补制度满意度呈显著的正相关。究其原因，是由于村庄的经济条件越好，那么其所提供的公共产品条件就越好，从而提高农户参与到"一事一议"财政奖补制度的积极性，加深其对该制度的认知，为其生产、生活提供了诸多便利。

表 9-2 回归结果表明，村邻里关系的和谐现状评价对农户的制度满意度产生影响，邻里之间关系越和睦，农户进行集体筹资的积极性就越高，能够提高其获得"一事一议"财政奖补的可能性，进而提高村级公共产品数量、提高农户对制度的满意程度。表 9-3 至表 9-5 的机制分析结果表明，农户对"一事一议"财政奖补制度的满意度直接受村邻里关系的和谐现状评价的正向影响。由于实施这一制度是基于村民开展筹资筹劳这一前提下进行的，而邻里间和谐与否会直接关系到乡村的筹资筹劳，如果邻里间关系不和睦，那么筹资筹劳活动将无法顺利开展，从而影响到"一事一议"财政奖补制度的实施。反之，若邻里间和平相处，那么就有利于"一事一议"财政奖补制度的实行，进而使得农户对村级公共产品的需求得以充分满足，提高其

对该制度的满意程度。

另外，村街道的修建现状对农户是否参加“一事一议”和该制度的农户满意度均为显著地负向影响（表 9-2 第 1 列和 3 列），这说明提供道路等基本公共服务的村庄，农户参与“一事一议”的积极性不高，而且对“一事一议”财政奖补执行效果的评价也不高。根据已有的研究结论，农户参与公共产品供给的积极性受到已有公共产品供给质量的影响（周密等，2019），由此我们推断农户尽管可能参加过“一事一议”，但是对以往所供应的道路质量满意度较低，进而影响到此次的“一事一议”财政奖补制度的满意度。事实上，在我们实际调研的过程中也发现，部分村内道路在厚度和宽度上确实存在缺斤短两问题，农户对此也多有抱怨。

表 9-3 至表 9-5 的机制分析结果表明，村街道的修建现状评价对农户制度满意度的影响主要是借助生产性公共产品供给作用的。换言之，对于村街道修建现状满意程度越高的用户，对生产性公共产品供给的参与积极性就更高，如果农户所在村庄为其提供生产性公共产品，那么有利于农户对该制度满意程度的提高。具体来说，如果农户对当前街道的建设状况评价较高，那么表明对此类产品的需求较大，且对该类产品的使用也较为频繁，因此为其提供该类产品能有效提高农户参与到生产性公共产品供给活动的积极性。

村集体民主管理现状评价对农户满意度的影响显著为正。这说明，在村庄民主管理现状上，农户的满意度越高、对村干部越信任，相应地，对村干部组织的“一事一议”财政奖补制度就越满意。表 9-3 至表 9-5 的机制分析结果表明，村集体民主管理现状评价对农户“一事一议”财政奖补制度满意度的影响系数明显大于其他指标系数，即为农户制度满意度的主要影响因素。结果表明农户对该制度的满意程度会随着村集体民主管理现状的改善而提高。如果村民对当前民主管理的评价较好，就表示在农户看来，“一事一议”财政奖补制度是基于自己意愿实施的，那么其更容易对“一事一议”财政奖补制度持肯定态度，则满意度会更高。

9.4 结论与建议

本章运用 135 个村、1 043 个农户的调查数据，通过二阶段回归和路径依赖法分析农户对“一事一议”财政奖补制度满意度的影响因素，证实结果表明：农户利用公共产品的程度、对以往提供的公共产品满意度、邻里关系和谐程度、村庄民主管理规范程度显著影响“一事一议”财政奖补制度执行效果。具体分析其中的作用路径发现，受教育程度高者更能接受对生活性公共产品的供应合作，进而提升其对“一事一议”财政奖补制度的满意程度；农业支出占家庭总支出的比重越大、村街道的修建现状评价越高的农户更容易合作提供生产性公共产品供给，从而影响农户对“一事一议”财政奖补制度的满意度；此外，农户对开展“一事一议”财政奖补制度的满意度在很大程度上还会受到邻里关系、村健身休闲场所的现状评价等因素影响。

根据上述研究结论，本章认为应从以下方面提高农户对“一事一议”财政奖补制度满意度：

第一，合理分配村级公共产品投资资金，从而提高农户对“一事一议”财政奖补制度的满意度。以村级公共产品的需求顺序和资金缺口为依据，确定“一事一议”财政奖补资金分配结构优化方向，合理安排村级公共产品公共财政资金，强化村庄基础设施建设，落实好日常维护工作。在采用“一事一议”财政奖补制度供应村级公共产品时，应当优先考虑建设能够提高当地农户满意度的公共产品，即当地农户迫切需要的公共产品。

第二，提高村内邻里关系的和谐程度，从而提高农户对“一事一议”财政奖补制度的满意度。作为村庄管理者的村干部有义务协调好村内邻里之间的关系，并为村民提供相互交流的机会与平台。具体而言，可以定期组织村集体活动，如开辟村图书角等提供集体阅读时间，组织象棋、围棋等多数农户感兴趣的棋类比赛，组织农户扭秧歌、跳集体舞等。引导农户参加村集体活动，从而增进邻里之间感情，进而提高农户对“一事一议”财政奖补制度的满意度。

第三，强化村庄民主管理建设，在实行“一事一议”财政奖补制度时，对其民主管理程序予以改进和优化，从而提高农户对“一事一议”财政奖补制度的满意度。建立完善的农村公共品需求的民主表达机制，拓宽农民对公共品需求表达渠道。健全民主机制，发扬民主作风，发挥群众在公共品供给中的参与作用、监督作用，可把农民对农村公共品数量、质量的满意度评价作为考核政府和干部政绩的重要依据。

第四，提高村级公共产品供给的针对性，从而提高农户对“一事一议”财政奖补制度的满意度。我国农村幅员辽阔，人口众多且分布广泛，在国家财力不雄厚的情况下，要建立起与农村经济和社会发展相适宜的农村公共产品供给体制困难极大。根据本研究结论，在以农业生产为主的地区，应注重生产性村级公共产品的供给以满足农业基本生产所需，改善农户生产条件；而对于经济较为发达、农户受教育水平较高的地区来说，一方面由于这些地区农户从事非农工作的较多，另一方面也可能是这些地区基本生产性公共产品已经完备，因此提供更多的生活性公共产品，更有利于增强这些地区农户对“一事一议”财政奖补制度的满意度。

第十章 “一事一议”财政奖补制度对农村居民收入影响效应研究

10.1 绪论

10.1.1 研究背景

“生活富裕”是乡村振兴战略的最终目标[①]，在影响农村居民收入水平的诸多因素中，农村公共产品供给引起了学者的普遍关注。然而从农村税费改革到“一事一议”财政奖补试点前，由于作为当时村级公共产品供给基本制度的“一事一议”筹资筹劳制度未能有效地调动各供给主体的积极性（韩鹏云、刘祖云，2011），从而出现了村级公共产品供给过程中“事难议、议难决、决难行”的局面（彭长生，2011）。村级公益事业建设投入总体上呈下滑趋势，严重制约了社会主义新农村建设（Guo 等，2015）及农村经济发展（Tao 等，2009）、限制了农村居民收入的增长（Sun 等，2012），成为农民反映强烈、要求迫切得到解决的问题。通过恰当的公共支出和公共投资政策促进农业、农村经济增长，进而达到提高农民收入和缩小城乡收入差距的目的已被各国公认为是行之有效的政策选择渠道（尹文静、Ted McConnel，2015）。

国务院农村综合改革小组在已有的“一事一议”筹资筹劳制度基础上对村级公共产品供给制度进行改进，推出“一事一议”财政奖补制度。这项具

① 党的十九大报告中首次明确提出“实施乡村振兴战略”，要求坚持农业农村优先发展，按照产业兴旺、生态宜居、乡风文明、治理有效、生活富裕的总要求，走中国特色社会主义乡村振兴道路。

有中国特色的村级公共产品供给制度创新，得到了农民的广泛认可，这种以财政奖励和补贴为基础的筹资机制，可以有效地克服私人提供公共物品的搭便车现象（Corazzini 等，2010）。自 2008 年选取黑龙江、河北、云南三省为试点实行财政奖补制度，到 2011 年在全国范围内普遍实施以来，我国农村村级公益事业建设以及村级公共产品供给得到了极大改善。

以辽宁省为例，财政奖补制度的实施有效提高了辽宁地区村级公共产品供给水平、改善了农村居民生活条件。2009 年 7 月辽宁省确定本溪县、灯塔市和凌源市为省级财政奖补试点县，一年时间 3 个省级试点县共组织开展财政奖补项目 169 个，惠及农民群众 23 万多人，项目投资额达 9 013 万元。2010 年在全省范围内全面实施财政奖补制度，同年全省共开展财政奖补项目 4 681 个，惠及农民群众 869 万人，实际财政奖补资金投入 5.4 亿元。2012—2017 年，各级财政累计投入奖补资金 171.7 亿元，其中“一事一议”村内道路投入 93 亿元，带动筹资筹劳和其他投入近 40 亿元；美丽乡村建设投入 18.7 亿元，带动农民筹资筹劳和其他投入近 1.7 亿元。在全省 1 939 个行政村开展了美丽乡村示范村项目建设，累计安装太阳能路灯 13.1 万盏、修建垃圾箱等设备 3.9 万个、文体活动场所 257.8 万平方米、文化墙 201.9 万平方米、村内道路边沟和水渠 2 806.6 千米等①。财政奖补制度的实施为农村居民提供了便利的交通条件和舒适的生活环境。

财政奖补制度作为一项提高村级公共产品供给水平的支农、惠农政策，自实施以来学者们普遍关注的研究内容主要集中在制度设计的可行性、农民及村干部等参与主体对制度的满意度及其参与意愿的影响因素、财政奖补制度的实施对村级公共产品供给数量的影响等，基于收入效应角度研究财政奖补制度实施效果是一种新思路。

本研究使用对辽宁省 13 个市 59 个县区 271 个行政村的调研数据和 2002—2015 年全国 1 869 个县的县域经济数据，从短期影响和长期影响两个方面深入研究财政奖补制度的收入效应，以期为完善制度提供理论依据、推动村级公共产品供给制度创新。具体研究设计为：①对辽宁省样本村调研数

① 资料来源：辽宁省财政厅 http：//czt.ln.gov.cn。

据及全国县域面板数据进行描述性分析，掌握财政奖补制度在辽宁省实施状况及其在全国推广情况，了解农村居民人均纯收入水平和其他经济指标发展情况；②使用辽宁省 271 个行政村调研数据分析财政奖补制度实施的短期收入效应及其内在作用机制；③使用辽宁省 271 个行政村调研数据分析财政奖补资金金额及建设项目数对农村居民人均纯收入的影响程度；④使用 2002—2015 年全国 1 869 个县的县域面板数据验证财政奖补制度实施的长期收入效应。

10.1.2 研究目的与意义

10.1.2.1 研究目的

本研究基于对辽宁省 59 个县区 271 个行政村的村干部展开调研所得辽宁省村级数据和 2002—2015 年中国 1 869 个县的县域面板数据，从短期影响和长期影响两个层面深入研究财政奖补制度的收入效应。研究制度实施对农村居民收入的短期影响时，使用辽宁省 271 个村的调研数据分析财政奖补制度实施的收入效应及其内在作用机制；使用县域面板数据运用双重差分方法研究制度实施对农村居民收入的长期影响效应。旨在为优化财政奖补制度、提高农村居民收入水平、推动乡村振兴战略发展提供借鉴意义。具体而言：①验证财政奖补制度实施对农村居民人均纯收入的影响程度及其内在作用机制；②估计财政奖补资金金额和投资建设项目数对农村居民收入水平的影响程度；③验证财政奖补制度实施对农村居民收入水平的长期影响效应，估计制度实施对农村居民收入水平的长期影响程度。

10.1.2.2 研究意义

（1）政策意义。本研究在搜集 2002—2015 年全国 1 869 个县的县域面板数据以及对辽宁省 271 个行政村进行大规模调研的基础上，实证分析财政奖补制度对农村居民收入的影响，进而提出完善制度的政策建议，有利于今后村级公共产品供给制度的改进与优化。

（2）现实意义。从短期效应和长期效应两个层面全面分析财政奖补制度实施对农村居民人均纯收入的影响，有助于全面掌握制度实施对农村居民收入的影响效应。对完善村级公共产品供给制度、保障村级公共产品有效供给、提高农村居民收入水平、推动乡村振兴战略发展具有重要现实意义。

10.1.3　研究内容与研究方法

10.1.3.1　研究内容

使用2017年对辽宁省271个行政村的调研数据和2002—2015年全国1 869个县的面板数据，实证检验财政奖补制度实施对农村居民收入水平的短期影响效应和长期影响效应。为完善村级公共产品供给制度、提高农村居民收入水平提出相应政策建议。具体内容如下：①运用描述统计方法，描述和分析辽宁省样本地区财政奖补制度实施状况及样本村收入、人口等基本特征；描述和分析2002—2015年全国1 869个县的基本经济特征；②研究短期内财政奖补制度实施的收入效应。本部分使用辽宁省271个行政村的调研数据，检验短期内财政奖补制度实施对农村居民收入水平的影响程度并分析其内在作用机制；③基于辽宁省271个行政村的调研数据，检验财政奖补制度实施过程中所获得的财政奖补资金额以及财政奖补建设项目数对农村居民收入水平的影响程度；④基于2002—2015年全国1 869个县的县域面板数据，检验财政奖补制度实施对农村居民收入水平影响的长期作用效果，并对所得结果进行稳健性检验。

10.1.3.2　研究方法

（1）描述性统计分析法。描述和分析辽宁省样本地区财政奖补制度实施状况及样本村收入、人口等基本特征；描述和分析2002—2015年全国1 869个县的基本经济特征。

（2）计量模型分析法。从短期影响的角度进行研究时，本章运用普通最小二乘法分析了财政奖补制度实施对农村居民人均纯收入的影响效应及作用效果；使用中介效应模型探索村内道路硬化程度在其中所起到的中介作用；采用二阶段最小二乘法解决可能存在的内生性问题；运行空间计量回归模型排除由空间相关性引起的估计偏误问题。

从长期影响的角度进行研究时，本章运用双重差分模型（DID）验证财政奖补制度实施对农村居民收入水平的影响程度，并深入探索这种影响的长期作用效应。

10.1.4 相关概念界定

10.1.4.1 “一事一议”财政奖补制度

“一事一议”财政奖补制度[①]，是以推进社会主义新农村建设为目标，以农民自愿出资、出劳为基础，以政府奖补资金为引导，形成政府补助、部门扶持、社会捐赠、村组自筹和农民筹资筹劳相结合的村级公益事业建设投入新机制，以促进城乡统筹发展和农村社会进步[②]。

财政奖补范围主要包括以村民“一事一议”筹资筹劳为基础、目前支农资金没有覆盖的村内水渠（灌溉区支渠以下的斗渠、毛渠）、堰塘、桥涵、机电井、小型提灌或排灌站等小型水利设施，村内道路（行政村到自然村或居民点）和环卫设施、植树造林等村级公益事业建设，其实质是对村级公共产品供给实行“民办公助”（黄维健，2009）。

10.1.4.2 农村公共产品

农村公共产品是公共产品的一个组成部分，它具有一般公共产品的特性，即非排他性和非竞争性（王国华、李克强，2003）。但是由于农村社区的特殊性，农村公共产品也有其特殊性，是指区别于农民私人产品，用于满足农村社会的公共需要，具有非排他性和非竞争性的社会产品（黄志冲，2000）。包括公共环境服务（如道路及管理、公共卫生、气象服务等）、公共文教（基础教育、文体事业）、公共医疗保健、公共交通及社会保险（叶文辉，2004）。

10.1.4.3 村级公共产品

村级公共产品主要是指仅供应本村居民使用的对农业生产和农民生活水平提高有积极作用的公共品。按照村级公共产品的使用功能，可将其分为生产性村级公共产品和生活性村级公共产品两大类（周密、张广胜，2010）。其中，生产性村级公共产品主要指道路、桥梁、农田水利设施建设等公共产品；生活性村级公共产品主要指与村民生活密切相关的村内自来水供应设备、村内公共厕所、生活垃圾回收和处理设施、生活污水处理设施、村内医

---

① 后文将“一事一议”财政奖补制度简称为“财政奖补制度”。

② 中华人民共和国中央人民政府门户网站：http：//www.gov.cn。

院诊所、村内学校、养老院和村内健身娱乐广场、阅览室等。

10.1.5 技术路线图

根据研究目的设计技术路线图如图 10－1 所示。

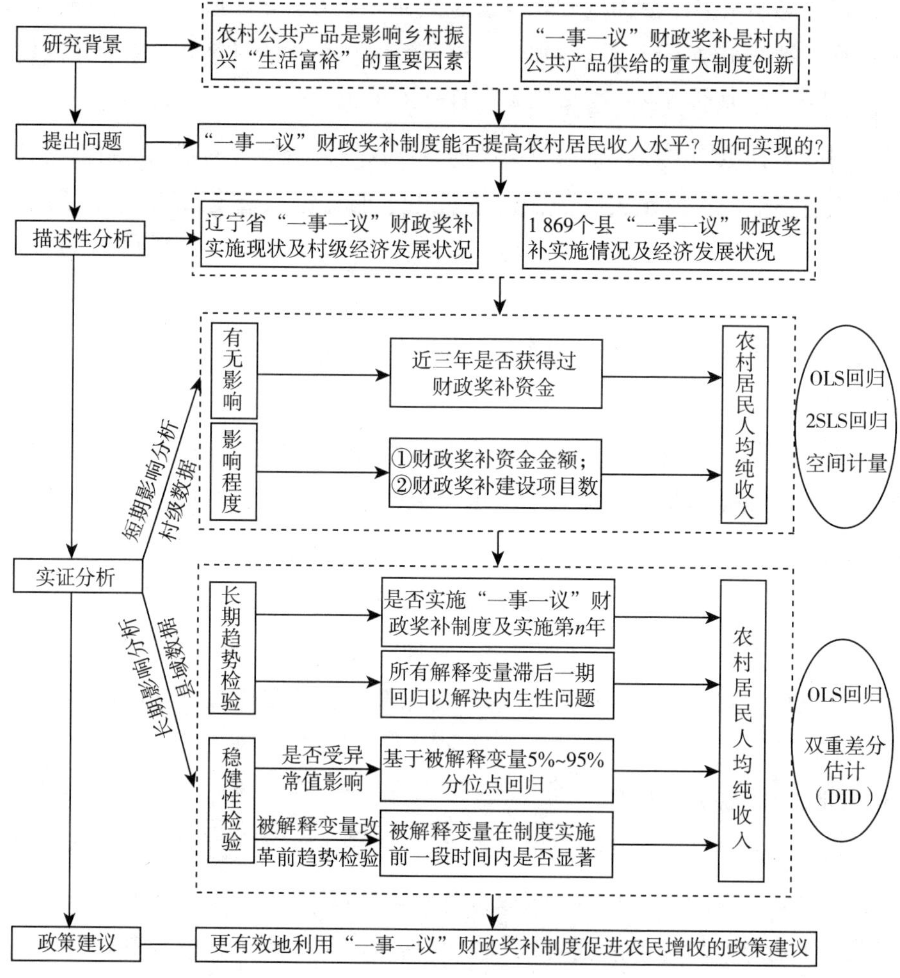

图 10－1　技术路线图

10.1.6 本章的创新点

（1）从研究内容来看，已有文献主要研究制度设计的可行性、农民及村干部对制度实施的满意度及参与意愿的影响因素、财政奖补对村级公共产品供给数量的影响等方面。缺乏对制度收入效应进行严谨计量分析的实证研究，本研究主要关注财政奖补制度实施对农村居民收入影响程度。与以往文献相比，本研究的研究内容主要改进为，将农村居民收入水平作为主要研究对象，丰富了财政奖补制度实施绩效评价内容。

（2）从研究视角来看，以往对财政奖补制度进行研究的文献多数从短期绩效评价视角展开。本章兼顾制度实施的短期影响效应与长期影响效应，研究财政奖补制度实施对农村居民收入水平的影响程度及其影响的长期趋势，弥补了已有文献对财政奖补制度实施长期影响效应实证研究的不足。

（3）从研究方法来看，第一，以往研究往往忽略了收入水平可能存在空间相关性，从而可能使回归结果产生偏差；第二，学术界使用双重差分估计模型评价政策实施效果的研究已经比较完备，但是已有研究却没有将其引入到对财政奖补制度实施的绩效评价中。本章的主要改进包括：第一，采用空间计量回归模型估计制度实施的收入效应，引入空间权重矩阵排除空间相关性对制度实施效果评价的影响；第二，使用双重差分模型（DID）估计财政奖补制度实施的收入效应。

10.2 理论基础与文献综述

10.2.1 理论基础

10.2.1.1 公共产品理论

农村公共产品供给对于促进传统农业转向现代农业以及实现农村工业化具有重要的现实意义和战略意义。首先，农村公共产品供给会降低包括生产成本、运输成本、销售成本等在内的农村私人生产、生活活动的总成本（周斌，2012），从而提高农村私人生产、生活活动的效率。例如农村道路建设可以保证农产品及时、便捷的从村庄运输到市场，不但可以减少运输成本还可以增加农产品销售机会，进而提高农村居民收入水平。其次，农村公共产品的有效供给可有效抵御农业自然风险，如发达的农田水利设施可以提高农业抗自然灾害的能力，农村兴建的小型农田水利设施可有效减缓洪涝等自然灾害带来的经济损失，使农村居民收入水平得到保障。最后，完善的农村公共产品供给会促进农业生产的专业化、规模化和可持续化的发展（王国华、李克强，2003）。

公共产品理论从定义公共产品、私人产品以及混合产品出发，论述了政府和市场在供给过程中各自的职责范围及其分界线（毛程连，2003）。公共产品所具有的非竞争性特征表明了社会对于该类物品或服务是普遍需要的，而其非排他性特征则表明了收费的困难性，由私人通过市场提供公共产品就不可避免地出现“搭便车”者（王国华、李克强，2003），仅靠市场机制远远无法提供最优配置标准所要求的规模。早期的“一事一议”制度设计是以村民自愿筹资筹劳为主要资金来源的“一事一议”筹资筹劳制度，制度设计的出发点是在政府和村集体无力投入情况下形成明确的村级公共产品供给渠道。

受到农民收入水平限制以及“搭便车”者的存在，“一事一议”筹资筹劳制度陷入“有事难议、议事难决、决事难行”的困境，这需要政府出面弥补（刘燕、冷哲，2016）。在此背景下，财政奖补制度以其筹补结合的实行方式，不仅有效刺激了村级公共产品供给主体的供给参与意愿，同时实现了政府收入再分配（Pei，Zhenhua 等，2017），为农村发展、农民增收提供了物质基础。

10.2.1.2　公共财政理论

公共财政是建立在“公共产品”理论和“市场失灵”理论基础上的，与市场经济相适应的一种财政模式。公共财政的定义可以概括为，以国家为主体，通过政府的收支活动，集中一部分社会资源，用于履行政府职能和满足社会公共需要的经济活动（杨良初，2003）。按照公共财政一般性和中国实际发展情况，中国公共财政的主要职能体现在三个方面，即财政社会资源的有效配置、社会收入的公平分配和宏观经济的稳定运行（丁学东、张岩松，2007）。

根据公共财政理论，纯公共产品应由政府免费提供，市场机制可在准公共供给中发挥一定作用。有研究表明种族不平等是美国再分配政策的关键决定因素，并影响公共产品供给（An Brian，2018）。而在中国长期二元经济结构下，村级公共产品的主要受益人为该村全体村民，应该由村级集团通过“一事一议”的形式提供（李成威，2005）。但由于村内公共产品具有较强的“外部性”（侯江红，2002），并且农村居民收入水平相对较低，仅仅依靠农村居民自愿性筹资筹劳不能满足村级经济发展对公共产品的需求。

按照公共财政理论，财政就是要着眼于社会经济的长远利益和社会公共需要，弥补市场固有缺陷，矫正市场失灵，以实现社会经济协调、稳定、健康发展（侯江红，2002）。将公共财政理论应用于农村社会时发现财政支农可促进农村社会经济发展和进步并保障农民收入水平稳步提升。研究表明财政支农已经成为影响农民人均纯收入增长的一个重要因素（张强、张映芹，2015），财政支农投入能够从资本、劳动与技术这三方面有效地推动农村经济增长，并且从经济增长的角度来看，财政支农不但会发挥短期影响作用，还会产生长远影响作用（刘娟，2018）。

财政奖补制度通过筹补结合的制度安排，实现了提供农村居民最需要的村级公共产品的目标。该项制度与其他财政支农制度设计的不同在于，农村居民要通过内部议事、筹资筹劳来决定是否投资某项公共产品，即村集体或农村居民需要承担一部分成本，由此程序决定出投资的公共产品是大多数村民最需要的。这种自下而上的村级公共产品供给方式在一定程度上解决了财政支出结构性失衡问题，实现了税收合理再分配、保障了村级公共产品的有效供给（Yang Hongyan，2018），进而提高农村居民收入水平。

10.2.2 文献综述

10.2.2.1 农村公共产品供给对农民收入影响

农民收入增加、农村社会经济发展有赖于农村私人产品的产出效率，而农村私人产品产出效率又依赖农村公共产品的有效提供（王国华，2004），只有当公共产品供给达到一定量的基础上，个人收入才可以得到保障（Du等，2018）。农村公共产品包括农村基层政府（县乡级）行政服务、农村发展规划、农村信息系统、农村基础科学研究、大江大河治理、农村环境保护、农村义务教育和职业教育、农村水利电力通信交通设施、农村文化体育事业、农业科技成果的推广、农田防护林建设、农村公共卫生、农村社会保障等（张秀生等，2007）。从内容组成来看，农村公共产品是农村社会经济发展和农民生活的基本条件和保障，必将对农民收入的增长产生重要影响。

大量实证研究表明，农村公共产品有效供给能够促进经济增长、提高农村居民收入水平。例如，姜涛（2012）使用1991—2009年全国省际面板数据对农业增长进行探索，发现农田水利灌溉、农业科学研究、农村教育和电力等方面的投资能推动农业增长。张亦弛（2018）的研究表明，农村水利、信息、卫生环境和滞后两期时的交通运输基础设施对农业经济增长有显著的正效应。公共基础设施薄弱可能导致贫困和不平等，道路是影响发展中国家农村收入的关键因素（Charlery 等，2016）。骆永民（2012）的研究表明各种农村基础设施投资不但对本省份的农民收入具有正向促进作用，还对相邻省份的农民收入起到正向促进作用，即农村基础设施投资对农民收入的影响存在显著的空间溢出效应。

利用公共支出和公共投资政策促进农业、农村经济增长，提高农民收入和缩小城乡收入差距已被各国公认为是行之有效的政策选择渠道。单单依靠农民自身的力量组织供给农村公共产品是不现实的，可能造成公共物品供给的社会最优水平大大低于均衡水平的后果（Mondal，2015），从“一事一议”筹资筹劳供给制度的失败就可以看出。日本政府对农业的支持力度和保护程度是发达国家中最高的，增强了日本农村经济发展实力（孙磊，2013），从而又使政府有充足的财力提供农村公共产品，使农村公共产品供给形成一种良性循环。戴维简特（Devarajanetal，1998）构建公共支出、人力资本等多变量生产函数，论证了财政支农、财政支持基础设施建设等举措能促进经济增长、缩小城乡收入差距。Dessus 等人使用 1981—1991 年 28 个发展中国家数据进行分析得出，公共投资能够推动国内生产总值的增长和人均收入的提高。尤其在落后的国家和地区，公共投资数量的增加和质量的提高，能有效缩小收入分配差距（Calderon、Seven，2004）。国内的已有研究经验表明，政府在促进生产方面的支出，如农业科研、灌溉、农村教育和基础设施建设（包括道路、电力和通讯）等均对提高农业生产率以及农村扶贫起到了推动作用（樊胜根、张林秀，2002），并且农村道路所产生的社会效益最高（唐娟莉，2015）。

10.2.2.2 “一事一议”财政奖补制度绩效评价

以上研究中涉及的农村公共产品供给主体主要是政府，然而目前村内小型水利设施、道路等村内公共产品主要通过财政奖补制度实现供给，需要村民自愿供给，并承担一部分建设费用。但是目前只有极少数研究对村级公共产品自愿供给的增收效果进行了研究，如史耀波（2012）的研究表明，不管通过农户需要承担成本的筹资供给还是通过农户不需要承担成本的政府专项拨款、他人捐赠融资提供的公共产品，都有利于提高农户收入。基于已有的研究基础，本章将围绕村级公共产品供给基本制度的收入效应展开研究。

作为村级公共产品供给重要保障的财政奖补制度自 2008 年开始试点至今已运行十年，学界对其实施的绩效评价主要集中在农户及村干部对该制度的满意度、制度对村级公共产品供给数量的影响以及农民参与程度的研究上。何文盛（2015）从综合评价角度，围绕宣传培训、工程质量、项目实施和工作机制等方面评价该制度的实施绩效，还有的从参与主体满意度角度，研究农户或村支两委对该制度实施效果的满意度。此外，还有研究从制度实施后对乡村建设产生的影响等方面进行探讨。例如，财政奖补项目的实施可增加村级公共产品供给数量（周密等，2017）、改善农村村容村貌和人居环境（罗敏，2012）、促进农民参与社区公共管理和服务并推动村民自治和基层民主发展（项继权等，2014；周密等，2010）、有利于实现城乡公共服务均等化（王惠平，2011）、促进城乡统筹协调发展（李燕凌等，2016；王安才，2009）等。

10.2.2.3 “一事一议”财政奖补制度实施对农民收入影响

已有研究表明，农村公共产品的有效供给能够提高农村居民收入水平，而“一事一议”财政奖补制度作为村级公共产品供给基本制度能够促进村级公共产品供给，那么制度实施是否会对农村居民人均纯收入产生影响呢？周密（2017）的研究表明，县级政府在协调财政奖补资金分配的过程中起重要作用，且人均纯收入较低的村庄更容易优先获得财政奖补资金。那么获得了财政奖补资金的村农民收入水平是否得到了改善成为备受关注的问题，但是提及“一事一议”财政奖补制度在促进经济增长、提高农民收入过程中起到重要作用的大多数是各类报纸以及政府报告之类的文章。如四川日报在 2015 年 10 月 21 日的报道称宁南县实施财政奖补后，百姓收入翻两番；中国财经报在 2019 年 1 月 10 日的报道阐述了福安市通过财政奖补资金建设的旅游景点，不但聚集了人气，还带动了村集体与农民增收。但是目前对该制度实施收入效应的科学分析和实证研究相对较少，其他研究“一事一议”财政奖补制度的众多文献中，还没有对该制度的收入效应进行实证分析的研究。基于已有研究基础，本研究从短期和长期两个方面实证分析“一事一议”财政奖补制度对农村居民收入的影响效应。

10.2.3 文献述评

通过对以往研究文献进行梳理，发现虽然已有研究对财政奖补制度的设计、实施及绩效等进行了较多研究且形成了具有启发性的成果，但是对财政奖补制度的研究依旧不够全面。首先对“一事一议”运行机制的研究依然停留在筹资筹劳时期，而忽视了现今财政奖补时期政府的参与；二是已有文献以定性分析为主、定量研究较少，且定量研究中所用数据规模较小，不能较好体现某一地区的现实问题；三是可能由于村级公共产品界定和数据的可获得性等方面原因，已有文献大多是从农村公共产品供给角度研究其对农村居民收入的影响，忽略了村级公共产品供给对农村居民收入的影响；四是已有研究大多是从对财政奖补制度满意度以及制度的实施对村级公共产品投资项目数影响的角度出发，缺乏制度实施对农村居民收入影响的实证研究。

综上所述，已有研究表明农村公共产品的有效供给能够提高农村居民收入水平，而财政奖补制度是目前我国村级公共产品供给基本制度，并且该制度的实施能够增加村级公共产品供给数量。那么村级公共产品的有效供给能否和农村公共产品一样起到提高农村居民收入水平的效果？财政奖补制度的实施是否能有效地提高农村居民收入水平？据已掌握的文献看，鲜有文献对此进行严谨的计量分析。详细严谨地分析制度实施的收入效应，既能完善该制度绩效评价体系，又能为进一步完善该制度提供理论参考依据，以期为财政奖补制度变革找到切入点和着力点。

10.3 数据来源、模型设定及样本描述

10.3.1 数据来源

10.3.1.1 辽宁省村级层面调研数据

2017 年 8—10 月对辽宁省 271 个行政村村干部展开以“村集体组织参与‘一事一议’情况”为主题的调研。抽样过程是：选择辽宁省 13 个地级市（计划单列市大连市除外），在 13 个市中随机选取 59 个县（区、县级市），然后在 59 个县（区、县级市）随机选取乡镇（街道）和村庄，同时兼

顾到村庄经济发展水平和公共产品供给的差异性，共回收有效问卷 271 份。此次调查共涉及 13 个地级市 59 个县 228 个乡镇（街道）的 271 个村。样本村庄分布广泛，在经济水平、人口规模、村级公共产品供给水平、干群关系等多方面存在差异。此外，受访者选择村干部，是因为村干部作为村组织的代表、“一事一议”制度的执行者和村级公共产品投资决策的重要影响者，更了解村级层面的公共投资情况。此次调研数据能够较为全面、真实、客观地反映“一事一议”制度在辽宁省的发展状况。

10.3.1.2 全国县域层面统计数据

由于我国村级公共产品自愿性供给制度是从 2003 年开始实施的“一事一议”筹资筹劳制度发展改进而来的。即 2003 年到 2007 年全国村级公共产品供给主要是通过“一事一议”筹资筹劳实现的，2008 年至今完善为财政奖补制度实现供给。因此从宏观角度进行研究时，实证检验所需数据年份选定为 2003—2015 年，考虑到全国各县经济存在发展不均衡现象，因此引入各县 2002 年人均纯收入对数为控制变量。

综合考虑实证分析所需数据统计口径的一致性和样本数据的可得性，本章选取了 2002—2015 年中国 1 869 个县域的数据[①]，实际样本为 26 166 组。数据来源于《中国县（市）社会经济统计年鉴》（2003—2012 年）、《中国县域统计年鉴（县市卷）》（2013—2016 年）、《中国区域社会经济统计年鉴》（2003—2016 年）、《中国统计年鉴》（2003—2016 年）和中国 22 个省、5 个自治区和 1 个直辖市的统计年鉴（2003—2016 年）。主要解释变量“该县是否开始实施财政奖补制度（是＝1，否＝0）”无法从统计年鉴中直接获得，该指标是根据各省农村综合改革领导小组办公室、省农委等公布的“关于开展村级公益事业‘一事一议’财政奖补试点工作意见的通知”获得的。

10.3.2 模型设定与研究方法说明

本研究分别从财政奖补制度对农村居民人均纯收入的短期影响和长期影响两方面分别研究制度实施的收入效应及其影响的长期趋势。使用辽宁省

① 本文的研究对象为中国县域经济单位，包括各县以及县级市，但没有考虑市辖区。2002—2015 年县改区的县域不在本文的研究范围内，例如河北省栾城县；2002—2015 年发生合并或者拆分等情况的县域也不在本文的研究范围内，例如河北省唐海县。

271 个行政村的村级数据，运用普通最小二乘法验证财政奖补制度实施对农村居民人均纯收入[①]的影响，并探索村内道路硬化程度在其中起到的中介效应；再选取合适的工具变量运用二阶段最小二乘法解决可能存在的内生性问题；最后运用空间计量回归模型排除收入的空间溢出效应对回归结果的影响。使用 2002—2015 年全国 1 869 个县域面板数据，运用双重差分模型估计制度实施影响的长期作用趋势。本部分主要对验证思路进行具体的说明。

10.3.2.1　单一方程线性回归模型

本部分主要研究财政奖补制度的实施对农村居民人均纯收入的影响效应，因此选用各个村庄 2016 年农村居民人均纯收入的对数作为被解释变量，选用该村近三年是否获得过财政奖补资金作为解释变量。由于“2016 年农村居民人均纯收入的对数”为连续型变量，因此本部分选择普通最小二乘法进行回归。可得回归模型（10－1）：

$$y_i = \beta_0 + \beta_{get} x_{i,get} + \beta x_i + \varepsilon_i (i = 1, \cdots, n) \qquad (10-1)$$

其中 $x_{i,get}$ 为 i 村近三年是否获得过财政奖补资金（是＝1，否＝0），β_{get} 为其回归系数，若 β_{get} 显著为正，说明财政奖补资金的获得会增加农村居民人均纯收入；若 β_{get} 显著为负，说明财政奖补资金的获得会降低农村居民人均纯收入；若 β_{get} 不显著，说明财政奖补资金的获得不会对农村居民人均纯收入造成显著影响。

x_i 为其他控制变量，包括：全村在册总人口对数、外出务工人员比例、60 岁以上人口比例、人均耕地面积对数、村内是否有企业、2016 年村内道路硬化长度对数、2013 年村内道路硬化长度对数、村级财务总收入对数、村委会到乡镇政府的距离对数、村级公共产品建设项目类型、其他财政支农资金（使用“村庄所在县 2016 年人均可得中央和省财政扶贫资金”和“村庄是否享受到其他支农惠农政策”表示）。

10.3.2.2　工具变量法

财政奖补资金的获得可能会提高农村居民人均纯收入，但也可能是因为只有人均纯收入高的村才更有可能获得财政奖补资金。毕竟财政奖补资金获得的前提条件是农村居民对村级公共产品的自愿性供给，村民需要承担一部

① 本研究使用农村居民人均纯收入来衡量农村居民收入水平。

分项目建设费用。在这种情况下，收入较高的村可能更愿意并有能力参与"一事一议"项目投资，而收入低的村则没有能力参与。因此基准模型可能存在内生性问题，会使估计结果产生一定的偏差。本部分选取同市其他村获得财政奖补的比率[①]为工具变量，运用二阶段最小二乘法（2SLS）回归以解决内生性问题。其基本思路为，第一阶段分离出内生变量的外生部分，第二阶段使用外生部分进行回归[②]。

工具变量选取依据为，首先考虑到财政奖补资金的获得具有一定的竞争效应，因此同市其他村获得财政奖补的比率会对本村获得财政奖补产生负向影响作用，但是不会对被解释变量本村农村居民人均纯收入产生直接影响。基于以上考虑，本章选择使用同市其他村获得财政奖补的比率为工具变量。

10.3.2.3 中介效应模型

为了检验村内道路硬化程度在财政奖补制度促进农民收入增长中的中介效应，本章借鉴温忠麟等人提出的中介效应检验方法，检验财政奖补制度是否通过提高村内道路硬化程度进而实现农民增收，为此本部分构建以下回归模型：

$$y_i = \beta_0 + \beta_{get} x_{i,get} + \beta x'_i + \varepsilon_i (i = 1, \cdots, n) \quad (10-2)$$

$$M_i = \alpha_0 + \alpha_{get} x_{i,get} + \alpha x'_i + \varepsilon_i (i = 1, \cdots, n) \quad (10-3)$$

$$y_i = \gamma_0 + \gamma_{get} x_{i,get} + \gamma_m M_i + \gamma x'_i + \varepsilon_i (i = 1, \cdots, n) \quad (10-4)$$

在模型中，y_i（农村居民人均纯收入对数）为中介效应检验的被解释变量，$x_{i,get}$（近三年是否获得过财政奖补资金）为中介效应检验的解释变量，M_i（村内道路硬化程度）为中介变量。i 代表样本村，ε_i 为随机扰动项，β、α、γ 为模型回归系数。

在解释变量（近三年是否获得过财政奖补资金）对被解释变量（农村居民人均纯收入）影响中，中介变量（村内道路硬化程度）是否发挥了显著的中介传导效应？中介效应的检验步骤为：第一步对模型（10－2）进行回归，检验解释变量近三年是否获得过财政奖补资金与被解释变量农村居民人均纯收入的回归系数 β_{get} 是否显著，如果系数 β_{get} 显著为正，说明财政奖补制度实施

① 同市其他村获得财政奖补的比率＝同一城市中除本村外获得财政奖补的村庄数÷该市样本村数量

② 模型推导过程参照陈强的《高级计量经济学及 Stata 应用》。

能显著提高农村居民人均纯收入，继续第二步；如果不显著则停止检验。第二步对模型（10-3）进行回归，检验中介变量村内道路硬化程度与近三年是否获得过财政奖补资金的回归系数 α_{get} 是否显著，如果系数 α_{get} 显著为正，说明财政奖补制度的实施加强了村内道路硬化程度。第三步对模型（10-4）进行回归，如果系数 γ_{get} 和 γ_m 都显著为正，且系数 γ_{get} 与 β_{get} 相比有所下降则说明存在部分中介效应；如果近三年是否获得过财政奖补资金的回归系数 γ_{get} 不显著，但村内道路硬化程度的回归系数 γ_{get} 显著，则说明村内道路硬化程度发挥了完全中介的作用。结合本章所研究的问题，中介检验的示意图如图 10-2 所示。

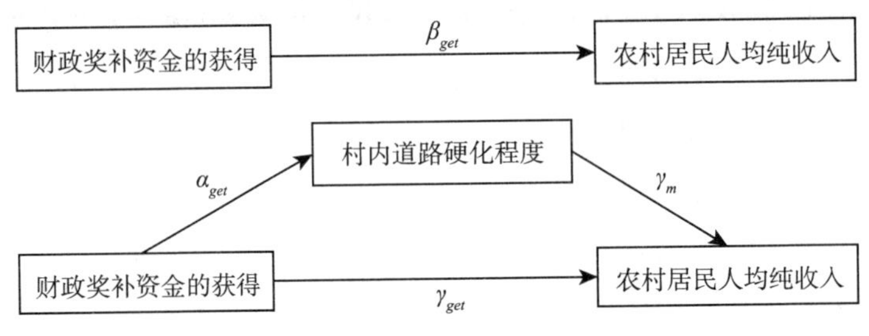

图 10-2　村内道路硬化程度的中介效应检验

10.3.2.4　空间计量回归模型

根据杜江等学者 2017 年的研究结论，农民收入在空间上可能并非随机分布，而是存在一定空间溢出效应的，若不将这种空间溢出效应考虑到模型中，可能导致模型估计结果出现偏差，过高或过低的估计制度变量对农村居民人均纯收入的影响。本部分依旧选用各个村庄 2016 年农村居民人均纯收入对数作为被解释变量，选用该村近三年是否获得过财政奖补资金作为核心解释变量，并在模型中加入空间权重矩阵 W 研究其空间效应。

（1）空间权重矩阵的确立。首先使用空间数据分析软件 GeoDa 生成空间邻近权重矩阵，依据地理是否相邻来设定，地理相邻的地区被赋值为 1，不相邻地区被赋值为 0。为了使模型不同样本之间联系程度的大小具有可比性，需对得到的空间权重矩阵进行标准化处理。根据陈强的空间权重矩阵行标准化计算方法，需要去除样本中的孤岛①，再进行行标准化处理。本章所

① 如果某一区域与其他区域均不相邻，则称其为孤岛。如果样本中包含孤岛，可能导致程序计算困难，故在实践中一般去掉孤岛。

用数据中包含 18 个孤岛样本村，因此空间计量回归所用数据为去除 18 个孤岛样本村后所剩的 253 个样本村数据。

（2）空间自相关检验。空间计量经济学的最大特色在于充分考虑横截面单位之间的空间效应，在确定是否使用空间计量方法时，首先要考察样本数据是否存在空间相关性。如果不存在，则使用标准的计量方法即可；如果存在，则可使用空间计量方法。已有文献提出了一系列度量空间自相关的方法，其中应用最为广泛的是“莫兰指数 I”（Moran，1950）：

$$I=\frac{\sum_{i=1}^{n}\sum_{j=1}^{n}\omega_{ij}(x_i-\bar{x})(x_j-\bar{x})}{S^2\sum_{i=1}^{n}\sum_{j=1}^{n}\omega_{ij}} \tag{10-5}$$

其中，$S^2=\frac{\sum_{i=1}^{n}(x_i-\bar{x})^2}{n}$ 为样本方差，ω_{ij} 为空间权重矩阵的（i，j）元素（用来度量区域 i 与区域 j 之间的距离），而 $\sum_{i=1}^{n}\sum_{j=1}^{n}\omega_{ij}$ 为所有空间权重之和。

莫兰指数 I 的取值一般介于－1 到 1 之间，大于 0 表示正相关，即高值与高值相邻、低值与低值相邻；小于 0 表示负相关，即高值与低值相邻。如果莫兰指数 I 接近于 0，则表明空间分布是随机的，不存在空间自相关。

（3）空间计量回归模型。本部分将对财政奖补制度对农村居民人均纯收入影响的原始回归模型进行修正，加入空间特征变量以解决空间相关性问题。空间效应可以通过空间自相关体现，还可以通过空间差异性来体现，这两种效应也可能同时发生。因此本部分选择更为一般的空间计量模型，将空间自回归模型（SAR）与空间误差模型（SEM）结合起来，可得回归模型（10－6）：

$$y=\lambda Wy+X\beta+\mu \tag{10-6}$$

其中，扰动项 μ 的生成过程为 $\mu=\rho W\mu+\varepsilon$，$\varepsilon\sim N$（0，$\sigma^2 I_n$）。其中 W 为被解释变量 y 与扰动项 μ 的空间权重矩阵，回归模型（3－6）为“带空间自回归误差项的空间自回归模型”（SARAR 模型）的基本形式。

其中 λ 为空间自回归系数，若 λ 显著为正，说明包含财政奖补制度等要素的农村居民人均纯收入水平存在显著的正向“邻里”作用；反之则为负向“邻里”作用；若 λ 不显著说明不存在空间自相关性。ρ 为空间误差模型系数，若 ρ 显著为正，说明除了文章考虑到的影响因素外，存在一些模型设定以外的对农村居民人均纯收入有影响的因素存在正向空间相关关系，比如村庄历史文化、人文环境等因素；反之则为负向空间相关关系；若 ρ 不显著说明随机扰动项不存在空间相关性。

10.3.2.5　双重差分模型

由于度量政策实施与所产生经济效果之间的动态因果关系非常困难，国外经济学界兴起了一种专门用于分析政策效果的计量方法——双重差分法（DID）。

为了研究财政奖补制度的实施对农村居民收入的影响，设定如下实证模型。使用 B_{it} 表示第 i 个县第 t 年的农村居民人均纯收入，D_{it} 为政策实施虚拟变量，如果第 i 个县在第 t 年已经开始实施财政奖补制度就取 1，否则为 0。

之前的研究一般设定如下的 OLS 模型，其中 X_{it} 表示其他的控制变量，λ_t 反映时间趋势，如果误差项 ε_{it} 与本章所关注的 D_{it} 不相关，那么系数 β 就是估计得到的财政奖补制度实施的效果。

$$B_{it} = \alpha + \beta D_{it} + \gamma X_{it} + \lambda_t + \varepsilon_{it} \tag{10-7}$$

但在实际情况中，ε_{it} 与 D_{it} 不相关这一假设很难成立，这样就会出现内生性问题，导致 β 的估计存在偏误。比如式（10－7）中没有包括县的自身特性 μ_i，而县自身的特性与是否实施财政奖补制度是相关的，则 OLS 的估计是不准确的。因此，本章设定双重差分模型：

$$B_{it} = \alpha + \beta D_{it} + \gamma X_{it} + \lambda t + \mu_i + \varepsilon_{it} \tag{10-8}$$

其中，时间项 λ_t 控制了共同时间趋势，μ_i 则控制了每个县固有的特征。差分后与之等价的模型为：

$$\Delta B_{it} = \beta \Delta D_{it} + \gamma \Delta X_{it} + \Delta \lambda_t + \Delta \varepsilon_{it} \tag{10-9}$$

方程（10－9）中系数 β 有着明确的经济学含义，即相对于第 t 年没有实施财政奖补制度的县，实施该制度的县所额外发生的变化。具体的，每一年都可以根据是否实施财政奖补制度将样本划分为两组，控制组为第 t 年还没有实施的或者第 $t-1$ 年已经实施的，处置组则为第 t 年实施但第 $t-1$ 年未实施的，通过比较两组发生变化的不同来估计财政奖补实施的效果，这也是双重差分的思想。该方法与经典双重差分法的区别在于，这里控制组与处置组可以相互转换。比如第一批实施制度的县，在实施时它们是处置组，未实施制度的县是控制组，但在之后剩余的县实施制度时，由于已经实施的县并没有发生变化，它们成了新的控制组，而之后实施的县成了新的处置组。但这里的一个重要假设，ΔD_{it}相对于$\Delta\varepsilon_{it}$是外生的，也就是制度的实施不存在选择性，或者说实施前 Bit 的变化无法预测财政奖补制度的发生。

10.3.3 变量的描述性分析

10.3.3.1 变量说明

本研究的被解释变量为农村居民人均纯收入对数，主要关注的解释变量为是否实施财政奖补制度（是=1，否=0），下面对其他控制变量进行具体说明。

（1）村级层面控制变量说明。从微观层面考虑，其他可能影响农村居民人均纯收入水平的因素包括：村庄经济发展水平（仇童伟，2017），本研究使用“2016 年是否是贫困村”“2016 年村内是否有企业”和“2016 年村级财务总收入”来衡量；村人力资本（李实等，2013），本研究使用“2016 年全村在册总人口数”“2016 年外出务工人员比”和“2016 年 60 岁以上人口所占比例”来衡量；土地要素（王庶、岳希明，2017），本研究使用“2016 年人均耕地面积”来衡量；农村固定资本投入（蒲艳萍，2010），本研究使用“2016 年村内道路硬化长度”和“2013 年村内道路硬化长度”来衡量；到乡镇政府的便捷程度（胡晗等，2018），本研究使用“村委会到乡镇政府的距离”来衡量；财政支农（任晓红，2018），本研究使用“2016 年是否享受到其他支农惠农政策”和“所在县 2016 年人均中央和省财政扶贫资金”来衡量。变量的具体说明如表 10-1 所示。

表 10-1 村级层面控制变量的设置和说明

变量设置	变量说明
2016 年是否是贫困村	村庄经济发展水平，是=1，否=0
2016 年全村在册总人口数	村人力资本，连续变量（人）
2016 年外出务工人员比例	村人力资本，连续变量（%）
2016 年 60 岁以上人口所占比例	村人力资本，连续变量（%）

（续）

变量设置	变量说明
2016 年人均耕地面积	土地要素，连续变量（亩）
2016 年村内是否有企业	村庄经济发展水平，是=1，否=0
2016 年村内道路硬化长度	村庄基础设施存量现状，连续变量（千米）
2013 年村内道路硬化长度	基期村庄基础设施存量，连续变量（千米）
2016 年村级财务总收入	村庄经济发展水平，连续变量（万元）
2016 年村委会到乡镇政府的距离	到乡镇政府的便捷程度，连续变量（千米）
2016 年是否享受到其他支农惠农政策	其他财政福利水平，是=1，否=0
所在县 2016 年人均中央和省财政扶贫资金	其他财政福利水平，连续变量（元/人）

数据来源："村庄所在县 2016 年人均可得中央和省财政扶贫资金"由辽宁扶贫网数据"2016 年各县所得中央和省财政扶贫资金"以及"各县建档立卡贫困人口数"计算得来；其余均为调研所得数据。

（2）县级层面的变量说明。从宏观层面考虑，其他可能影响农村居民人均纯收入水平的因素包括：地方经济发展水平和金融发展水平（刘魏、张应良等，2016），本研究使用"地方财政一般预算收入""城乡居民储蓄存款余额"和"年末金融机构各项贷款余额"来衡量；土地要素（王庶、岳希明，2017），本研究使用"常用耕地面积"来衡量；农业机械使用情况（胡瑞法、黄季焜，2001），本研究使用"农业机械总动力"来衡量；劳动力要素（李琴英、崔怡等，2018），本研究使用"农林牧渔从业人数"和"乡村人口"来衡量；粮食生产情况（赵德起、谭越璇，2018），本研究使用"粮食总产量"来衡量；精准扶贫相关政策（刘祖军、王晶等，2018），本研究使用"是否是国家重点扶贫县"来衡量。变量的具体说明如表 10-2 所示。

表 10-2　县级层面控制变量的设置和说明

变量设置	变量说明
地方财政一般预算收入	地方经济发展水平，连续变量（万元）
第一产业生产总值	地方经济发展水平，连续变量（万元）
第二产业生产总值	地方经济发展水平，连续变量（万元）
第三产业生产总值	地方经济发展水平，连续变量（万元）
城乡居民储蓄存款余额	地方金融发展水平，连续变量（万元）
年末金融机构各项贷款余额	地方金融发展水平，连续变量（万元）

（续）

变量设置	变量说明
常用耕地面积	土地要素，连续变量（公顷）
农业机械总动力	农业机械使用情况，连续变量（万千瓦特）
农林牧渔从业人数	劳动力要素，连续变量（人）
乡村人口	劳动力要素，连续变量（人）
粮食总产量	粮食生产情况，连续变量（吨）
是否是国家重点扶贫县	精准扶贫相关政策，是=1，否=0

数据来源：《中国县（市）社会经济统计年鉴》（2003—2012 年）、《中国县域统计年鉴（县市卷）》（2013—2016 年）、《中国区域社会经济统计年鉴》（2004—2016 年）、《中国统计年鉴》（2003—2016 年）和中国 22 个省、5 个自治区和 1 个直辖市的统计年鉴（2003—2016 年）。

10.3.3.2 样本特征的描述性分析

（1）村级层面的样本描述性分析。在研究财政奖补制度实施对农村居民人均纯收入的短期影响效应时，使用辽宁省 271 个行政村的调研数据。与本章实证研究相关的数据主要包括被解释变量——2016 年农村居民人均纯收入，核心解释变量——近三年是否获得过财政奖补资金，控制变量——是否是贫困村、全村在册总人口对数、外出务工人员比例、60 岁以上人口比例、人均耕地面积对数、村内是否有企业、2013 年村内道路硬化长度对数、村级财务总收入对数、村委会到乡镇政府的距离对数、其他财政支农资金（包括：村庄所在县 2016 年人均可得中央和省财政扶贫资金以及 2016 年村庄是否享受到其他支农惠农政策）。表 10－3 汇报了各变量具体统计特征。

表 10－3 主要变量的描述性统计

变量名称	观测值	均值	标准差	最小值	最大值
被解释变量					
2016 年农村居民人均纯收入（元）	271	10 614.50	5 627.09	1 000	36 000
解释变量					
近三年是否获得财政奖补资金（是=1，否=0）	271	0.74	0.44	0	1
近三年获得财政奖补资金金额（万元）	271	79.47	124.17	0	1 421
近三年财政奖补建设项目数（项）	271	1.20	0.99	0	5
项目建设类型（村庄近三年是否进行投资）					
村内道路（是=1，否=0）	271	0.73	0.44	0	1

（续）

变量名称	观测值	均值	标准差	最小值	最大值
小型水利设施（是=1，否=0）	271	0.02	0.15	0	1
村内桥涵（是=1，否=0）	271	0.02	0.13	0	1
村内环卫设施（是=1，否=0）	271	0.01	0.12	0	1
村容美化亮化（是=1，否=0）	271	0.03	0.16	0	1
村内公共活动场所（是=1，否=0）	271	0.03	0.17	0	1
村内其他公共设施（是=1，否=0）	271	0.01	0.09	0	1
中间机制变量					
2016年村内道路硬化长度（千米）	271	9.00	7.47	0	50
2016年人均村内道路硬化长度（千米/人）	271	0.01	0.01	0	0.05
控制变量					
2016年是否是贫困村（是=1，否=0）	271	0.32	0.47	0	1
2016年全村在册总人口数（人）	271	1 961.66	953.68	314	7 500
2016年外出务工人员比例（%）	271	19.39	13.20	0	77.97
2016年60岁以上人口所占比例（%）	271	26.66	12.15	0.60	86.54
2016年人均耕地面积（亩）	271	2.33	1.56	0	10
2016年村内是否有企业（是=1，否=0）	271	0.38	0.49	0	1
2013年村内道路硬化长度（千米）	271	5.59	5.93	0	50
2016年村级财务总收入（万元）	271	15.91	31.56	0	275
2016年村委会到乡镇政府的距离（千米）	271	5.67	4.75	0	30
2016年是否享受到其他支农惠农政策（是=1，否=0）	271	0.89	0.31	0	1
所在县2016年人均中央和省财政扶贫资金（元/人）	271	794.87	510.77	39.94	4 057.97

数据来源："村庄所在县2016年人均可得中央和省财政扶贫资金"由辽宁扶贫网数据"2016年各县所得中央和省财政扶贫资金"以及"各县建档立卡贫困人口数"计算得来；其余均为调研所得数据。

由表10－3可以看出辽宁省农村居民人均纯收入之间的差距比较大，样本村中2016年人均纯收入最低的仅为1 000元，最高的为36 000元，人均纯收入最高的村是最低村的36倍。从近三年是否获得过财政奖补资金的角度看，样本均值为0.74，由于其为0～1变量，说明这三年中约有74%的行政村获得过财政奖补资金，可见财政奖补制度在辽宁省的实施状况较好。从近三年获得财政奖补资金额的角度看，存在未获得财政奖补资金的村，因此最小值为0；最大值为1 421万元，该村建设一项规模较大的水利设施，项目建设所需资金数额较大因此获得的财政奖补资金较多；样本均值为79.47万元。从近三年财政奖补建设项目数角度看，建设项目数最小值为0项、最大值为5项，平均每个样本村建设1.20项村级供给产品。

从项目建设类型角度看，有73%的样本村投资建设了村内道路、有2%的样本村投资建设了小型水利设施、有2%的样本村投资建设了村内桥涵、有1%的样本村投资建设了村内环卫设施、有3%的样本村投资了村容美化亮化、有3%的样本村投资建设了村内公共活动场所、有1%的样本村投资建设了村内其他公共设施。由此可以看出，在村民对村级公共产品投资意愿得以表达的基础上，更多的村选择申请财政奖补资金投资建设村内道路。基于此本章选取村内道路硬化程度为中介变量研究“一事一议”财政奖补对农村居民人均纯收入的影响。2016年样本村村内道路硬化长度平均值达到9千米，人均村内道路硬化长度平均值达到10米/人（0.01千米/人）。

由表10－3还可得出样本村在2016年的其他信息包括：2016年是否是贫困村的样本均值为0.32，说明样本中含有32%的贫困村；同理可以看出有38%的行政村中有企业；有89%的行政村还享受到了除财政奖补外的其他支农惠农资金。人口方面，2016年全村在册总人数的最大值为7 500，最小值为314，说明辽宁省各个村庄规模差异较大，平均下来约为1 962人/村；外出务工人员比例最高的村达到了77.97%，样本均值为19.39%，说明辽宁省外出务工的农民工较多；60岁以上人口所占比例最高的村达到了86.54%，样本均值为26.66%，说明辽宁省农村人口老龄化问题比较严重。样本村2016年人均耕地面积在0到10亩之间，样本均值为2.33亩，说明辽宁省人均耕地面积不大，土地经营比较分散。2016年村级财务总收入样本均值为15.91万元，最大值为275万元，最小值为0元，说明各个村庄发展水平差异很大。

（2）县级层面的样本描述性分析。在研究财政奖补制度实施对农村居民人均纯收入的长期影响效应时，使用2002年到2015年全国1 869个县的面板数据。与本章实证研究相关的数据主要包括被解释变量——农村居民人均纯收入，核心解释变量——是否实施了财政奖补制度，控制变量——地方财政一般预算收入、常用耕地面积、第一产业生产总值、第二产业生产总值、第三产业生产总值、城乡居民储蓄存款余额、年末金融机构各项贷款余额、农业机械总动力、农林牧渔从业人数、乡村人口、粮食总产量、是否是国家重点扶贫县、2002 年农村居民人均纯收入。表 10－4 汇报了各变量具体统计特征。

表 10－4　中国县域面板数据描述性统计

变量名称	样本量	平均值	标准差	最小值	最大值
农村居民人均纯收入（元/人）	26 166	4 271.51	2 720.10	308.93	19 780.85
是否实施财政奖补制度（是＝1，否＝0）	26 166	0.45	0.50	0	1
地方财政一般预算收入（万元）	26 166	40 341.77	83 924.45	2.79	2 847 589.00
常用耕地面积（公顷）	26 166	45 002.36	45 286.53	26.00	677 313.00
第一产业生产总值（万元）	26 166	132 593.10	208 805.40	361.32	7 240 769.00
第二产业生产总值（万元）	26 166	379 830.70	940 506.40	48.94	67 200 000.00
第三产业生产总值（万元）	26 166	243 637.50	430 745.40	78.57	13 600 000.00
城乡居民储蓄存款余额（万元）	26 166	418 836.10	598 342.40	88.81	12 000 000.00
年末金融机构各项贷款余额（万元）	26 166	380 225.20	849 134.10	0.21	24 000 000.00
农业机械总动力（万千瓦特）	26 166	35.14	36.53	0.00	336.00
农林牧渔从业人数（人）	26 166	118 062.80	94 887.42	1 841.00	461 100.00
乡村人口（人）	26 166	335 259.50	301 409.30	894.00	4 900 000.00
粮食总产量（吨）	26 166	249 932.90	271 414.40	0.00	3 349 885.00
是否是国家重点扶贫县（是＝1，否＝0）	26 166	0.23	0.42	0	1

数据来源：《中国县（市）社会经济统计年鉴》（2003—2012 年）、《中国县域统计年鉴（县市卷）》（2013—2016 年）、《中国区域社会经济统计年鉴》（2003—2016 年）、《中国统计年鉴》（2003—2016 年）和中国 22 个省、5 个自治区和 1 个直辖市的统计年鉴（2003—2016 年）。

注：本章中的农村居民人均纯收入为平减至 2002 年消费水平下的农村居民人均纯收入。

由表 10－4 可以看出，将 2002 年到 2015 年我国农村居民人均纯收入按各省份居民消费价格指数平减到 2002 年收入水平后，我国农村居民人均纯收入的样本均值为 4 271.51 元/人，最大值为 19 780.85 元/人，最小值为 308.93 元/人，说明我国农村居民人均纯收入水平相对较低，并且贫富差距较大。从地方财政一般预算收入变量来看，样本均值为 40 341.77 万元，最大值为 2 847 589 万元，最小值为 2.79 万元，说明不同县域经济发展水平存在较大差异。从常用耕地面积、第一二三产业生产总值等变量的具体描述性统计特征可以看出，无论是从经济发展水平、自然资源禀赋还是人力资源禀赋角度考察，我国各县域间的差距都很大。其余变量的描述性统计结果如 10－4 所示，不作具体描述。

10.4 财政奖补制度实施对收入影响程度分析

10.4.1 财政奖补制度收入效应检验

本部分利用辽宁省 271 个行政村实地调研数据，运用 OLS 法对财政奖补制度实施的收入效应进行实证检验①。被解释变量为 2016 年农村居民人均纯收入对数，核心解释变量为样本村近三年是否获得过财政奖补资金，财政奖补制度实施的收入效应回归结果如表 10－5 所示。

表 10－5 近三年是否获得过财政奖补对农村居民人均纯收入的影响

变量名称	2016 年农村居民人均纯收入对数	
	(1)	(2)
近三年是否获得过财政奖补资金 (是＝1，否＝0)	0.215** (0.083)	0.191** (0.088)
常数项	9.224*** (0.150)	9.623*** (0.833)
其他控制变量	否	是
城市固定效应	是	是

① 由于篇幅原因，对本部分所有回归模型只汇报核心解释变量结果，其他变量的回归结果未列出，感兴趣的读者可向本文作者索要。

（续）

变量名称	2016 年农村居民人均纯收入对数	
	（1）	（2）
观测值	271	271
R 平方项	0.283	0.405
调整后的 R 平方项	0.238	0.325

注：①*、**、***分别表示在 10%、5%、1%水平上显著。②括号中为标准误差。③样本中的其他控制变量包括：全村在册总人口对数、外出务工人员比例、60 岁以上人口比例、是否是贫困村、人均耕地面积对数、村内是否有企业、村级公共产品建设项目类型、村级财务总收入对数、村委会到乡镇政府的距离对数、其他财政支农资金（包括：村庄所在县 2016 年人均可得中央和省财政扶贫资金以及村庄是否享受到其他支农惠农政策）。

对全部样本进行回归所得结果表明，无论是否加入其他控制变量，近三年获得过财政奖补资金均会显著提高 2016 年农村居民人均纯收入。在不控制其他影响因素条件下，财政奖补资金的获得可使农村居民人均纯收入提高 21.5%；在考虑到其他影响因素的情况下，财政奖补资金的获得可使农村居民人均纯收入提高 19.1%。

10.4.2 内生性问题解决

本部分选取同市其他村获得财政奖补的比率[①]为工具变量，使用二阶段最小二乘法（2SLS）回归以解决内生性问题。尽管前面不论是否加入控制变量进行回归，结果都表明财政奖补资金的获得可以提高农村居民人均纯收入，但是可能存在的内生性问题会使估计结果产生一定的偏差。毕竟财政奖补的获得是基于村民对村级公共产品自愿性供给基础上的，村民需要承担一部分项目建设费用。在这种情况下，人均纯收入较高的村可能更有参与“一事一议”项目投资的能力和意愿，而收入低的村则没有能力参与“一事一议”项目投资。因此为揭示研究对象之间的因果关系，本部分使用二阶段最小二乘法进行回归，表 10-6 汇报了近三年财政奖补资金的获得对农村居民人均纯收入影响的 2SLS 估计结果。

① 同市其他村获得财政奖补的比率=同一城市中除本村外获得财政奖补的村庄数÷（该市样本村数量-1）。

表 10-6 是否获得财政奖补对农村居民人均纯收入影响的 2SLS 估计结果

变量名称		2016 年农村居民人均纯收入对数	
		(1)	(2)
近三年是否获得过财政奖补资金 (是=1，否=0)		0.231*** (0.084)	0.214** (0.085)
常数项		9.211*** (0.148)	9.613*** (0.781)
其他控制变量		否	是
城市固定效应		是	是
观测值		271	271
R 平方项		0.283	0.405
调整后的 R 平方项		0.238	0.325
弱工具变量检验	F 统计量	2 257.070	2 287.140
	P 值	0.000	0.000

注：①*、**、*** 分别表示在 10%、5%、1%水平上显著。②括号中为标准误差。③样本中的其他控制变量包括：全村在册总人口对数、外出务工人员比例、60 岁以上人口比例、是否是贫困村、人均耕地面积对数、村内是否有企业、村级公共产品建设项目类型、村级财务总收入对数、村委会到乡镇政府的距离对数、其他财政支农资金（包括：村庄所在县 2016 年人均可得中央和省财政扶贫资金以及村庄是否享受到其他支农惠农政策）。

结果表明在解决内生性问题后，无论是否加入其他控制变量，近三年获得过财政奖补资金均会显著提高 2016 年农村居民人均纯收入。在不控制其他影响因素条件下，财政奖补资金的获得可使农村居民人均纯收入提高 23.1%；在考虑到其他影响因素的情况下，财政奖补资金的获得可使农村居民人均纯收入提高 21.4%。二阶段最小二乘法估计结果略高于普通最小二乘法估计结果，但总体差异不大，表明回归结果是稳健可信的，即财政奖补制度的实施确实能够有效地提高农村居民人均纯收入水平。

接着对二阶段最小二乘法所选用的工具变量进行弱工具变量检验，弱工具变量检验结果中的 P 值均小于 0.01、F 值均大于 10，表明不存在弱工具变量[①]。

① 考虑到可能存在的“弱工具变量”问题，本文同时也计算了“有限信息最大似然估计值”(LIML)，LIML 估计值一般受弱工具变量的影响较少。但回归结果表明，LIML 估计值和 2SLS 估计值没有明显差异，进一步验证了无弱工具变量问题。由于篇幅原因，LIML 估计结果未进行报告，感兴趣的可向作者索要。

10.4.3 基于空间回归的财政奖补制度收入效应分析

考虑本章被解释变量农村居民人均纯收入在空间上可能并非随机分布而存在一定空间相关性（包括空间自相关和空间差异性），本部分使用一般空间计量模型“广义空间二段最小二乘法”（简记 GS2SLS）对原模型进行修正。为验证考虑空间影响效应后财政奖补制度的收入效应，依旧选用各个村庄 2016 年农村居民人均纯收入对数作为被解释变量，选用该村近三年是否获得财政奖补资金作为解释变量，并在模型中加入空间权重矩阵 W 表示空间影响效应。

10.4.3.1 空间自相关检验

首先需要对 2016 年农村居民人均纯收入进行空间自相关检验以确定是否需要使用空间计量方法，本研究选择使用最为流行的“莫兰指数 I”进行检验[①]。全局空间自相关检验结果如表 10－7 所示，其中莫兰指数 I 为 0.240 0、P 值为 0.000 0，可以强烈拒绝“无空间自相关”的原假设，即认为存在正向的空间自相关关系。

表 10－7 空间自相关检验结果

变量名称	莫兰指数 I	I 的期望值	I 的标准差	Z 值	P 值
2016 年农村居民人均纯收入对数	0.240 0	－0.004 0	0.036 0	6.815 0	0.000 0

10.4.3.2 空间计量回归结果

本部分选择“广义空间二段最小二乘法”（简记 GS2SLS）进行回归已解决空间相关性问题，表 10－8 汇报了全部的空间计量回归结果。

表 10－8 是否获得财政奖补对农村居民人均纯收入的空间影响

变量名称	2016 年农村居民人均纯收入		
	(1)	(2)	(3)
近三年是否获得过财政奖补资金（是＝1，否＝0）	0.112* (0.065)	0.151** (0.068)	0.166** (0.067)

① 由于篇幅原因，对本部分只汇报全局莫兰指数 I 而不汇报局部莫兰指数 I（对于部分村庄可以强烈拒绝“无空间自相关”的原假设，因此存在空间自相关），感兴趣的读者可向本文作者索要。

（续）

变量名称	2016年农村居民人均纯收入		
	（1）	（2）	（3）
常数项	−0.387（1.371）	1.530（1.436）	1.363（1.412）
空间自回归系数（λ）	1.041***（0.147）	0.808***（0.133）	0.823***（0.131）
空间误差系数（ρ）	−1.118***（0.167）	−1.084***（0.162）	−1.099***（0.160）
其他控制变量	否	是	是
城市固定效应	是	是	是
观测值①	253[15]	253[15]	253[15]

注：①*、**、***分别表示在10%、5%、1%水平上显著。②括号中为标准误差。③本部分使用GMM来估计SARAR模型，并在实际回归时加入选择项“heteroskedastic”表示使用异方差稳健的标准误以解决异方差问题。④样本中的其他控制变量包括：全村在册总人口对数、外出务工人员比例、60岁以上人口比例、是否是贫困村、人均耕地面积对数、村内是否有企业、村级公共产品建设项目类型、村级财务总收入对数、村委会到乡镇政府的距离对数、其他财政支农资金（包括：村庄所在县2016年人均可得中央和省财政扶贫资金以及村庄是否享受到其他支农惠农政策）。

表10-8中第（1）列为不加入其他控制变量，仅研究近三年获得财政奖补资金对农村居民人均纯收入的影响效果及其空间溢出效应；第（2）列为考虑其他控制变量的条件下的空间计量回归结果；第（3）列为考虑内生性问题后的空间计量回归结果。

表10-8的（1）、（2）、（3）三个模型回归结果中近三年是否获得过财政奖补资金的系数估计均显著为正，说明近三年是否获得过财政奖补资金变量在空间计量回归模型中对农村居民人均纯收入起显著的促进作用。空间计量回归模型结果与普通最小二乘法和二阶段最小二乘法估计结果相比，三个模型中系数的估计值都出现不同程度的减小，表明相邻地区之间农村居民收入水平的相互影响也被包含在原有贡献中。原有回归高估了财政奖补制度对农村居民人均纯收入水平的影响程度，只有剔除相邻地区之间的相互影响后才能得到财政奖补制度对农村居民收入水平提高影响程度真实贡献值。

从空间相关系数来看，空间自回归系数λ分别为1.041、0.808和0.823，均显著为正，说明一个村的农村居民人均纯收入水平显著受到相邻地区农村居民人均纯收入水平的影响。而空间误差系数ρ分别为−1.118、−1.084和−1.099，均显著为负，说明除了本章考虑到的影响因素外，存

① 本文所用数据中包含18个孤岛样本村，故而观测值为253。

在一些模型设定以外的对农村居民人均纯收入有影响的因素存在负向空间相关关系，比如村庄历史文化、人文环境等因素。

综合以上，在财政奖补制度变量对农村居民人均纯收入水平提高的贡献中，考虑空间溢出效应能够提高模型估计的准确性，得到的估计结果也更加可信。

10.4.4 财政奖补制度收入效应的内在机制研究

“一事一议”财政奖补制度实施过程中涉及的财政奖补资金并非像粮食直接补贴、良种补贴等其他支农惠农政策那样，直接将补助、补贴资金发放到农户手中以达到增加农民收入、保护和支持农业发展的目的。那么这项制度是通过何种方式发挥其增加农村居民人均纯收入效果的呢？

10.4.4.1 财政奖补制度对村内道路硬化程度的影响

为了考察村内道路硬化程度对农村居民人均纯收入影响的中介效应，首先要验证财政奖补资金的获得能够提高村内道路硬化程度。本部分分别选取2016年村内道路硬化长度和2016年人均村内道路硬化长度来衡量村内道路硬化程度，分别取对数加入中介效应模型中。具体回归结果如表10－9所示。

由表10－9可以看出，无论是从村内道路硬化总长度的角度还是从人均村内道路硬化长度的角度来衡量，财政奖补资金的获得均能有效地提高村内道路硬化程度。从影响程度上来看，说明财政奖补资金的获得可使村内道路硬化长度增加51.6%、人均村内道路硬化长度增加39.5%，两个回归系数均是在1%的显著水平下显著为正的。

表10－9 财政奖补制度对村内道路硬化程度的影响

变量名称	2016年村内道路硬化长度对数	2016年人均村内道路硬化长度对数
近三年是否获得财政奖补资金（是＝1，否＝0）	0.516*** (0.108)	0.395*** (0.083)
常数项	－1.024 (0.854)	4.968*** (0.642)
其他控制变量	是	是
城市固定效应	是	是

（续）

变量名称	2016年村内道路硬化长度对数	2016年人均村内道路硬化长度对数
观测值	271	271
R平方项	0.531	0.583
调整后的R平方项	0.466	0.525

注：①*、**、***分别表示在10%、5%、1%水平上显著。②括号中为标准误差。③样本中的其他控制变量包括：2013年村内道路硬化长度对数、全村在册总人口对数、外出务工人员比例、60岁以上人口比例、是否是贫困村、人均耕地面积对数、村内是否有企业、村级公共产品建设项目类型、村级财务总收入对数、村委会到乡镇政府的距离对数、其他财政支农资金（包括：村庄所在县2016年人均可得中央和省财政扶贫资金以及村庄是否享受到其他支农惠农政策）。

10.4.4.2 村内道路硬化程度的中介效应分析

验证出财政奖补资金的获得能够有效提高村内道路硬化程度后，接下来要检验村内道路程度是否能够影响到农村居民人均纯收入，从而发挥其中介影响效应。在基准回归模型中分别加入2016年村内道路硬化长度对数和2016年人均村内道路硬化长度对数变量，回归结果如表10-10所示。

表10-10 财政奖补制度收入效应的内在机制分析

变量名称	2016年农村居民人均纯收入	
	(1)	(2)
近三年是否获得过财政奖补资金（是=1，否=0）	0.174* (0.089)	0.175** (0.089)
2016年村内道路硬化长度对数	0.069* (0.036)	
2016年人均村内道路硬化长度对数		0.084* (0.048)
常数项	9.782*** (0.837)	9.288*** (0.817)
其他控制变量	是	是
城市固定效应	是	是
观测值	271	271
R平方项	0.413	0.412
调整后的R平方项	0.332	0.330

注：①*、**、***分别表示在10%、5%、1%水平上显著。②括号中为标准误差。③样本中的其他控制变量包括：全村在册总人口对数、外出务工人员比例、60岁以上人口比例、是否是贫困村、人均耕地面积对数、村内是否有企业、村级公共产品建设项目类型、村级财务总收入对数、村委会到乡镇政府的距离对数、其他财政支农资金（包括：村庄所在县2016年人均可得中央和省财政扶贫资金以及村庄是否享受到其他支农惠农政策）。

表10-10第（1）列为加入2016年村内道路硬化长度对数这一中介变量后的回归结果，可以看出2016年村内道路硬化长度对数回归结果在10%显著水平下显著，其系数为0.069。而近三年是否获得财政奖补资金变量的系数由0.191下降为0.174，这表明2016年村内道路硬化长度在财政奖补制度的收入效应中发挥部分中介效应。表10-10第（2）列为加入2016年人均村内道路硬化长度对数这一中介变量后的回归结果，可以看出2016年人均村内道路硬化长度对数回归结果在10%显著水平下显著，其系数为0.084。而近三年是否获得财政奖补资金变量的系数由表10-5中的0.191下降为0.175，这表明2016年人均村内道路硬化长度在财政奖补制度的收入效应中发挥部分中介效应。

综上所述，可以得出村内道路硬化程度在财政奖补制度收入效应中能够发挥部分中介效应。财政奖补制度是我国现行的最为重要的村级公共产品供给制度，有效地提高了农村居民生活水平，并极大缓解了村民、村集体出资出劳的压力，使得村内通路成为可能，从而促进农村居民人均纯收入的增长。

10.4.5 本部分小结

本章节使用辽宁省271个行政村调研所得数据使用OLS回归验证“一事一议”财政奖补制度实施的收入效应，结果表明财政奖补资金的获得可以提高农村居民人均纯收入水平。在分别使用2SLS回归解决模型存在的内生性问题、使用空间计量回归模型解决空间相关性问题后，回归结果依然表明财政奖补资金的获得可以提高农村居民人均纯收入水平，并且不考虑空间相关性问题会过高估计“一事一议”财政奖补制度对农村居民收入水平的影响。最后使用中介效应模型探索出村内道路硬化程度在“一事一议”财政奖补对农村居民收入水平影响过程中发挥一定中介作用。

10.5 财政奖补支持力度对收入的影响程度分析

10.5.1 财政奖补资金对收入影响程度分析

10.5.1.1 财政奖补资金对农村居民人均纯收入的影响

本部分利用辽宁省271个行政村实地调研数据，运用OLS法估计财政奖补资金对农村居民人均收入的影响程度①。被解释变量为2016年农村居民人均纯收入对数，核心解释变量为近三年获得财政奖补资金的对数。为排除村内公共投资其他来源资金对回归结果的影响，本部分将近三年村内公共投资其他来源资金的对数作为控制变量加入回归模型，回归结果如表10-11所示。

表10-11 财政奖补资金对农村居民人均纯收入的影响程度

变量名称	2016年农村居民人均纯收入对数	
	(1)	(2)
近三年获得财政奖补资金的对数	0.051*** (0.017)	0.049*** (0.027)
近三年村内公共投资其他来源资金的对数②		0.005 (0.035)
常数项	8.955*** (0.762)	8.956*** (0.763)
其他控制变量	是	是
城市固定效应	是	是
观测值	271	271
*R*平方项	0.396	0.396
调整后的*R*平方项	0.324	0.321

注：①*、**、***分别表示在10%、5%、1%水平上显著。②括号中为标准误差。③样本中的其他控制变量包括：全村在册总人口对数、外出务工人员比例、60岁以上人口比例、是否是贫困村、人均耕地面积对数、村内是否有企业、村级公共产品建设项目类型、村级财务总收入对数、村委会到乡镇政府的距离对数、其他财政支农资金（包括：村庄所在县2016年人均可得中央和省财政扶贫资金以及村庄是否享受到其他支农惠农政策）。

近三年获得的财政奖补资金对农村居民人均纯收入影响程度的回归所得结果表明，无论是否加入近三年村内公共投资其他来源资金变量，财政奖补资金额的提升均会显著提高2016年农村居民人均纯收入水平。只加入近三年获得财政奖补资金对数变量的回归结果表明，近三年获得财政奖补资金额每提高1%，农村居民人均纯收入会随之提高5.1%；在考虑到近三年村内公共投资其他来源资金的情况下，近三年获得财政奖补资金额每提高1%，农村居民人均纯收入会随之提高4.9%。第（1）列和第（2）列中近三年获

① 由于篇幅原因，对本部分所有回归模型只汇报核心解释变量结果，其他变量的回归结果未列出，感兴趣的读者可向本文作者索要。

② 近三年村内公共投资其他来源资金的对数指的是，2014年、2015年、2016年用于村内公共产品建设的投资总金额减去财政奖补资金后的金额，包括村集体累计出资、村民筹资筹劳、社会捐赠以及其他支农资金。

得财政奖补资金对2016年农村居民人均纯收入影响程度差异不大，并且三年村内公共投资其他来源资金变量的回归系数并不显著，可能的原因是相比于财政奖补资金额而言，其他来源资金数额较小。

10.5.1.2 内生性问题解决

本部分选取同市其他村获得财政奖补资金的平均值①为工具变量，使用二阶段最小二乘法（2SLS）回归以解决内生性问题。尽管上部分回归结果表明不论是否加入近三年村内公共投资其他来源资金变量，结果都表明近三年获得财政奖补资金额每提高1%，农村居民人均纯收入可提高5%左右，但是可能存在的内生性问题会使估计结果产生一定的偏差。毕竟财政奖补资金的获得是基于村民对村级公共产品自愿性供给基础上的，村民需要承担一部分项目建设费用。在这种情况下，人均纯收入较高的村可能更有参与“一事一议”项目投资的能力和意愿，而收入低的村则没有能力参与“一事一议”项目投资。因此为揭示研究对象之间的因果关系，本部分选择同市其他村获得财政奖补资金的平均值为工具变量，使用二阶段最小二乘法进行回归，表10－12汇报了财政奖补资金对农村居民人均纯收入影响程度的2SLS估计结果。

表10－12 财政奖补资金对农村居民人均纯收入影响程度的2SLS估计结果

变量名称	2016年农村居民人均纯收入对数	
	(1)	(2)
近三年获得财政奖补资金额的对数	0.074*** (0.021)	0.085*** (0.031)
近三年村内公共投资其他来源资金的对数②		−0.029 (0.036)
常数项	8.929*** (0.716)	8.929*** (0.726)
其他控制变量	是	是
城市固定效应	是	是
观测值	271	271
R平方项	0.391	0.390
调整后的R平方项	0.318	0.313

① 同市其他村获得财政奖补资金的平均值＝同一城市中除本村外获得财政奖补资金总额÷（该市样本村数量－1）。

② 近三年村内公共投资其他来源资金的对数指的是，2014年、2015年、2016年用于村内公共产品建设的投资总金额减去财政奖补资金后的金额，包括村集体累计出资、村民筹资筹劳、社会捐赠以及其他支农资金。

（续）

变量名称		2016 年农村居民人均纯收入对数	
		(1)	(2)
弱工具变量检验	F 统计量	11.143	14.714
	P 值	0.001	0.000

注：①*、**、***分别表示在 10%、5%、1%水平上显著。②括号中为标准误差。③样本中的其他控制变量包括：全村在册总人口对数、外出务工人员比例、60 岁以上人口比例、是否是贫困村、人均耕地面积对数、村内是否有企业、村级公共产品建设项目类型、村级财务总收入对数、村委会到乡镇政府的距离对数、其他财政支农资金（包括：村庄所在县 2016 年人均可得中央和省财政扶贫资金以及村庄是否享受到其他支农惠农政策）。

2SLS 估计结果表明在解决内生性问题后，无论是否加入近三年村内公共投资其他来源资金变量，财政奖补资金额的提升均会显著提高 2016 年农村居民人均纯收入水平。在不加入近三年村内公共投资其他来源资金变量条件下，近三年获得的财政奖补资金额每提高 1%，农村居民人均纯收入会随之提高 7.4%；在考虑到近三年村内公共投资其他来源资金的情况下，近三年获得的财政奖补资金额每提高 1%，农村居民人均纯收入会随之提高 8.5%。二阶段最小二乘法估计结果略高于普通最小二乘法估计结果，但总体差异不大，表明回归结果是稳健可信的。即财政奖补资金的提升确实能够有效地促进农村居民人均纯收入水平的提高。

接着对二阶段最小二乘法所选用的工具变量进行弱工具变量检验。第（1）和第（2）列回归的弱工具变量检验结果中 P 值分别为 0.001 和 0.000，均小于 0.01；F 值分别为 11.143 和 14.714，均大于 10，表明不存在弱工具变量问题①。

10.5.1.3 基于空间回归的财政奖补资金额的收入效应分析

考虑本章被解释变量农村居民人均纯收入在空间上可能并非随机分布而存在一定空间相关性（包括空间自相关和空间差异性），本部分使用一般空间计量模型“广义空间二段最小二乘法”（简记 GS2SLS）对原模型进行修正。为验证考虑空间影响效应后财政奖补制度的收入效应，依旧选用各个村

---

① 考虑到可能存在的“弱工具变量”问题，本文同时也计算了“有限信息最大似然估计值”（LIML），LIML 估计值一般受弱工具变量的影响较少。但回归结果表明，LIML 估计值和 2SLS 估计值没有明显差异，进一步验证了无弱工具变量问题。由于篇幅原因，LIML 估计结果未进行报告，感兴趣的可向作者索要。

庄2016年农村居民人均纯收入对数作为被解释变量，选用该村近三年获得财政奖补资金额的对数作为解释变量，并在模型中加入空间权重矩阵 W 表示空间影响效应。

本部分选择“广义空间二段最小二乘法”（简记GS2SLS）进行回归，表10-13汇报了全部的空间计量回归结果。表中第（1）列为不考虑近三年村内公共投资其他来源资金条件下的空间计量回归结果；第（2）列加入近三年村内公共投资其他来源资金作为控制变量；第（3）（4）列为考虑内生性问题后的空间计量回归结果。

从空间相关系数来看，空间自回归系数 λ 分别为0.821、0.835、0.692和0.830，均显著为正，说明一个村的农村居民人均纯收入水平显著受到相邻地区农村居民人均纯收入水平的影响。而空间误差系数 ρ 分别为－1.129、－1.156、－1.003和－1.131，均显著为负，说明除了文章考虑到的影响因素外，存在一些模型设定以外的对农村居民人均纯收入有影响的因素存在负向空间相关关系，比如村庄历史文化、人文环境等因素。

表10-13中四个模型中对近三年获得财政奖补资金系数的估计值均显著为正，说明在空间计量回归模型中近三年获得财政奖补资金变量对农村居民人均纯收入水平的增长起到促进作用。与普通最小二乘法和二阶段最小二乘法估计结果相比，四个模型中系数的估计值都出现不同程度的减小。这表明相邻地区间收入的相互影响也被包含在原有贡献中，原有回归高估了财政奖补资金额对农村居民人均纯收入的影响程度，只有剔除相邻地区之间的相互影响才能得到财政奖补资金的真实贡献值。

表10-13　财政奖补资金对农村居民人均纯收入的空间影响

变量名称	2016年农村居民人均纯收入			
	(1)	(2)	(3)	(4)
近三年获得财政奖补资金的对数	0.038***	0.037*	0.055***	0.043*
	(0.014)	(0.022)	(0.018)	(0.025)
近三年村内公共投资其他来源资金的对数①		−0.005		−0.005
		(0.029)		(0.031)

① 近三年村内公共投资其他来源资金的对数指的是，2014年、2015年、2016年用于村内公共产品建设的投资总金额减去财政奖补资金后的金额，包括村集体累计出资、村民筹资筹劳、社会捐赠以及其他支农资金。

（续）

变量名称	2016 年农村居民人均纯收入			
	(1)	(2)	(3)	(4)
常数项	1.294 (1.119)	1.080 (1.108)	2.383* (1.221)	1.227 (1.116)
空间自回归系数（λ）	0.821*** (0.118)	0.835*** (0.118)	0.692*** (0.131)	0.830*** (0.119)
空间误差系数（ρ）	−1.129*** (0.153)	−1.156*** (0.150)	−1.003*** (0.168)	−1.131*** (0.155)
其他控制变量	是	是	是	是
城市固定效应	是	是	是	是
观测值[①]	253[22]	253[22]	253[22]	253[22]

注：①*、**、***分别表示在 10%、5%、1%水平上显著。②括号中为标准误差。③本部分使用 GMM 来估计 SARAR 模型，并在实际回归时加入选择项“heteroskedastic”表示使用异方差稳健的标准误以解决异方差问题。④样本中的其他控制变量包括：全村在册总人口对数、外出务工人员比例、60 岁以上人口比例、是否是贫困村、人均耕地面积对数、村内是否有企业、村级公共产品建设项目类型、村级财务总收入对数、村委会到乡镇政府的距离对数、其他财政支农资金（包括：村庄所在县 2016 年人均可得中央和省财政扶贫资金以及村庄是否享受到其他支农惠农政策）。

综上所述，在估计制度变量对农村居民人均纯收入水平提高的贡献时，考虑到空间溢出效应能够提高模型估计的准确性，使得到的估计结果更加可信。综合考虑了内生性问题及空间溢出效应问题后的回归结果表明，近三年获得财政奖补资金额每提高 1%，农村居民人均纯收入可提高 4.3%。

10.5.2 财政奖补建设项目数对收入影响程度分析

10.5.2.1 财政奖补建设项目数对农村居民人均纯收入的影响

本部分利用辽宁省 271 个行政村实地调研数据，运用 OLS 法估计财政奖补建设项目数对农村居民人均收入的影响程度[②]。被解释变量为 2016 年农村居民人均纯收入对数，核心解释变量为近三年财政奖补建设项目数，财政奖补建设项目数对农村居民人均纯收入影响程度的回归结果如表 10 - 14 所示。

---

① 本文所用数据中包含 18 个孤岛样本村，故而观测值为 253。

② 由于篇幅原因，对本部分所有回归模型只汇报核心解释变量结果，其他变量的回归结果未列出，感兴趣的读者可向本文作者索要。

财政奖补建设项目数对农村居民人均纯收入影响程度的回归所得结果表明，无论是否加入近三年村内其他来源资金建设项目数变量，财政奖补建设项目数均会显著提高2016年农村居民人均纯收入水平。只加入近三年财政奖补建设项目数变量的回归结果表明，近三年获得财政奖补建设项目数每增加1项，农村居民人均纯收入会随之提高8.7%；在考虑到近三年村内其他来源资金建设项目数的情况下，近三年财政奖补建设项目数每增加1项，农村居民人均纯收入会随之提高8.3%。第（1）列和第（2）列回归结果差异不大，并且近三年获得财政奖补建设项目数的回归系数并不显著，可能的原因是相比于财政奖补建设项目数而言其他来源资金建设项目数较小。

表10-14　财政奖补项目数对农村居民人均纯收入的影响程度

变量名称	2016年农村居民人均纯收入对数	
	（1）	（2）
近三年财政奖补建设项目数	0.087** （0.037）	0.083** （0.038）
近三年村内其他来源资金建设项目数①		−0.040（0.090）
常数项	9.054*** （0.768）	9.044*** （0.775）
其他控制变量	是	是
城市固定效应	是	是
观测值	271	271
R平方项	0.386	0.387
调整后的R平方项	0.313	0.310

注：①*、**、***分别表示在10%、5%、1%水平上显著。②括号中为标准误差。③样本中的其他控制变量包括：全村在册总人口对数、外出务工人员比例、60岁以上人口比例、是否是贫困村、人均耕地面积对数、村内是否有企业、村级公共产品建设项目类型、村级财务总收入对数、村委会到乡镇政府的距离对数、其他财政支农资金（包括：村庄所在县2016年人均可得中央和省财政扶贫资金以及村庄是否享受到其他支农惠农政策）。

10.5.2.2　内生性问题解决

本部分选取同市其他村获得财政奖补建设项目数的平均值②为工具变量，使用二阶段最小二乘法（2SLS）回归以解决内生性问题。尽管前面不

① 近三年村内其他来源资金建设项目数指的是，2014年、2015年、2016年村内公共产品建设总项目数减去“一事一议”建设项目数，包括使用村集体累计出资、村民筹资筹劳、社会捐赠以及其他支农资金。

② 同市其他村获得“一事一议”财政奖补建设项目数的平均值＝同一城市中除本村外获得“一事一议”财政奖补建设项目数总和÷（该市样本村数量－1）。

论是否加入近三年村内其他来源资金建设项目数变量，结果都表明农村居民人均纯收入水平随着近三年获得财政奖补建设项目数的增加而提高，但是可能存在的内生性问题会使估计结果产生一定偏差。毕竟财政奖补项目建设是基于村民对村级公共产品自愿性供给基础上的，村民需要承担一部分项目建设费用。在这种情况下，人均纯收入较高的村可能更有参与"一事一议"项目投资的能力和意愿，而收入低的村则没有能力参与"一事一议"项目投资。因此为揭示研究对象之间的因果关系，本部分选择同市其他村获得财政奖补建设项目数的平均值为工具变量，使用二阶段最小二乘法进行回归。表10-15汇报了近三年财政奖补建设项目数对农村居民人均纯收入影响程度的2SLS估计结果。

结果表明在解决内生性问题后，无论是否加入近三年村内其他来源资金建设项目数变量，财政奖补项目数的获得均会显著提高2016年农村居民人均纯收入。在不加入近三年村内其他来源资金建设项目数变量条件下，近三年财政奖补建设项目数每增加1项，农村居民人均纯收入会随之提高9.4%；在考虑到近三年村内其他来源资金建设项目数的情况下，近三年财政奖补建设项目数每增加1项，农村居民人均纯收入会随之提高9.1%。二阶段最小二乘法估计结果略高于普通最小二乘法估计结果，但总体差异不大，表明回归结果是稳健可信的。即财政奖补建设项目数的增加确实能够有效地提高农村居民人均纯收入水平。

表10-15 财政奖补项目数对农村居民人均纯收入影响程度的2SLS估计结果

变量名称	2016年农村居民人均纯收入对数	
	(1)	(2)
近三年财政奖补建设项目数	0.094** (0.037)	0.091** (0.038)
近三年村内其他来源资金建设项目数①		−0.036 (0.085)
常数项	9.058*** (0.723)	9.048*** (0.729)
其他控制变量	是	是
城市固定效应	是	是
观测值	271	271

① 近三年村内其他来源资金建设项目数指的是，2014年、2015年、2016年村内公共产品建设总项目数减去"一事一议"建设项目数，包括使用村集体累计出资、村民筹资筹劳、社会捐赠以及其他支农资金。

（续）

变量名称		2016年农村居民人均纯收入对数	
		（1）	（2）
R平方项		0.386	0.387
调整后的R平方项		0.312	0.310
弱工具变量检验	F统计量	618.924	602.705
	P值	0.000	0.000

注：①*、**、***分别表示在10%、5%、1%水平上显著。②括号中为标准误差。③样本中的其他控制变量包括：全村在册总人口对数、外出务工人员比例、60岁以上人口比例、是否是贫困村、人均耕地面积对数、村内是否有企业、村级公共产品建设项目类型、村级财务总收入对数、村委会到乡镇政府的距离对数、其他财政支农资金（包括：村庄所在县2016年人均可得中央和省财政扶贫资金以及村庄是否享受到其他支农惠农政策）。

接着对二阶段最小二乘法所选用的工具变量进行弱工具变量检验。第（1）（2）两列回归的弱工具变量检验结果中P值均为0.000，均小于0.01；F值分别为618.924和602.705，均大于10，表明不存在弱工具变量问题[①]。

10.5.2.3 基于空间回归的财政奖补建设项目数的收入效应分析

考虑本章被解释变量农村居民人均纯收入在空间上可能并非随机分布而存在一定空间相关性（包括空间自相关和空间差异性），本部分使用一般空间计量模型“广义空间二段最小二乘法”（简记GS2SLS）对原模型进行修正。为验证考虑空间影响效应后财政奖补制度的收入效应，依旧选用各个村庄2016年农村居民人均纯收入对数作为被解释变量，选用该村近三年财政奖补建设项目数作为解释变量，并在模型中加入空间权重矩阵W表示空间影响效应。

本部分选择“广义空间二段最小二乘法”（简记GS2SLS）进行回归，表10-16汇报了全部的空间计量回归结果。表中第（1）列为不考虑近三年村内其他来源资金建设项目数条件下的空间计量回归结果；第（2）列加入近三年村内其他来源资金建设项目数作为控制变量；第（3）和第（4）列为

① 考虑到可能存在的“弱工具变量”问题，本文同时也计算了“有限信息最大似然估计值”（LIML）。LIML估计值一般受弱工具变量的影响较少。但回归结果表明，LIML估计值和2SLS估计值没有明显差异，进一步验证了无弱工具变量问题。由于篇幅原因，LIML估计结果未进行报告，感兴趣的可向作者索要。

考虑内生性问题后的空间计量回归结果。

表 10-16 财政奖补项目数对农村居民人均纯收入的空间影响

变量名称	2016 年农村居民人均纯收入			
	(1)	(2)	(3)	(4)
近三年财政奖补建设项目数	0.061** (0.027)	0.057** (0.027)	0.062** (0.028)	0.059** (0.029)
近三年村内其他来源资金建设项目数①		−0.050 (0.073)		−0.049 (0.074)
常数项	1.126 (1.124)	1.080 (1.104)	1.332 (1.151)	1.177 (1.118)
空间自回归系数（λ）	0.852*** (0.117)	0.857*** (0.114)	0.828*** (0.121)	0.845*** (0.116)
空间误差系数（ρ）	−1.156*** (0.153)	−1.161*** (0.151)	−1.133*** (0.156)	−1.150*** (0.152)
其他控制变量	是	是	是	是
城市固定效应	是	是	是	是
观测值②	253[29]	253[29]	253[29]	253[29]

注：①*、**、***分别表示在 10%、5%、1%水平上显著。②括号中为标准误差。③本部分使用 GMM 来估计 SARAR 模型，并在实际回归时加入选择项“heteroskedastic”表示使用异方差稳健的标准误以解决异方差问题。④样本中的其他控制变量包括：全村在册总人口对数、外出务工人员比例、60 岁以上人口比例、是否是贫困村、人均耕地面积对数、村内是否有企业、村级公共产品建设项目类型、村级财务总收入对数、村委会到乡镇政府的距离对数、其他财政支农资金（包括：村庄所在县 2016 年人均可得中央和省财政扶贫资金以及村庄是否享受到其他支农惠农政策）。

从空间相关系数来看，空间自回归系数 λ 分别为 0.852、0.857、0.828 和 0.845，均在 1%的显著水平下显著为正，说明一个村的农村居民人均纯收入水平显著受到相邻地区农村居民人均纯收入水平的影响。而空间误差系数 P 分别为−1.156、−1.161、−1.133 和−1.150，均在 1%的显著水平下显著为负，说明除了本章考虑到的影响因素外，存在一些模型设定以外的对农村居民人均纯收入有影响的因素存在负向空间相关关系，比如村庄历史

---

① 近三年村内其他来源资金建设项目数指的是，2014 年、2015 年、2016 年村内公共产品建设总项目数减去“一事一议”建设项目数，包括使用村集体累计出资、村民筹资筹劳、社会捐赠以及其他支农资金。

② 本文所用数据中包含 18 个孤岛样本村，故而观测值为 253。

文化、人文环境等因素。

表 10－16 中的四个模型中对近三年财政奖补建设项目数系数的估计值均显著为正，说明在空间计量回归模型中财政奖补建设项目数变量对农村居民人均纯收入水平的增长起到促进作用。与普通最小二乘法和二阶段最小二乘法估计结果相比，四个模型中系数的估计值都出现不同程度的减小。这表明相邻地区间收入的相互影响也被包含在原有贡献中，原有回归高估了财政奖补建设项目数对农村居民人均纯收入的影响程度，只有剔除相邻地区之间的相互影响才能得到财政奖补建设项目数的真实贡献值。

综上所述，在估计制度变量对农村居民人均纯收入水平提高的贡献时，考虑到空间溢出效应能够提高模型估计的准确性，使得到的估计结果更加可信。综合考虑了内生性问题及空间溢出效应问题后的回归结果表明，近三年财政奖补建设项目数每增加 1 项，农村居民人均纯收入可提高 5.9%。

10.5.3 本部分小结

本章节使用辽宁省 271 个行政村调研所得数据，使用 OLS 回归估计财政奖补资金及财政奖补建设项目数对农村居民人均纯收入水平的影响程度，并分别使用 2SLS 回归解决模型存在的内生性问题、使用空间计量回归模型解决空间相关性问题。在充分解决存在的内生性问题及空间相关性问题后的回归结果表明，近三年获得财政奖补资金额每提高 1%，农村居民人均纯收入提高 4.3%；近三年财政奖补建设项目数每增加 1 项，农村居民人均纯收入可提高 5.9%。

10.6 财政奖补制度实施对收入的长期影响效应

10.6.1 财政奖补制度实施的长期收入效应分析

10.6.1.1 财政奖补制度实施收入效应及其时间趋势的差分估计

为验证财政奖补制度实施的收入效应并考察该制度实施对农村居民人均纯收入影响在时间上的变化趋势，本部分使用“是否开始实施财政奖补制度”为主要解释变量研究制度实施的收入效应；使用“制度实施第 n 年（n=1～6）”为主要解释变量研究制度实施收入效应在时间上的变化趋势。

运用2003—2015年全国1 869个县域面板数据的差分估计结果如表10-17所示。

表10-17 财政奖补制度实施效果及其时间趋势的差分估计

变量名称	农村居民人均纯收入对数（平减后收入）			
	(1)	(2)	(3)	(4)
是否开始实施财政奖补制度（是=1，否=0）	0.678*** (128.44)	0.334*** (65.95)		
实施第一年（是=1，否=0）			0.017*** (3.07)	0.127*** (23.78)
实施第二年（是=1，否=0）				0.221*** (30.60)
实施第三年（是=1，否=0）				0.203*** (28.64)
实施第四年（是=1，否=0）				0.250*** (34.72)
实施第五年（是=1，否=0）				0.369*** (41.75)
实施第六年（是=1，否=0）				0.360*** (30.93)
常数项	7.869*** (822.14)	3.623*** (56.22)	4.108*** (60.75)	3.742*** (57.40)
其他控制变量	否	是	是	是
观测值	24 297	24 297	24 297	24 297
R平方项	0.522	0.823	0.783	0.815

注：①*、**、***分别表示在10%、5%、1%水平上显著。②括号中为t值。③样本中的其他控制变量包括：地方财政一般预算收入对数、常用耕地面积对数、第一产业总产值对数、第二产业总产值对数、第三产业总产值对数、城乡居民储蓄存款余额对数、年末金融机构各项贷款余额、农业机械总动力对数、农林牧渔从业人数对数、乡村总人口对数、粮食总产量对数、是否是贫困县，本章中的农村居民人均纯收入为平减至2002年消费水平下的农村居民人均纯收入。限于篇幅，这些变量前的系数没有汇报出。④控制变量中的地方财政一般预算、第一二三产业生产总值、城乡居民储蓄存款余额、年末金融机构各项贷款余额均利用居民消费价格指数折算成以2002年为基期的实际值。

表10-17的第（1）和（2）两列分别在不加入其他控制变量和加入其他控制变量的条件下，对财政奖补制度实施的收入效应进行验证；第（3）和（4）两列分别考察了财政奖补制度实施当年和财政奖补制度实施之后的

每一年对农村居民人均纯收入增长率的影响。第（1）列报告了 OLS 估计的参数估计值，结果表明在不控制其他变量的情况下，财政奖补制度的实施可使农村居民人均纯收入增长 67.8%。第（2）列汇报了添加一些社会经济控制变量后的参数估计结果，制度实施收入效应的估计值变为 0.334，即在控制了其他影响因素的条件下，财政奖补制度的实施可使农村居民人均纯收入提高 33.4%。

在第（3）列的模型设定中，县市仅在财政奖补制度实施的当年被视为接受了处理，财政奖补的影响与预期方向一致，但影响程度很小。第（4）列的回归结果表明，相对于没有实施财政奖补制度的县市，实施财政奖补制度的县市农村居民人均纯收入增长率总体上呈现出逐年上升的趋势。

总的来说，差分估计的实证结果表明财政奖补制度的实施对农村居民人均纯收入具有正向影响作用，且影响作用总体上呈现出逐年递增的趋势。

10.6.1.2 财政奖补制度实施收入效应及其时间趋势的双重差分估计

运用 2003—2015 年全国 1 869 个县域面板数据使用双重差分法估计财政奖补制度实施的收入效应及其时间趋势如表 10－18 所示。

表 10－18 财政奖补制度实施效果及其时间趋势的双重差分估计

变量名称	农村居民人均纯收入对数（平减后收入）			
	（1）	（2）	（3）	（4）
是否开始实施财政奖补制度（是＝1，否＝0）	0.679*** （132.76）	0.233*** （35.47）		
实施第一年（是＝1，否＝0）			－0.002 （－0.57）	0.074*** （17.07）
实施第二年（是＝1，否＝0）				0.148*** （21.69）
实施第三年（是＝1，否＝0）				0.129*** （20.50）
实施第四年（是＝1，否＝0）				0.169*** （26.09）
实施第五年（是＝1，否＝0）				0.258*** （31.03）
实施第六年（是＝1，否＝0）				0.249*** （22.68）

（续）

变量名称	农村居民人均纯收入对数（平减后收入）			
	(1)	(2)	(3)	(4)
常数项	7.869*** (296.07)	2.995*** (21.99)	3.375*** (20.87)	3.049*** (21.33)
其他控制变量	否	是	是	是
观测值	24 297	24 297	24 297	24 297
R 平方项	0.522	0.802	0.756	0.789

注：①*、**、***分别表示在10%、5%、1%水平上显著。②括号中为 t 值。③样本中的其他控制变量包括：地方财政一般预算收入对数、常用耕地面积对数、第一产业总产值对数、第二产业总产值对数、第三产业总产值对数、城乡居民储蓄存款余额对数、年末金融机构各项贷款余额、农业机械总动力对数、农林牧渔从业人数对数、乡村总人口对数、粮食总产量对数、是否是贫困县，本章中的农村居民人均纯收入为平减至2002年消费水平下的农村居民人均纯收入。限于篇幅，这些变量前的系数没有汇报出。④控制变量中的地方财政一般预算、第一二三产业生产总值、城乡居民储蓄存款余额、年末金融机构各项贷款余额均利用居民消费价格指数折算成以2002年为基期的实际值。

第（1）列结果表明在不控制其他影响因素的条件下，财政奖补制度的实施可使农村居民人均纯收入增长67.9%。第（2）列汇报了添加一些社会经济控制变量后的双重差分估计结果，制度实施收入效应的估计值变为0.233，即在控制了其他影响因素的条件下，财政奖补制度的实施可使农村居民人均纯收入提高23.3%。

为了考察财政奖补制度实施对农村居民人均纯收入影响在时间上的变化趋势，表10-18的第（3）（4）两列分别考察了财政奖补制度实施当年和财政奖补制度实施之后的每一年对农村居民人均纯收入的影响。在第（3）列的模型设定中，县市仅在财政奖补制度实施的当年被视为接受了处理，结果表明财政奖补制度的实施不会显著影响农村居民人均纯收入水平。第（4）列的回归结果表明，相对于没有实施财政奖补制度的县市，实施财政奖补制度的县市农村居民人均纯收入增长率总体上呈现出逐年上升的趋势。

总的来说，双重差分估计的实证结果表明财政奖补制度的实施对农村居民人均纯收入具有正向影响作用，且影响作用总体上呈现出逐年递增的趋势。

10.6.1.3 内生性问题解决

原回归模型设定的一个潜在问题是被解释变量“农村居民人均纯收入”

可能对解释变量“是否开始实施财政奖补制度”存在反向的影响，如果联立方程偏误存在，对财政奖补制度实施收入效应的系数估计就是不一致的。为了排除这一可能性，本部分将所有解释变量滞后1期，重新进行回归。这样做的逻辑是，当期的被解释变量不会对上期的解释变量产生影响，因为解释变量已经是前定的了。基于所有解释变量滞后一期的回归结果如表10-19所示。

表10-19 基于所有解释变量滞后一期的双重差分估计

变量名称	农村居民人均纯收入对数（平减后收入）			
	(1)	(2)	(3)	(4)
是否开始实施财政奖补制度（是=1，否=0）	0.690*** (133.16)	0.273*** (48.97)		
实施第一年（是=1，否=0）			0.052*** (9.65)	0.177*** (27.89)
实施第二年（是=1，否=0）				0.208*** (33.24)
实施第三年（是=1，否=0）				0.229*** (33.71)
实施第四年（是=1，否=0）				0.323*** (36.25)
实施第五年（是=1，否=0）				0.362*** (28.16)
实施第六年（是=1，否=0）				0.304*** (23.95)
常数项	7.915*** (298.04)	3.390*** (26.64)	3.875*** (24.44)	3.352*** (25.94)
其他控制变量	否	是	是	是
观测值	24 297	24 297	24 297	24 297
R平方项	0.521	0.805	0.752	0.802

注：①*、**、***分别表示在10%、5%、1%水平上显著。②括号中为t值。③样本中的其他滞后的控制变量包括：地方财政一般预算收入对数、常用耕地面积对数、第一产业总产值对数、第二产业总产值对数、第三产业总产值对数、城乡居民储蓄存款余额对数、年末金融机构各项贷款余额、农业机械总动力对数、农林牧渔从业人数对数、乡村总人口对数、粮食总产量对数、是否是贫困县，本章中的农村居民人均纯收入为平减至2002年消费水平下的农村居民人均纯收入。限于篇幅，这些变量前的系数没有汇报出。④控制变量中的地方财政一般预算、第一二三产业生产总值、城乡居民储蓄存款余额、年末金融机构各项贷款余额均利用居民消费价格指数折算成以2002年为基期的实际值。

解决内生性问题后的回归结果表明，在控制了其他影响因素的前提下，实施了财政奖补制度的县区农村居民人均纯收入比未实施的高出 27.3%；且政策实施效果基本上呈现出逐年递增的趋势。

基于所有解释变量滞后一期回归的结论与前文双重差分估计结果所得结论保持一致，说明原回归结果是稳健可信的。

10.6.2 稳健性检验

这一部分首先检验上述回归结果是否受到潜在异常值的影响，然后检验被解释变量在制度实施前的变化趋势，判断差异是否在财政奖补制度实施前就已存在，而不是由财政奖补制度实施所引发。

10.6.2.1 排除潜在异常值的影响

考虑到研究用到全国 1 869 个县 13 年的面板数据进行回归，可能存在个别县的发展水平显著高于其他县或显著低于其他县的情况，会使回归结果产生一定偏差。为观察被解释变量农村居民人均纯收入样本分布情况，绘制如图 10－3 所示的农村居民人均纯收入分布直方图。

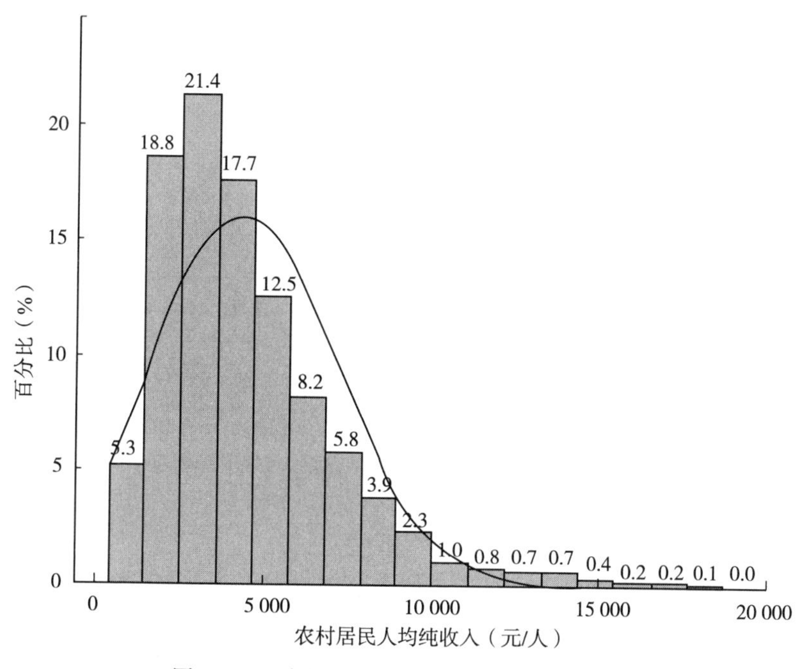

图 10－3 农村居民人均纯收入的分布直方图

由图 10－3 可以看出，被解释变量农村居民人均纯收入主要集中在 1 200 元到 10 000 元之间，但也存在一小部分收入值分布在这一范围之外。为了排除潜在异常值的影响，本部分进行了基于被解释变量 5%～95%分位点的回归，所得回归结果如表 10－20 所示。

表 10－20　基于被解释变量 5%～95%分位点回归的稳健性检验

变量名称	农村居民人均纯收入对数（平减后收入）			
	(1)	(2)	(3)	(4)
是否开始实施财政奖补制度（是＝1，否＝0）	0.591*** (164.17)	0.173*** (35.89)		
实施第一年（是＝1，否＝0）			0.008*** (2.92)	0.058*** (14.42)
实施第二年（是＝1，否＝0）				0.082*** (17.45)
实施第三年（是＝1，否＝0）				0.099*** (17.21)
实施第四年（是＝1，否＝0）				0.191*** (25.04)
实施第五年（是＝1，否＝0）				0.140*** (23.10)
实施第六年（是＝1，否＝0）				0.163*** (25.25)
常数项	7.921*** (304.39)	3.185*** (22.15)	3.497*** (21.69)	3.222*** (21.38)
其他控制变量	否	是	是	是
观测值	21 869	21 869	21 869	21 869
R 平方项	0.488	0.774	0.721	0.752

注：① *、**、*** 分别表示在 10%、5%、1%水平上显著。②括号中为 t 值。③样本中的其他控制变量包括：地方财政一般预算收入对数、常用耕地面积对数、第一产业总产值对数、第二产业总产值对数、第三产业总产值对数、城乡居民储蓄存款余额对数、年末金融机构各项贷款余额、农业机械总动力对数、农林牧渔从业人数对数、乡村总人口对数、粮食总产量对数、是否是贫困县，本章中的农村居民人均纯收入为平减至 2002 年消费水平下的农村居民人均纯收入，控制变量中的地方财政一般预算、第一二三产业生产总值、城乡居民储蓄存款余额、年末金融机构各项贷款余额均利用居民消费价格指数折算成以 2002 年为基期的实际值。限于篇幅，这些变量前的系数没有汇报。

由表 10－20 可见，在控制了其他影响因素的前提下，实施了财政奖补制度的县市农村居民人均纯收入比未实施的高出 17.3%；且政策实施效果基本上呈现出逐年递增的趋势。基于被解释变量 5%～95%分位点回归的结论与前文基本回归结论保持一致，说明原回归结果是稳健可信的。

10.6.2.2 被解释变量在制度实施前的变化趋势检验

对财政奖补制度实施收入效应系数一致估计的另一威胁是本研究关心的被解释变量农村居民人均纯收入在制度实施前的处理组与控制组中就存在系统性差异。从而导致回归估计得到的所谓财政奖补制度实施的收入效应并不是由于制度实施所带来的，而是由事前差异所引发的。本部分系统地检查关键变量在制度实施前的变化趋势，以考察这一论断是否对前文的实证结果构成挑战。

表 10-21 给出了财政奖补制度实施前农村居民人均纯收入变化趋势检验。其基本思想是：首先，取财政奖补制度实施前的一段时间窗口；其次，定义表示财政奖补试点县的虚拟变量；最后，控制其他因素的影响（其他影响因素包括：地方财政一般预算收入对数、常用耕地面积对数、第一产业总产值对数、第二产业总产值对数、第三产业总产值对数、城乡居民储蓄存款余额对数、年末金融机构各项贷款余额、农业机械总动力对数、农林牧渔从业人数对数、乡村总人口对数、粮食总产量对数、是否是贫困县），检验被解释变量在这一时间窗口中是否显著，即对于本研究的被解释变量农村居民人均纯收入而言，财政奖补试点县与非试点县在制度实施前并不存在系统性的差异。具体做法如下所示：

表 10-21 中，“2008 年试点县”的定义为如果一个县是从 2008 年开始试点实施财政奖补制度的，那么该变量取值为 1，否则该变量取值为 0；“2009 年试点县”的定义为如果一个县是从 2009 年开始试点实施财政奖补制度的，那么该变量取值为 1，否则该变量取值为 0；“2010 年试点县”的定义为如果一个县是从 2010 年开始试点实施财政奖补制度的，那么该变量取值为 1，否则该变量取值为 0；“2011 年试点县”的定义为如果一个县是从 2011 年开始试点实施财政奖补制度的，那么该变量取值为 1，否则该变量取值为 0。回归模型中除了控制表中所列变量外，还控制该县地方财政一般预算收入对数、常用耕地面积对数、第一产业总产值对数、第二产业总产值对数、第三产业总产值对数、城乡居民储蓄存款余额对数、年末金融机构各项贷款余额、农业机械总动力对数、农林牧渔从业人数对数、乡村总人口对数、粮食总产量对数、是否是贫困县以及省份虚拟变量。

由于财政奖补制度从2008年开始在黑龙江、河北、云南三省进行试点，故而本部分制度实施前的时间窗口取为2003—2007年。制度实施前农村居民人均纯收入变化趋势检验结果如表10-21所示：

表10-21　制度实施前农村居民人均纯收入变化趋势检验

变量名称	农村居民人均纯收入对数（平减后收入）				
	(1)	(2)	(3)	(4)	(5)
2008年试点县 (是=1，否=0)	0.023 (1.35)				0.031 (1.48)
2009年试点县 (是=1，否=0)		0.006 (0.60)			0.014 (0.82)
2010年试点县 (是=1，否=0)			−0.003 (−0.30)		0.007 (0.44)
2011年试点县 (是=1，否=0)				−0.011 (−0.66)	0.000 (.)
常数项	2.236*** (15.82)	2.256*** (15.98)	2.256*** (16.01)	2.260*** (15.93)	2.229*** (15.91)
其他控制变量	是	是	是	是	是
观测值	9 345	9 345	9 345	9 345	9 345
R平方项	0.896	0.896	0.896	0.896	0.896

注：①*、**、***分别表示在10%、5%、1%水平上显著。②括号中为t值。③样本中的其他控制变量包括：地方财政一般预算收入对数、常用耕地面积对数、第一产业总产值对数、第二产业总产值对数、第三产业总产值对数、城乡居民储蓄存款余额对数、年末金融机构各项贷款余额、农业机械总动力对数、农林牧渔从业人数对数、乡村总人口对数、粮食总产量对数、是否是贫困县，本章中的农村居民人均纯收入为平减至2002年消费水平下的农村居民人均纯收入，控制变量中的地方财政一般预算、第一二三产业生产总值、城乡居民储蓄存款余额、年末金融机构各项贷款余额均利用居民消费价格指数折算成以2002年为基期的实际值。限于篇幅，这些变量前的系数没有汇报。

由表10-21可见，变量"2008年试点县""2009年试点县""2010年试点县"以及"2011年试点县"均不显著，即对于就本研究关注的被解释变量农村居民人均纯收入而言，试点县与非试点县在财政奖补制度实施之前并不存在系统性的差异。前文研究发现的财政奖补制度实施的收入效应确实存在，而不是由试点县与非试点县事前的系统性差异所致。

10.6.3　本部分小结

本章节使用2002—2015年全国1 869个县的县域面板数据运用双重差分模型估计"一事一议"财政奖补制度实施的收入效应及其影响的长期作用

趋势。在解决内生性问题后的回归结果表明，“一事一议”财政奖补制度实施能够显著提高农村居民收入水平，并且这种影响作用在总体上呈现出逐年递增的趋势。

基于被解释变量5%～95%分位点的双重差分回归结果与全部样本双重差分回归结果所得结论相一致，说明回归结果是稳健可信的。最后取“一事一议”财政奖补制度实施前的一段时间窗口（2003—2007）检验被解释变量农村居民人均纯收入在制度实施前是否存在系统性差异。回归结果表明农村居民人均纯收入在制度实施前不存在系统性差异，即“一事一议”财政奖补制度的收入效应确实存在，而不是由于试点县与非试点县在制度实施前的系统性差异所致。

综上所述，“一事一议”财政奖补制度作为村级公共产品供给基本制度，能够显著提高农村居民收入水平，并且制度实施对农村居民收入水平的影响具有长期作用趋势。

10.7 结论与政策建议

（1）结论。本章就财政奖补制度实施对农村居民人均纯收入水平的影响进行了分析。首先，对辽宁省样本村调研数据及全国县域面板数据进行描述性分析，掌握财政奖补制度在辽宁省实施状况及其在全国推广情况，了解农村居民人均纯收入水平和其他经济指标发展情况。其次，运用对辽宁省271个行政村村干部的调研数据，验证财政奖补制度实施对农村居民人均纯收入的短期促进作用，并探索村内道路硬化程度在其中所起的中介效应。然后，运用271个行政村调研数据估计财政奖补资金金额、财政奖补建设项目数对农村居民收入水平的影响程度。最后，运用2002—2015年全国1 869个县的面板数据，验证财政奖补制度的实施对提高农村居民人均纯收入水平具有长期稳定的影响作用。具体而言：

第一，使用辽宁省271个行政村调研数据验证了在短期内财政奖补制度的实施可提高农村居民人均纯收入水平。财政奖补资金的获得可使农村居民人均纯收入提高19.1%，解决可能存在的内生性问题后，这种正向的影响作用依然存在，并且村内道路硬化程度在其中发挥一定的中介效应。

第二，实证分析结果表明，农村居民人均纯收入水平由于在空间上并非随机分布而存在一定的空间相关性。运用空间计量回归模型剔除相邻地区之间的相互影响后的回归结果表明，财政奖补资金的获得可使农村居民人均纯收入提高 16.6%，不考虑空间相关性问题会过高估计“一事一议”财政奖补制度对农村居民收入水平的影响。

第三，进一步分析财政奖补制度对农村居民收入水平的影响程度发现，在充分解决存在的内生性问题及空间相关性问题后，近三年获得财政奖补资金额每提高 1%，农村居民人均纯收入提高 4.3%；近三年财政奖补建设项目数每增加 1 项，农村居民人均纯收入可提高 5.9%。

第四，使用 2002—2015 年全国 1 869 个县的面板数据验证出财政奖补制度实施对农村居民人均纯收入具有显著的正向影响作用，并且这种影响作用在总体上呈现出逐年递增的趋势。

（2）政策建议。本章着重从“一事一议”财政奖补制度实施后对农村居民人均纯收入的影响来分析财政奖补制度实施绩效，以期完善财政奖补制度绩效评价体系。针对以上的研究结论，本章得到如下相应的政策建议。

“一事一议”财政奖补制度作为我国现行村级公共产品供给基本制度，在政府提供财政奖补支持的条件下能够带动村民参与村级公共产品供给，进而提高农村居民收入水平。因此在可用于村级公共产品投资的财政资金有限的条件下，政府应高度重视财政奖补制度在村级公共产品供给中的作用，引导、鼓励农民参与投资。

在乡村振兴背景下，国家加大了对农村的投资力度，各级政府在对农村公共产品供给进行规划时，不能只重视对农村教育、医疗等的投资，还应该多关注农民身边村级公共产品供给状况。例如，不能只重视农村主干道建设，还应将村内道路硬化纳入规划范围内，并根据各村农户的具体需求表达对村内基础设施提供适当补助。

在使用县域面板数据的分析结果表明，“一事一议”财政奖补对农村居民人均纯收入水平具有显著的正向影响作用并且具有长期的影响趋势。在“一事一议”财政奖补实施过程中应注意制度实施的持续性和连贯性，以保证村级公共产品长期持续有效的供给，进而保障农村居民收入水平持续增长。

第四篇

村级公共服务供给国内外经验借鉴

第十一章　生产性村级公共产品服务供给经验借鉴
——以财政支持小型农田水利建设为例

农田水利是农民抗御自然灾害、改善农业生产条件的基础设施，关系到水资源优化配置和节约利用，关系到国家的粮食安全。小型农田水利设施分布在田间地头，其运行效率的好坏直接影响着农作物的收成和水资源的使用效率。在取消农业税以后，村级财政匮乏，青壮年劳动力大量外流，农民自身筹集资金能力较弱，完全依靠农民建设小型农田水利设施已不现实，加大财政支持力度势在必行，发达国家在财政支持小型农田水利设施建设中取得的经验值得我们借鉴。

11.1　小型农田水利建设国外模式的描述

11.1.1　投资政策

（1）投资主体。国外农村小型农田水利设施的投资主体主要是地方政府。比如加拿大对于农村小型水利设施的财政支持主要体现在综合开发和多方投资，加拿大对大江大河的治理和开发一般是对流域进行全面规划，充分发挥水资源的综合效益。美国通过政府投入和市场融资相结合的方式进行农田水利建设，其中政府投资占据较大比重。农业灌溉骨干工程、农村供水工程一般是联邦政府赠款占半数，其余的部分由地方负责，地方负责部分通常是税收支出或政府担保优惠贷款。日本的水利资金投资主体是中央政府、地方政府、农民和项目业主。针对投资项目的公益性和非公益性，投资主体也有所不同。中央政府和地方政府仅对水利公益事业进行大量投入，而非公益事业的水利项目由项目业主负担，政府提供一定的补助。欧盟依据小型农田水利设施项目的不同性质给予不同的补贴力度，属于公共产品性质的项目给予的补贴力度较大，最高补贴可达项目预算的 80%；属于私人性质的节水和灌溉设备补贴率为 25%～40%。

（2）建设成本分担。国外农村小型水利设施的成本一般由国家、地方政府和用水户分摊。比如美国灌溉设施建设的资金来源主要来自政府安排的灌溉基金和向农场主收取的水费，灌溉公司则相当于商业性的营利组织。加拿大则在项目的设计和建设阶段，结合项目的实际需要和所要达到的主要目标来分摊相应的成本费用，其费用主要由地方政府和用水户共同分担。日本人多地少，以中小型项目为主，相比政府直接投资大型项目，在中小型项目上，政府主要是提供资金支持。其农村小型水利设施工程的管理费用，是由国家、地方政府和农民共同负担，但随着工程隶属关系的不同，各方负担比例不同。印度的灌溉工程的资金来源主要是政府拨款，对小型灌溉工程政府承担三分之一的投资责任，中央政府和地方政府拨款所占比例为 1∶6 左右，一般不需偿还，对运用喷灌和滴灌等节水类技术的小型项目，政府还给予 25%～50%的补助。泰国的水利建设资金来自政府拨款、外资和农民所承担的 20%的农村小型水利工程费用和部分维护费用。

11.1.2 融资政策

（1）小型农田水利设施建设的融资政策。国外小型农田水利设施建设的融资渠道主要为政府补助，但财政直接补助小型农田水利设施的情况较少，而较多国家采用将财政资金市场化，如通过政府发放债券、政府贷款、提供优惠的金融政策等方式，实现了财政对小型农田水利设施建设的支持。比如美国的农业水资源开发资金来源主要是地方政府和农民自筹，由于工程规模不断增大和社会经济不景气，联邦政府逐步负担起较大的责任。形成了由政府、企业和社会组织共同参与的多元化融资体系，基本形成了“谁受益、谁负担”的投融资原则。不仅有各种政府担保的贷款、债券和建设基金，还包括政府政策支持下的税收优惠、利率补贴、个人和社会的赠款等。

日本人多地少，以中小型水利设施项目为主。政府对大型项目直接投资，对中小型项目以资金资助为主。融资渠道主要有：各级政府财政拨款、向银行贷款、向社会发行债券、自筹和接受捐赠款项等。如，对受益农户无力支付承担的小部分投入，可向政府设立的政策性金融机构“农村渔业金融金库”贷款，年息2%至3.8%，25年分期还清。泰国在农田水利建设的资金方面吸纳了外资，且外资的占比不容小视，是泰国水利建设的重要资金来源。泰国政府不仅对获得的外资进行统一管理，还对相关资助项目承担总投资额50%的配套资金。

（2）小型农田水利设施管理的融资政策。国外小型农田水利设施建成后的管理与维修资金来源并不相同。有的国家小型农田水利设施的维修资金来自地方政府的补助，如美国小型农田水利设施在使用期限内，运行管理费用由地方政府支付，对于水利工程的折旧费实施严格提取，并专门用于水利项目的更新改造和再投资。有的国家小型农田水利设施的维修资金来自用水户，如加拿大、澳大利亚对于农村小型水利设施的项目建成后，建设管理机构要求用户支付运行和维修的费用，但有的地方政府会对运行和维修费用给予一定的补贴。还有的国家小型农田水利设施的维修资金来自政府和农户的分摊，如日本的小型农田水利设施运行中管理费用一半以上（50%～80%）来自国家和地方政府，农民则负担其余部分（20%～50%）。泰国关于水利设施维修费用比例也有明确规定：5 000泰铢以下的维修费用由农民全额承担；5 000～150 000泰铢的维修费用由农民承担20%；150 000泰铢以上的由政府全额承担。

11.1.3　管理政策

（1）参与式灌溉管理。国外小型农田水利设施建设的管理主要采用参与式灌溉管理模式，该模式是世界范围内灌溉管理体制和经营机制的一项重大改革，是指以农民用水户协会为依托，让农民参与农田水利工程的建立、维护、保养及管理，将政府的管理职能下放授权给用水户协会的一种管理制度。参与式灌溉管理模式主要适用于面积不超过500公顷的小型灌区或小型农田水利设施。自产生以来在许多国家积极采用并产生了积极的影响。如印度政府将深井转让给农民集体管理，由他们自己选举领导管理灌溉系统和征收水费。印度尼西亚则从1989年开始，先以150公顷以下的灌溉系统作为此模式的试点，逐步将500公顷以下的灌溉系统转让给用水户协会维护管理。法国已有超过30%的农田采取了这种管理模式，每个用水户协会平均有75个成员和250公顷农田。墨西哥三分之二的灌区由用水户协会管理，负责灌溉设施的运行和维护，经费主要通过向成员收取会费，部分来自政府补贴。该管理模式虽然表面上将原本由政府承担的管理费用转移给农民，但与此同时，降低了农民交纳的税费，实质上并没有增加农民的负担，反而还会在参与灌溉管理的过程中获得一定收益。不仅有效改善了小型农田水利设施老化、成本回收不足、灌区服务质量下降、灌溉面积减少等问题，而且显著提高了农户的参与度和满意度、降低灌溉成本、减轻政府财政负担，使水资源分配制度更加公平。

（2）用水者协会是参与式灌溉管理的主要组织形式。用水者协会一般具有独立的法人地位，主要职责是接收政府移交的灌排管权利和责任，具体参与灌区规划、施工建设、运行维护等方面的事务，从主渠道买水，向用水户收取水费，协调渠域内的用水矛盾。多数国家的用水协会被定位非营利性组织，但美国等国家的灌溉协会或者灌溉供水公司被定位于“自负盈亏，保本运行”，他们向农场提供灌溉用水。

（3）水利设施产权明晰。为了提高农民积极性、鼓励农民投资农村水利设施建设，国外保障私人建立的农村水利设施的所有者的权利。在美国，只要农民提出修建水利设施的申请，联邦政府将会提供必需的长期无息贷款或低息贷款，偿还期限为40～50年，年利率仅为3%，农民在还清全部贷款后，最终改水利设施的产权归农民所有。这样既提高了农民兴建水利工程的积极性，又促使农民自觉参与水利工程的管理，建立起良性的农村水利设施使用及管理机制。

（4）农业用水价格优惠政策。许多国家的农业用水采取市场制的水价政策，在完全收回成本的前提下，其用水不以营利为目的，实行累进制水价。普遍实行价格优惠政策，农业用水的水价远低于生活、城市和工业用水。即使是在像美国、以色列这样的灌溉系统高度发达的国家，其灌溉用水的价格也远低于其他用水的价格。例如，美国根据供水工程的级别以及供水机构的资金来源，实行累进制水价。供水单位为非营利性质，灌溉供水不收取利润；政府管理的灌区所收水费，只用于工程维护和运行开支；开支后的结余可接转下年用于工程维护，而不能用于绩效奖金等，以保持事业性水利管理单位的廉洁、高效。

11.1.4　法律保障

（1）专门保障农田水利建设的法律。以色列在1959年颁布了《水法》，该法操作性很强，在供水及供水收费管理等方面都做出了明确规定。以色列还成立了水委会具体负责该法的实施，法律规定水资源是公共财产，私人不得拥有。1962年颁布了《地方管理机构（废水）法》，1965年颁布了《河流和泉水管理机构法》，1991年颁布了《水污染防治条例》等，将水资源的开采、供应、消费、地下回灌、水处理等活动都纳入其法律体系。此外，法律和规章制度还根据相应的行政安排明确了业务主管部门，保障法律和条例得到切实地执行。美国1902年的《垦务行动法》，美国垦务局在修建水利设施之前就要与买方（农民）签订合同，促使垦务局必须研究和做出关于后期管理和维护的有效方法和计划，以利于农民参与灌区管理。日本从1949年起陆续制定了《治山治水紧急措施法》《水资源开发促进法》《河川法》等诸多治水的法律。在组织管理方面，日本在管理体制上采用“多龙治水，多龙管水”的模式，水资源开发管理分别由国土厅、建设省、农林水产省、通商产业省、厚生省按政府赋予的职能进行管理。同时立法保证资金投入，以立法的形式规定财政对农田水利的投资，确保了资金投入的相对稳定性。

（2）明确界定各级财政投资范围。美国由垦务局组织兴建水源及渠系等公共灌排设施，由政府负担灌区的防洪、生态等公益性建设投资及运行管理费。考虑当地所有居民间接从农业发展中受益，通常采取从水力发电或城市供水的收益中“以工补农”；日本对经法定程序审批的农田水利基建项目，按照规模大小采取不同的财政补助方式，一般工程规模越大中央补助越多，中型灌区中央财政补助达到75%。建成后的人员工资、日常管理、维护等工程运行管理费，大部分也由各级财政负担。

11.2　小型农田水利设施建设的中外比较与分析

在以上总结分析的基础上，我们将当前我国小型农田水利设施建设问题产生的背景、条件及现状与国外相对比，试图找出两者之间的差距与区别，为合理确定我国小型农田水利设施建设的财政支持模式，促进农村水利设施建设问题的合理解决提供突破口。

在我国小型农田水利设施主要指灌溉面积小于 1 万亩（0.067 万公顷）、除涝面积小于 3 万亩（0.2 万公顷）、库容小于 10 万立方米、渠道流量在 1 立方米/秒以下的用于农业生产的水利工程，其实物表现形式主要包括符合上述标准的水库、机井、提灌站、排涝站、水塘、水渠等。从新中国成立以来，我国在小型农田水利设施建设的政策大致可以划分为三个阶段：新中国成立后到 1977 年为政府集中供给阶段；1978 年到 1992 年为政府与农户合作供给阶段，实行责任制，追求经济效益的最大化；1993 年至今为多元供给主体合作供给阶段。

表 11-1 我国不同时期小型农田水利设施建设的政策比较

	投入政策	融资政策	管理政策
政府集中供给	（1）以工代赈 （2）民办公助 （3）三主方针	政府提供资金	（1）临时组织管理 （2）集体组织管理 （3）集体组织管理向民间管理模式转移
政府与农户合作供给	劳动积累工制度	政府与农户分摊建设资金	无序管理模式
多元供给主体合作供给	（1）社会资源投入 （2）“民办公助”投入机制	政府、农民、社会资本联合供给	（1）用水者协会管理 （2）“一事一议”管理

从表 11-1 可以看出，我国在不同时期小型农田水利设施的供给模式并不相同，这与我国社会经济的发展、农业现代化的程度以及农村经营制度的变化有关。与国外相比，我国现阶段小型农田水利设施的供给模式还有待进一步完善。小型农田水利设施具有公益性，地方政府应成为供给的主体。由于不同类型的小型农田水利设施产权改革程度不同，一般来讲，水库的盈利能力较强，市场化程度较高，社会资源介入较多，实行产权制度的改革就较彻底；但是，排涝站、水渠等设施盈利能力差，基本没有社会资源介入，很难进行产权制度改革。因此，地方政府应成为小型农田水利设施的供给主体。从筹资模式上看，我国现行的小型农田水利设施的筹资模式是政府、农

民、社会资本共同分担，但是，与发达国家相比，这种筹资模式既没有法律上的保障，又没有各自承担比例的规定，随意性较强。从管理模式上看，我国现行的小型农田水利设施依靠用水者协会和“一事一议”管理制度。从目前实施的状况来看，这两种制度都存在一定的弊端。许多学者的研究表明用水者协会对于小型农田水利设施供给的积极性不高，“一事一议”制度存在着“有事难议、议事难决、决事难行”的问题。因此，结合我国的基本国情和国外的成功经验，完善我国小型农田水利设施的管理制度是非常必要的。

11.3　进一步发展我国小型农田水利设施建设的对策建议

（1）对小型农田水利设施建设资金和管护资金的来源应由明确的法律保障。应尽快出台国家层面的《农田水利法》，对我国小型农田水利设施的投资机制、融资机制、建设和管护机制等做出明确的规定。

（2）小型农田水利设施的投资主体应为地方政府，中央、地方和农户各分担一部分建设费用，其中地方政府应承担大部分建设费用。小型农田水利设施的建设应实行由国务院领导、省级人民政府统筹、县级人民政府为主规划实施的管理体制。以县为单位开展小型农田水利建设，实现小型农田水利工程由分散投入转向集中投入，实现以地方政府投资为主体的小型农田水利设施建设。同时，应进一步创新小型农田水利设施管理的融资机制，通过财政奖补、优惠贷款、财政贴息等方式，引导、带动社会资金加大对小型农田水利设施建设的投入。

（3）小型农田水利设施建成后的管理与维修费用应由地方政府与农户共同分担。对于有困难的农户可以采取贷款等方式给予一定的资金支持。针对小型农田水利设施管护中出现的“国家管不到、集体管不好、农民管不了”问题，应在界定小型农田水利设施产权的基础上，按照“谁投资、谁所有、谁管理”的原则，落实管护责任主体。特别要发挥农民用水合作组织的作用，建立群管为主、专管为辅、专群结合的新型小型农田水利设施管理体系。

（4）完善参与式灌溉管理的制度。进一步完善“一事一议”筹资筹劳制度，加大对小型农田水利设施建设的奖补力度，通过以奖代补、先干后补等多种方式，引导农民群众自愿投工投劳兴修水利。在小型农田水利设施建设过程中应建立以农民投劳为主、地方政府投资为辅的“一事一议”筹资筹劳制度，充分发挥农民在建设小型农田水利设施过程中的主观能动性，充分参与到小型农田水利设施的决策与建设过程中。

（5）利用水价机制调动农民积极性。受传统思想和水资源公共资源属性的影响，农民往往只意识到水资源是大自然的产物，对其经济属性和资源属性认识不足，这也是影响农民参与农村水利设施建设积极性的一个重要因素。因此，应明晰水资源的产权，尤其是私人兴建的农田水利设施，制定灵活的水资源定价机制，发挥市场的调节作用，利用经济杠杆的调节功能，激发农民的自主节水意识，提高农民对农村水利工程的参与度，最终增加农民对农村水利建设的投入。

第十二章 生活性村级公共产品服务供给经验借鉴

村容整洁是社会主义新农村建设的重要组成部分，是展现农村新貌的窗口、实现人与环境和谐发展的必然要求。而在我国城乡二元结构体制之下，农村地区除承担本地区所产生的生活垃圾还消纳着大量的城市垃圾，城乡生活污染治理供给制度的差异性更加剧了农村生活环境整治的压力。同时，一方面由于农村税费改革后，村级财政匮乏，青壮年劳动力大量外流，农民自身筹集资金的能力较弱，导致农村地区公共产品及基础设施供给滞后，农民的环境保护意识较弱；另一方面，适合于农村地区的环境治理技术及管理相对空白，随着城市环境保护管理体系的日益完善，农村生活环境问题也备受关注。国外及我国部分地区一些地方政府对此也推出了管理措施，所取得的经验值得我们借鉴。本章主要从农村生活垃圾、污水、厕所及粪便三方面的村级公共服务展开论述。

12.1 农村生活垃圾的处理

12.1.1 国内农村生活垃圾的处理概述及经验借鉴

12.1.1.1 国内农村生活垃圾的处理概述

市场经济改变了农民的传统生活习惯，却没有改变农民随意倾倒垃圾、随地吐痰等不良习惯。随着农村私生活垃圾由过去易腐烂的菜叶、果皮等发展到塑料、金属、废电池等不可降解物质，切实加大农村环境保护力度，加快解决农村突出的生活垃圾污染问题，对于全面推动生态文明建设具有重要意义。

目前对农村生活垃圾的处理方式主要有三种。一是无序处理，即农村生活垃圾的处理处于“无序”状态；二是城乡一体化的处理，即把城市生活垃圾处理模式向农村延伸，对农村生活垃圾实行“统一管理、集中清运、定点处理”的方式；三是农村生活垃圾的三化处理方式，即减量化、资源化、无害化处理，但目前在很多地区推行的农村生活垃圾长效处理机制中涉及的往往只是垃圾的无害化处理，在生活垃圾的减量化、资源化方面涉及较少。本章将选取典型地区为案例，探讨我国现行农村生活垃圾处理方式。

12.1.1.2 国内农村生活垃圾的处理经验借鉴

（1）高岗模式。四川省雅安市名山区解放乡高岗村在农村人居环境治理中积极探索垃圾治理有效路径，于 2019 年 12 月 24 日列入全国乡村治理示范村。首创“组织引领、群众参与；垃圾分类、源头减量；健全制度、现代管理”为核心的“高岗模式”，系统性解决了乡村垃圾处理难、面源污染大的突出难题，依靠农民全方位主动参与实现了乡村人居环境从“脏、乱、差”到“净、畅、丽”的重大转变，对于实现“生态宜居”和推进美丽乡村建设具有十分重要的借鉴和推广价值。为治理乡村环境，高岗村做了如下探索：

一是以组织带动为引领，发挥群众主体作用。其一，突出问题导向。针对群众反映强烈的垃圾池臭气熏天、垃圾外溢二次污染等突出问题，在广泛征求群众意见建议基础上，拆除所有“垃圾池”，倒逼农村垃圾治理。其二，突出宣传引领。制作通俗易懂的宣传图册，组织干部党员等以院坝会等形式进组入户宣传垃圾分类知识，有效提升群众的环保理念和垃圾自主分类意识。其三，突出权利强化。在充分讨论基础上，制定了每户每年缴纳 100 元垃圾清运费及专款专用的相关制度，每年坚持收支全面公示，村民对垃圾清运资金使用的监督权利意识明显增强。

二是以源头减量为核心，创新垃圾分类机制。其一，实行“三分类”归类。将垃圾划分为可回收利用、不可回收且需深埋做无害化处理、不可回收但无须做无害化处理三类。其二，实行“三分类”处理。针对第一类垃圾，集中进行回收再利用；对第二类垃圾进行深埋、做无害化处理；第三类垃圾必须放入指定垃圾收集袋，由清运员定时定点清运。其三，实行“日清扫、周清运”服务。农户于每周日将不可回收垃圾放入垃圾收集袋，由清运员到户收集，统一运往指定地点进行集中处理。

三是以常态管理为基础，建立长效监督制度。其一，建章立制。高岗村将垃圾分类制度纳入“村规民约”，将门前“五包”落实到户，实现监管网格化。其二，考核激励。按月度、季度、年度开展“爱美二七”“洁美家庭”“生态文明户”创建活动，将结果全村公示并发放奖品，有效激励群众自觉主动参与村庄环境治理。其三，常态监督。采取“三位一体”常态化监督管理，由农户监督清运员按时清运，村“两委”监督农户持之以恒养成垃圾分类好习惯，垃圾清运员监督农户是否按规定对垃圾进行分类。

“高岗模式”是依靠农村内生力量主导优化乡村公共服务供给的成功范例。其以垃圾分类清运为突破口，在“制度设计、组织引领、激励构建、农民参与、政策支持”五个重要方面上进行了创新性制度探索：

一是以可行制度设计奠定改革基础。高岗村人居环境治理制度创新包括：其一，将标准简易化。基于农村现实基础和对生活垃圾分类后直接利用的客观需求，高岗村对垃圾分类标准进行有效简化，建立适合于乡村推广的垃圾“三分类”标准和“日清扫、周清运”制度。其二，将标准制度化。高岗村将人居环境治理纳入“村规民约”，重塑有内在约束力的乡村制度规范，为乡村人居环境整治的顺利推行奠定良好制度基础。

二是以强化组织引领减少改革阻力。村民垃圾分类习惯的养成需要一个渐进过程，必须有效地加以引导和示范。高岗村充分发挥村组党员干部的先锋模范作用，有效减少改革阻力。其一，强化村级组织在公共事务决议中的引领作用。村“两委”将垃圾处理问题作为全村重要民生工程，多次召开会议讨论和决议，促进村民形成共同意志。其二，强化村组干部在人居环境治理中的示范作用。村组干部亲自动手分垃圾、上门收垃圾，通过以身作则践行垃圾分类制度，有效减少了工作推进中的各种矛盾，发挥引领示范作用。

三是以多元激励机制化解瓶颈矛盾。高岗村强化集体性参与激励，通过组织实施多类评比活动，构建精神激励和物质激励相结合的多元激励机制，有效改变了环境治理只能靠政府的路径依赖，激发村民参与意识和环保意识，增进了社区归属感和家庭荣誉感，促进了人居环境长效治理。

四是以自主充分参与激发内生动力。全方位构建农民自主参与机制，是高岗模式最重要的制度特征和创新价值所在。其一，制度设计参与。动员组织村民全程参与垃圾分类标准、经费收取和使用标准、评比标准以及实施方案等制度的讨论决策。其二，实施推进参与。动员组织村民直接参与拆除原有垃圾池和露天垃圾场整治工作，变“群众看”为“群众干”。其三，日常监督参与。通过农户监督清运员，保证按时清运和清运质量，通过清运员监督农户，保证农户按规定进行垃圾分类。其四，资金筹措参与。经过村民充分讨论建立每户每年交纳100元垃圾清运费的资金筹措方案，既减少垃圾清运的资金压力，又促进村民对村内环境治理的关注和监督，有效激发了农民参与的内生动力。

五是以精准政策支持提升改革效率。在高岗村的实践中，针对垃圾分类设备缺乏和村民前期参与认同度不高的困难，地方政府统筹财政资金为每户村民配发垃圾分类桶，针对村内垃圾收集运输的关键障碍，配置一台适应当地丘陵地形的垃圾收集车。通过瞄准农村人居环境治理的痛点和难点实施支持政策，有效改进了财政资金使用方式，显著提升了人居环境治理的政策效率。

（2）重庆城口县模式。重庆城口县自2019年启动垃圾分类工作以来，按照《重庆市深化生活垃圾分类三年行动计划》要求，大力开展生活垃圾分类示范街道、示范社区、示范小区、示范单位、示范学校创建，建立各类可推广、可复制的示范模式。如今，城口各地已逐步形成“家家都做、人人都会”的垃圾分类新风尚，人居环境也在这一过程中展现出新的景象。

一是明确目标责任，实施考评问责。在推动垃圾分类工作过程中，成立了以县委副书记、县长为组长的县生活垃圾分类工作领导小组，制定完善考核办法以及评价标准，县政府督查室与垃圾分类领导小组办公室每月进行1次考核评价，对推进不力的单位，由县纪委监委进行执纪问责。

二是加大宣传引导力度，营造良好氛围。在宣传垃圾分类工作方面，共印制发放了2 000余个分类环保袋，1.2万余册垃圾分类宣传口袋书，5万份垃圾分类宣传挂历。同时，利用公交站台广告、出租车LED显示屏、城区户外LED大屏、电梯广告、固定宣传栏等播放垃圾分类宣传短片及标语。组织志愿者上街发放宣传单2 500余份。开展垃圾分类登门走访活动，入户居民3 126户。通过大力的宣传引导，为垃圾分类工作的开展，以及示范点、示范村的创建营造了良好的氛围，赢得了群众的理解和支持。

三是完善收运体系，垃圾分类变废为宝。垃圾的分类收运，是做好垃圾分类的一项基础性工作。2019 年 9 月，城口县北屏乡开始推进垃圾分类工作，率先在金龙村试点示范，投入近 50 万元完善垃圾分类相关配套设施。该村，建起了占地 150 平方米的垃圾分拣中心，累计购置发放分类垃圾桶 370 余个，安排垃圾分类专门收运人员 1 名、专用收运车 1 辆。

该村垃圾分类的一大特色就是实现了厨余垃圾的变废为宝。利用厨余垃圾中的新鲜果蔬残余制作环保酵素，应用于居家清洁、个人护理及生态种植；其他厨余垃圾制作堆肥，同样还田于生态农业种植。不仅实现资源的循环利用，同时对村内公共环境卫生、土壤改良、水源保护、农产品品质提升都起到了明显的改善作用。

四是建立积分激励机制，推动垃圾分类全民参与。在推动垃圾分类示范村建设的过程中，联丰村建立起垃圾分类积分激励机制。村里为每家每户配发了带有干湿分区、每家独立编号的垃圾桶，聘请了村内保洁员，购买了保洁设施，每周一和周四定点收取垃圾。每家每户将垃圾提出来交保洁员统一收运，专业社工配合记录每家分类情况，产生积分，形成记录台账，并进行公示。分类得分将折算成积分，通过积分兑换小礼品方式奖励做得好的村民。通过构建这一激励机制，实施垃圾分类一年多来，联丰村垃圾分类村民参与度达 96%，分类正确率达 98%，垃圾减量 50%～60%，有效美化了村容户貌，改变了村民的卫生习惯。

（3）湖南省农村生活垃圾处理。湖南省被生态环境部、财政部列为 2015 年全国唯一农村环境综合整治全省域覆盖试点省，为提高整治成效，实现农村生活垃圾减量、分类、资源利用、无害化处理的目标，探索一条高效、可操作性强的路径尤为迫切。

南洲村的生活垃圾处理模式：宁乡市金州镇南洲村探索形成了“垃圾不入池，垃圾不出村”的新模式。南洲村是长沙市环境卫生十优村、金洲镇美丽乡村建设示范点。从 2007 年起，村里建起了 168 个垃圾池，但垃圾入池后，长时间堆沤腐臭气味大，且转运耗费大量人力财力，处理效果与清洁家园的标准仍有较大差距，群众表现出不满意。为此，该村提出了“垃圾不入池，垃圾不出村”的奋斗目标，从 2015 年 5 月开始，将全村划分为 5 个片区，每个片区配 1 名保洁员，并为其购置 1 台小型电动运输车，要求每天挨户收集经过村民初分的垃圾。户分类的基本要求是建筑垃圾就近处理，如填路基等；菜叶残食等生物堆沤，获得的肥料回田；出户垃圾要用塑料袋装好并封口。保洁员将收集到的袋装垃圾用电动车运至村里筹资建设的400平方米垃圾分拣中心，5位保洁员各自在分拣中心完成二次分拣，将可回收物资堆存到自己的仓库，定期联系外售，收入归个人。剩余的垃圾用该村自行设计的焚化平台处理。

南洲村这个模式之所以能够稳定运行，在于合理地解决了几个关键问题：

一是理顺了农村生活垃圾分类处理的流程。通过分类，大部分垃圾得到了循环使用或回收，只有最少量的垃圾需作焚烧或填埋等无价值处理。南洲村首先在农户家里完成源头减量，其将生活垃圾分为三类，第一类是无害的建筑垃圾，其产生是间歇式的，若产生了，就地作路基等填埋，既消化了垃圾，又夯实了路基；第二类是菜叶残食等有机质垃圾，采取就近沤肥处理，既满足了鸡鸭养殖业的部分需要，又使有机肥回田，是最安全的施肥方式；第三类是不能就地消化的垃圾，交由保洁员做专业处理。每个保洁员将户分类后的垃圾收集，集中摊开，分拣其中的金属、玻璃瓶、纸张等可回收垃圾，在自己的仓库分类堆放，定期约人上门收购，获得一定的经济收益。分拣后残存的垃圾是属于村内无法消化的垃圾，量已很少，应外送处理，但南洲村土法焚烧，尽管做到了垃圾不出村，然而产生了水、气等新的污染，应进一步完善。

二是建立了健全的保洁人员体系。垃圾分类处理对人员素质要求很高。南洲村聘请专门保洁人员，建立了相应的考核奖励机制。其一，配齐保洁员。根据全村的地理位置、村道公路、塘坝和居民户数分布等情况划分5个片区，每个片区聘请1名热爱环卫工作、责任心强、身体健康、懂驾驶的村民作为保洁员，实行每天8小时工作制，上门逐户收集垃圾。村里对保洁员的工作实行“月考核”，发放每月基本工资1 200元。其二，组建环境卫生监管队伍，17个村民小组均成立了由党员、组长、村民代表成立的监督队伍，对保洁员工作进行监督，即“月督查”。其三，采取措施调动保洁员的积极性。第一，定期评选优秀保洁员，并奖励200～400元；第二，保洁员个人所有分拣出售可回收垃圾获得的收入，并按1∶0.5配套奖励。如此双管齐下，每个保洁员的月收入在2 000元左右，提高了他们的工作积极性，保证了垃圾处理的有序流动。

三是打造了有利于垃圾分拣的工作平台。该村投资26万元建设了一个垃圾分拣中心和一个垃圾生态焚化平台。考虑环境影响因素，该分拣中心和焚化平台建在与村民居住集中区相隔了一定距离的黄土岭山上。分拣中心占地约400平方米，设置存放可回收废品的仓库，每个保洁员一间，每间仓库内划分纸箱区、瓶罐区、塑料泡沫区、废旧金属区和有毒垃圾区。另建一个垃圾生态焚化平台，对经分拣后的不可回收垃圾送入焚化平台焚烧。

四是构建了稳定的运行资金保障体系。南洲村生活垃圾收集处理系统所需资金主要包括两部分，其一，建设垃圾分拣中心和焚烧平台的一次性投入26万元。其二，日常运行费用以保洁人员工资为主，每年需10万元左右。在资金筹措方面，南洲村采取了镇和村两级投入、上级其他补贴、村民自筹、企业赞助、社会捐赠等多种方式。其中，村民自筹部分按常住人口（五保户和低保户除外）每人每年10元收取，这样既增强了村民参与环境治理的责任心，又补充了运行经费的不足。

五是对群众进行环境教育。南洲村意识到农民在改善农村环境中发挥的主体作用，充分利用村村响等宣传平台，开展公民环境意识教育，要求农户完成初级分类，并将袋装垃圾摆在屋外固定地点，同时教育村民不在田野随意丢弃垃圾。此外，引导农户在房屋四周种植花草，改善村容环境。对散养鸡户，使用通透式栅栏限制鸡的活动范围，保证了乡村道路的清洁。绝大部分农民通过垃圾分类处理感受到了举手之劳就能让身边的环境改变，从内心开始支持这项工作，这也是南洲村的生活垃圾处理能够坚持下来的内生动力。

农村生活垃圾分类处理的“双峰模式”：

自2011年开始，湖南省双峰县以“减量化、资源化、无害化”为目标，因地制宜，创新模式，优化管理，以最小的成本实现“物尽其能”，9年来摸索出一条具有双峰特色的低成本、可复制、可持续发展的“垃圾出路”，有力地改善了农村人居环境。

2019年，双峰县在480余个农业行政村建立了村级垃圾分拣中心，建立乡镇垃圾中转站13座，配备垃圾转运专用车28辆、机动收集车660余辆、人力垃圾收集车 1 186 辆，以及镇、村保洁员 1 301 名；双峰海螺水泥窑年处理生活垃圾 6.4 万吨，低残值可回收垃圾和有毒有害垃圾则通过政府购买服务的方式兜底回收，农村生活垃圾处理全部实现资源化利用、无害化排放。

一是源头减量，三次多分法。双峰县按照农户初分、村保洁员（分拣员）细分、县级分拣中心精分的“三次多分法”推行农村生活垃圾源头减量化。

农户对生活垃圾进行初分，按可沤肥和不可沤肥两类进行分类，可沤肥垃圾主要是厨余垃圾、谷壳果皮、腐烂蔬果等生活垃圾，由农户自行沤肥或堆肥发酵后返土回田。村保洁员（分拣员）定时上门收集不可沤肥垃圾，并将垃圾进行细分，废塑料、玻璃、金属等可回收垃圾由双峰县再生资源循环利用基地统一收购，有毒有害垃圾由有资质的专业环保公司进行收集和无害化处理，其他垃圾则按“村收集—镇转运—县处理”模式，收集到一定的量就将其转运送到海螺水泥窑进行集中处理。

此外，双峰县针对逢年过节、红白喜事等农村生活垃圾产生数量较大的活动，通过减少大操大办，促进乡风文明，实现垃圾源头减量。

二是垃圾处理，资源化利用。生活垃圾收集运送至双峰县三塘镇的海螺水泥窑，利用双峰海创环境工程有限责任公司依托新型干法水泥熟料生产线建设的农村生活垃圾协同处置项目，进行初步处理和燃烧。剩余的不燃物分为两类，金属类进行回收利用，非金属类作为水泥生产的原料，实现垃圾的资源化全利用。

三是上下联动，齐抓共管，监督常态化。双峰县农村生活垃圾分类处理由县级书记、县长总揽，县委副书记任组长，住建、环保、城管、财政、农业、水利、卫计、畜牧、审计等单位为成员的整建工作领导小组，负责全县整建工作的组织、实施和推进；制定了《双峰县城乡环境综合整治及建设工作五年行动方案》和相应的考核办法以及追责规定，做到总体目标明确、年度任务具体，在实际工作中目标清晰、推进有序。在乡镇（街道）实行党政同责，党政主要领导为第一责任人，分管领导为第二责任人，包片包村干部和村书记为直接责任人。

除了建立这样的工作推进机制，双峰县还建立健全了常态巡查机制和考核激励机制，积极搭建长效管理体系，以考核促进管理，强化各主体责任。县委、县政府建立定期、重点和专项三个层次的督查机制，建立“一月一考、季度小结、半年点评、年终总评”的考核机制。

(4) 福建省三明市明溪县探索创新农村生活垃圾分类处理模式。近年来，福建省三明市明溪县积极探索创新“户分类、村收集转运、多村联建集中处置”农村生活垃圾分类处理模式，共覆盖 8 个乡镇、86 个行政村，切实改变了农村环境面貌，提升了村民的幸福感、获得感。

在处理方式方面：

2017 年初，首批以沙溪乡为试点，逐步在全县推广。2017 年 6 月，明溪县列入“全国第一批开展农村垃圾分类和资源化利用工作示范县”名单。明溪建立了易腐垃圾“户分类、村收集转运、多村联建集中处置”以及其他生活垃圾“户分类、村收集、乡转运、县处理”的管理机制。

明溪县探索建立从农户一次分拣，清运员、保洁员二次分拣，终端分拣员再细分的“三级分拣模式”，将易腐垃圾就地堆肥（堆肥池、堆肥房或处置设备），其他生活垃圾在乡镇中转站集中后送县垃圾填埋场处理，实现农村生活垃圾每年减量化 20%以上（年消减约 2 200 吨），有效减少其他生活垃圾转运频次及转运过程中“滴、漏”现象，每年节省垃圾收运处置费近 33 万元。

此外，明溪县探索出适合山区“易于操作、经济适用”的终端处理模式，推进农村生活垃圾资源化利用，如沙溪乡采用浙江阳光堆肥房模式，胡坊镇采用华中科技大学的“好氧堆肥”处理模式，夏阳乡采用易腐垃圾处理设备处理模式，边远村庄采用堆肥池就地堆肥模式，农村生活垃圾处理取得明显成效。

在建设运营方面：

一是加大财政投入力度。明溪县争取中央预算内资金 1 150 万元、重点流域生态补偿资金 2 100 万元，用于农村生活垃圾分类设施设备采购、垃圾分类收集点建设、乡镇垃圾中转提升工程以及沙溪乡阳光堆肥房、胡坊镇好氧堆肥房、夏阳乡易腐垃圾处置设备采购，目前已建成乡镇压缩式垃圾中转站 13 座、垃圾收集点 92 处，配备集装箱摆臂车 11 辆、压缩式垃圾转运车 8 辆、垃圾分类收集机动车 103 辆、公共垃圾桶 6 850 个、农户垃圾分类桶

1.5万对。县、乡财政按照农村人口每人每年20元的奖补标准将农村生活垃圾治理运行费用纳入财政预算。部分有条件的村从村集体收入中支出一定资金用于生活垃圾治理。通过“一事一议”方式，动员村民按照每户每年60～120元的标准收取村庄保洁费用，调动群众参与农村生活垃圾治理的积极性。

二是建立完善管理制度。其一，建立村民自治制度。组建农村垃圾治理工作理事会，将农村生活垃圾分类治理纳入村规民约，落实村民理事会监督、公开生活垃圾分类治理情况等，实行村民自我管理、民主监督。其二，建立网格化管理制度。以行政村为网格单元，因地制宜划分若干区块，建立网格化管理制度，村领导、村支书、村委会主任为网格单元负责人，村“两委”为网格区块负责人，分区块负责垃圾分类工作；所有党员、妇女代表按照就近、方便、区域化管理的原则，负责农户垃圾分类政策宣传、工作指导、巡查工作；其三，建立正向激励机制。组织村干部、村民代表及有一定威望的老党员、老干部对村民垃圾分类情况进行评比，每月评出“先进户”和“促进户”，并实施奖励，提高村民垃圾分类的自觉性。

在保障措施方面：

一是强化组织领导。成立以县长任组长、分管副县长任副组长，各相关部门、乡（镇）为成员单位的农村生活垃圾分类和资源化利用工作领导小组，定期召开工作推进会，指导、协调、督促各乡（镇）开展农村生活垃圾分类和资源化利用工作。各乡（镇）成立相应领导机构，主要领导亲自抓，分管领导具体抓，负责落实本辖区垃圾分类治理工作。

二是加强宣传引导。明溪县通过开展农村生活垃圾分类的宣传引导工作，积极引导群众主动参与。县生活垃圾分类和资源化利用工作领导小组通过召开动员会、座谈会、推进会，举办村镇干部和保洁员垃圾分类专题培训班等方式，以及利用县电视台、微信、宣传栏等平台大力宣传农村生活垃圾分类治理的重大意义和主要内容。县住建局作为农村垃圾分类工作的牵头单位，依托微信公众号、微信群等载体，学习试点村经验，及时报告和反馈垃圾分类日常工作情况。各乡（镇）采取编制标语、宣传画（册），发放倡议书等宣传形式，派出干部进村入户进行宣传发动，积极开展生活垃圾分类知识“进家园、进校园、进企业”“垃圾分类我先行”等活动，从不同角度向农户宣传垃圾分类知识。

三是健全考评体系。将农村生活垃圾分类治理工作纳入政府绩效考评重要内容及干部考核评价的重要依据，实行“月督查、季小评、半年考评、年终总结”考评机制，每月采取“四不两直”方式到乡村明察暗访，及时通报督查结果，不定期进村回访督查，确保督查不合格的村庄得到有效整改；每季度进行一次评比，每半年进行一次考评，年终进行总评，对行动慢、力度小、整改进度滞后的乡镇、村主要领导和相关责任人予以约谈、问责。

在主要成效方面：

目前，明溪县农村生活垃圾治理覆盖100%村庄，农村生活垃圾分类覆盖8个乡镇90%以上村庄。实现农村生活垃圾减量，有效减少其他生活垃圾转运频次及转运过程中“滴、漏”现象，减少垃圾处理费用。提高了群众分类保洁意识和环境保护主人翁意识，让改善农村人居条件和提升环境质量的观念深入人心。以行政村为网格单元，因地制宜建立网格化管理制度，通过垃圾分类行动结合农村人居环境整治，切实改善了农村生产生活环境和人居环境质量。

12.1.2　国外农村生活垃圾的处理概述及经验借鉴

12.1.2.1　国外农村生活垃圾的处理概述

发达国家对农村垃圾处理走过了从无序到有序、从粗放到精益、逐渐实现法制化的路线。早在20世纪50年代，世界各国对垃圾处理几乎没有完备的法律条款。20世纪70年代后，随着经济的发展，发达国家逐渐意识到垃圾处理的重要性，有必要将其纳入城乡管理机制，并以法律的形式加以约束，1965年和1970年，美国联邦政府与议会先后通过了《固体废弃物艘法》和《资源保护与回收法》。1972年，德国通过了《废弃物管理法》。1974年英国制定了《污染控制法》。1976年颁布了关于废弃物处置和回收的75—633号法令等。另外，为了促进农村生活垃圾的处理，一些发达国家往往采取一些经济性政策，通过财政手段向农村生活垃圾处理者提供资金援助，如补助金、通融资金和税收等。通过这些经济性政策，达到源头控制农村垃圾产生的目的。此外，发达国家还特别重视垃圾分类处理、收运一体化以及管理体制。

目前，国外形成的垃圾处理方法基本上是填埋和焚烧两种。日本和西欧一些国家垃圾焚烧制能居世界领先地位。垃圾的填埋量逐年下降，填埋成为其他处理工艺的辅助方法，成为一切不能再利用物质的最终消纳厂。例如德国对垃圾处理的技术进行了严格的规定，优先顺序为：①源头消减；②回收；③焚烧能源；④填埋处理。

12.1.2.2 国外农村生活垃圾处理的经验借鉴

（1）美国垃圾处理经验。美国农村垃圾处理开始时间较早，并且是处理效果较好的国家之一。因此选取美国分析其农村生活垃圾处理的经验，以期对我国农村生活垃圾处理提供借鉴与参考。美国农村大多数人是一家一户分散住在自家土地上，而不是住在市镇，比我国农村居民的居住分散程度还要高。其具体经验做法如下：

一是完善的法律法规。美国很早就开始通过立法手段来强制民众的垃圾管理。例如美国联邦政府与议会在1965年和1970年先后通过了《固体废弃物处置法》和《资源保护与回收法》，1980—1990年美国相继出台《油再利用法》《医疗垃圾追溯法》和《污染防治法》等一系列配套法律，以及每隔几年就会颁布的美国农业提升法案。

二是多渠道融资手段。美国联邦政府农村发展部负责对农村垃圾治理的资助，但是并不会提供全部建设资金，而是对治理项目的70%～80%进行补贴。另外，各州政府也会将污染治理列入专项开支。在2018年的农业法案中，允许部长向符合条件的、具有长期可持续性规划的农村供水系统的实体提供水、废物处理和废水处理设施赠款，并提高了赠款金额。同时政府设立了专门的理事会或基金会来管理环卫资金，一般要求村民每月缴纳一定的垃圾管理费。

三是完善的管理模式。其一，法制化。为加强对农村垃圾处理工作的管理，在制定相关环境保护法规时，除了征求意见，政府还邀请农民一同参与，使得法律法规更具操作性和实用性。其二，市场化。美国实行市场化运作的模式。20世纪80年代以后，美国开始普遍实行招标制度，将垃圾处理及服务承包出去。政府购买服务的程序大致分为四个环节：一是制定规划与实施方案，明确购买目标、方式、价格和期限等内容。二是选择合作伙伴，签订购买合同。三是强化监督管理，在垃圾分类、收集、运输和处置各环节，对相关主体实行全方位管理。四是开展绩效评估，从成本节约、绩效提升等方面对政府购买服务系统考核。市场化运作会促使垃圾管理私人部门在竞争中，不断创新垃圾管理模式，从而使农村垃圾管理服务供给能力不断增加，服务质量不断提高；还可以使垃圾管理服务市场不断集中，形成规模经济，进而降低垃圾管理成本。其三，自治化。农民成立了非政府组织，对垃圾循环利用进行宣传。以社区为基层社会管理机构，农民实行自治，监督社区工作。农村垃圾治理项目的选址、设计和规划等活动都是由社区的当地居民自己组织、自愿进行的，政府不干预。

四是发挥政府和非营利组织的作用。垃圾是一把双刃剑，在减少社会利益和增加社会成本的同时，政府制定排他性政策也为垃圾管理公司创造了投资机会。同时，垃圾还具有负外部性特点，会导致环境污染，尤其是粗放式和不正规的垃圾处理行为，对水、空气等污染更为严重，美国就曾关停过垃圾露天堆放场和填埋场。因此，各级政府对农村垃圾进行干预是非常必要的。

五是不断提高的服务供给能力。在美国，规模不大的家庭公司承担着农村的垃圾收集、转运和处理工作。这些家庭公司的员工也是农民，他们会开着垃圾车，到各家收取垃圾，同时也会收取一定费用。每个农村社区、每家农户都会将垃圾分类投放于政府发放或垃圾管理公司租售的不同种类垃圾桶（箱），早晨将其推到垃圾收取地点，再由环保公司的专车带走垃圾。农村垃圾收集、分选大都实现了自动化，工作人员在驾驶室内通过操作杆就能把垃圾箱或垃圾桶轻轻松松地倒入垃圾运输车中，垃圾的分选也是通过机器进行，从而大大节省了劳动力。虽然在美国，农户之间居住比较分散，但是垃圾公司还是会深入到每个乡村的每个角落。

六是通过宣传教育强化环境保护意识。美国各级政府、垃圾管理公司等会通过卡通片、视频、网络、手册、现场培训等多种方式向公众宣传垃圾知识。1990 年，美国还专门制定了《国家环境教育法》，设立了环境教育办公室，并由国家环保局牵头成立了环境教育顾问委员会，开展了各种环境教育和培训项目，另外还设立了环境教育奖和国家环境教育培训基金，以推动该法律的实施，最终提高公众的环境意识和环境知识。

（2）日本垃圾处理经验。日本作为亚洲最大的发达国家，环境治理方面在世界遥遥领先，日本农村的环境甚至有“世外桃源”的称呼。日本国土面积小、发展历史短暂，并且经济发展迅速，生活生产垃圾的产量显然是非常巨大的，日本在环境管理方面的成就无不得益于日本对环境保护的重视，在发展的同时也兼顾环境的治理。在环境管理方面，日本先后通过了很多的法律法规，在法律层面对国民进行监督。并且日本还注重对环境保护方面的宣传，例如日本人从小就接受保护环境的教育，因此日本民众对环境的保护意识已经内化为国民的道德律。另外，日本的垃圾分类技术在世界上也非常著名。其具体经验做法如下：

一是完备的法律法规。日本垃圾治理的发展进化，是法律规范不断推动的结果。日本现有固废体系由基本法（环境基本法、循环型社会形成推进基本法）、综合法（废弃物处理法、资源有效利用促进法）以及若干专项法（针对不同对象回收利用的法律）构成，基本法和综合法推动了日本垃圾治理的演进变革过程。此外，还有大量地方行政法规及地方团体自治条例等作为补充，共同构成了体系完备的垃圾治理法规体系。如此完备的法律法规体系，以较完整的覆盖面，使垃圾分类精细管理成为可能，成为坚实的法律基础。

二是民主参与。政府、非营利性组织、企业、居民全员参与，协同共治，是日本垃圾分类治理的突出特征之一。政府通过制定法律和政策为垃圾分类打下坚实基础并指明方向；地方自治组织通过制定垃圾减量目标和计划，并引导实施，在促进垃圾分类活动中发挥着引领作用；非营利性机构通过宣传和监督，开展志愿者活动，对垃圾分类活动也具有重要的促进作用；企业在产品设计、制造中不仅要考虑资源再利用问题，还要让产品包装更简洁、环保，杜绝过度包装，抑制容器包装垃圾的产生；普通民众则是开展垃圾分类活动的践行基础，同时也是垃圾分类、垃圾减量活动的受益者。在20世纪50年代后期，日本民众曾经历过严重的环境恶化所带来的危害事件，如水俣病事件等；在经济高速增长期，又经历了垃圾排放剧增的困境。在这样的背景下，日本民众对环境的关注度很高，环境保护意识很强，因而参与环境保护活动的积极性也就很高。

三是环保宣传与教育。在教育方面，日本民众从小就接受环保教育，比如，日本政府会把垃圾处理方面的环保知识纳入小学生教材，如果一些垃圾收集点的垃圾没有按照规定分类，就会有人将照片送到附近小学，被当作课堂上的反面教材。日本的垃圾处理设施还经常对外开放，老师会带领学生参观，在参观之后，学生还会被要求撰写见闻感受，还会制作相关海报等。因此，日本国民环保意识比较强、环保素质也比较高。在生活方面，如果不按规定时间、规定种类或规定方式进行垃圾投放，会被垃圾收运人员拒收，已经投放的会被退回。如果违规投放行为再次发生，片区管理人员会对户主进行批评教育，并进行垃圾分类技能指导。

四是垃圾分类处理。日本在垃圾分类方面走在世界的前列，并且日本的垃圾分类非常精细。生活垃圾被划分为四类：可燃烧垃圾（生活用品等）、不可燃烧垃圾（陶瓷等）、可回收垃圾（报纸、金属等），有害垃圾（旧电池等）。每家每户都有家用分类垃圾箱，人们在家里就可以轻松地完成垃圾分类。同时日本的垃圾收运工作也讲求“分类”，要求只能使用透明白色垃圾袋，使用透明白色垃圾袋的目的是能使邻居和收运工人观察到你是否进行了垃圾分类，如果没有按照严格标准投放垃圾，清运工人不会将垃圾回收。在一周中，不同垃圾有不同的回收时间，且时间都是固定的，如果错过了规定日期的指定时间，就只能存放垃圾到下个收集日再进行投放。这种细化的分类处理好处是，垃圾车可以装同类垃圾，然后运送到处理厂处理，既省工又省时。日本运送垃圾的垃圾车也很有讲究，全部都是自动封闭、自动加压式的，装车的垃圾可以自动压实和封闭，防止了垃圾二次污染，提高垃圾收运效率。

（3）德国垃圾处理经验。德国国土面积为 35 万平方千米，超过百万人口的城市仅三个（柏林、汉堡和慕尼黑），多数居住在 1 000～2 000 人规模的村镇。德国的农村堪比城市，农村的绿化率高于城市，并且基础设施一点也不逊色：上下水、电、通讯、交通应有尽有。德国农村环境的保护离不开以下几点：

一是国家政策支持。德国政府通过财政补贴来扶持农村环境的保护。德国各级政府农业部门通过首先分析研究农业技术对环境的影响，然后会制定环境保护政策来协调农业政策。在德国农业部官员看来，他们必须降低城镇建设与交通建设对农村环境的危害。因此，德国农业部的工作都要考虑到乡村环境的保护，并且通过多方面的补贴与扶持来完善农村的基础设施建设。

例如在政策的扶持下，德国多数的农村地区都建设了相应固废处理系统。

二是注重法制保障。德国针对农村垃圾处理的法律主要是《废物处置法》，在此基础上制定了《废物消除和管理法》和《产品再生利用和废物管理法》。在污染控制标准方面，德国制定《环境最终管理标准》。由于德国的特殊身份，须首先适用欧盟关于垃圾处理的法律。

三是垃圾分类。德国农村垃圾以城乡一体化的形式处理，由政府统一收集、转运与处理，并制定不同层次的法律法规及条例对农村垃圾的分类、收集、处理进行制约。

德国的垃圾处理公司负责当地的垃圾分类与标准制定，比如德国著名的绿点公司，专门收集包装废弃物。德国农户每个家庭备有3个垃圾桶，一般用黄色、棕色和灰色区分。黄色垃圾桶放置有“绿点”标志的包装类废弃物，棕色垃圾桶放置剩饭剩菜等厨余垃圾，灰色垃圾桶放置不能回收利用的垃圾，如白炽灯泡、煤渣等。德国的垃圾公司负责给居民发放小册子，对生活垃圾分类进行指导，并且会定期派人来收集、清理垃圾并收取清运费用。由一些环境保护协会的会员或小区志愿者进行监督，没有遵守分类回收等规定的家庭将会被罚款。

四是先进的垃圾处理技术。德国高度重视垃圾处理绿色技术的研发和应用。德国政府早在1992年就颁布了垃圾处理技术标准，并严格控制进入填埋场的有机垃圾数量，制定了进入填埋场的垃圾总有机碳含量小于5%的目标。近年来，德国生活垃圾填埋场数量逐渐减少，垃圾处理绿色技术得到广泛应用和好评，包括生物降解有机垃圾热处理技术、机械生物处理加焚烧的新技术、干燥稳定技术等。为加快垃圾处理绿色技术的研究，德国很多大学新开设了垃圾处置有关专业与课程，并为学生和技术人员提供系统培训，培养了大批垃圾处理产业技术和管理人才。

（4）英国环境治理经验。帕克斯曼说：英国人坚持认为他们不属于近在咫尺的城市，而属于相对远离自己的乡村，真正的英国人是个乡下人。英国作家杰里米·帕克斯曼认为，“在英国人的脑海里，英国的灵魂在乡村。”城市在英国人心目中仅仅是一个聚会的场所，大部分生活优渥的家庭都只在城里度过忙碌的工作时光，在喧嚣之后，又一如既往地返归乡村生活。英国人对于乡村生活有着与生俱来的热爱，英国乡村不但生活舒适，就连天气和教育环境都比城里更好。对于英国农村环境的保护，具体来说归因于以下几点：

一是英国农村环境保护的法制建设。英国制定了包括《污染控制法》《环境保护法》《可控废物管理规定》《废物许可证管理规定》《特别废物管理规定》《生产者责任义务（包装废物）管理规定》《包装废物管理规定》《废物减量法》《家庭生活垃圾再循环法令》等。通过立法及配套措施的实施，建立了相对完整的垃圾回收处理体系，明确了相关的责任和义务，改善了英国废物管理和处置状况，也提高了英国在欧洲垃圾回收相对落后的局面。

二是以经济手段推动环境保护。英国政府对废物再循环和再生利用在政策上积极扶持，采取课税制度，在产品的制造阶段即对所含的有害物质课以税金，作为其处理费用；对城市居民实行垃圾收费制；在商品流通领域实行抵押金制度；另外，还通过实行政府补贴和设立基金会等方式来鼓励废物的再生利用和资源化。英国从 1996 年开始实施《固体废弃物填埋税》，利用经济杠杆引导经济目标，将商业上所负担的税收逐步转移到后继污染者和资源使用者身上，通过实行这项税收，减少了废弃物的产生量，降低了废弃物的填埋量，促进了废物的回收再利用和资源化。

三是通过多种方式鼓励公众参与。英国政府通过高度重视信息公开，从中央政府开始整合政府到公立机构的信息公开功能，以便群众能够查询到各单位的职能、政策、公共服务等信息，包括垃圾分类收运点位、时间等关键信息。为提高全民环保意识，在小学开设课程讲解环保和垃圾分类等知识，培养孩子环保观念意识。

（5）荷兰环境治理经验。荷兰作为欧盟的主要成员国之一，是一个面积仅 4 万平方千米的小国，但是按照荷兰国家统计局的统计数据，荷兰有 55％的人口居住在乡村地区。荷兰的乡村环境治理也走在世界的前列。这主要是因为以下几点：

一是法律法规的制定。从 20 世纪 60 年代开始，荷兰陆续制定了大量针对农业和农村环境的法律、法规以及针对各种环境问题的法律规范，如《地表水污染控制法》《地下水法》《土壤污染治理法》《空气污染防治法》《杀虫剂法》《化学废料法》《废弃物污染防治法》等。荷兰目前是国际环境领域最为积极和活跃的国家之一，荷兰的环境管理和环境标准在世界上也是最为严格的国家之一。

二是环境合作社的建立。为了协调人多地少的状况，实现发展和环境保护的共同推进，荷兰政府在1991年建立了环境合作社。目前它的创立者多是以农业经营为主的年轻农场主。主要包括以下五个方面的活动：第一，组织学习交流并提供环境保护活动的实践技巧建议和培训。第二，代表成员联合提交申请，特别是那些允许联合提交的农业环境计划。第三，指导完成申请政府环境计划的相关表格的填写。第四，提供专家支持成员的活动。第五，需要大量人员努力才能成功的发展项目。

三是课税制度。荷兰的垃圾税是由政府以家庭为纳税人对其排放“生活垃圾”行为征收的一种税。包括，其一是以家庭为单位征收固定数额的税费，人口少的家庭可以得到一定税费减免。但是不同地区或不同经济条件的家庭产生、投放的垃圾数量不同，却征收同样的定额税，这种按家庭单位的定额征收方式是不公平的。其二是根据一个家庭生产的具体垃圾数量为计税依据征收的用于垃圾收集的税费，以小型垃圾箱为征收单位，税额根据每个家庭装满垃圾箱的数量及每个垃圾箱的单位税额来确定，这样的计税方式可以做到相对公平，有利于减少家庭垃圾的产生。各级政府可根据实际情况，在这两种征税方式中选择，其目的就是为政府收集和处理垃圾筹集资金。

这种课税制度促进了政府、企业、民众的交流，使其了解所缴纳税金的用处，以及垃圾会被政府收集，且会被分类、运输和处理的完整过程。从而进一步了解到垃圾分类的标准以及垃圾分类和处理的多种方法，促进全民资源回收利用和环境保护意识的提升，有利于形成社会共识和社会习惯。

12.2 农村生活污水的处理

12.2.1 国内农村生活污水的处理概述及经验借鉴

（1）国内农村生活污水的处理概述。农村生活污水处理是农村环境综合整治的重要内容，是保护水资源、改善农村居住环境、提升农村居民生活质量的惠民工程，是推进城乡一体化建设的基础设施项目，是社会主义新农村建设的必然要求。农村税费改革后，在农村公共产品供给所特有的“一事一议”制度下，生活污水治理服务供给呈现出数量不足、质量不高的特点，农村生活污水治理服务缺失比较严重，但随着城乡统筹的进一步深化，农村社会对公共服务的需求日益增长。为此，各地区开始不断创新农村生活污水治理服务的供给模式和治理机制。

与城市已经形成了比较成熟的污水处理体系不同，农村污水的产生量在不断增加，但同时却没有形成成熟的处理模式，治理资金来源不稳定。农村治理资金一般由村委会和乡镇一级政府提供，资金极为有限，一些地区在对此项服务提供财政支持的基础上，开始探索和尝试多种治理模式。一是自建或合建，即有一定经济实力的村镇开始自建或合建生活污水处理设施；二是在条件允许的前提下，利用周边企业的生活污水处理设施；三是城郊乡镇的生活污水纳入城镇污水管网，由城镇污水处理厂统一集中处理；四是因地制宜地建立人工湿地、沼气池等小型污水处理设施。本章将以天津市宝坻区为例，介绍其在生活污水处理工作方面的经验做法。

（2）国内农村生活污水处理的经验借鉴——以天津宝坻区为例。为加快农村生活污水处理，根据市政府《关于农村生活污水处理工作方案（2017—2020年）》的要求，宝坻区委、区政府委托区水务局制定了《宝坻区农村生活污水处理的工作方案（2017—2019年）》，以“四统筹”的方式加以推进。

根据宝坻区村庄规划，宝坻区2017年至2020年共计实施597个村。其中：2017年完成实施186个，2018年完成实施139个，2019年完成实施196个村，2020年完成剩余的76个村，实现宝坻区农村生活污水处理的全覆盖。

一是政策统筹，积极响应创新政策。国家发展改革委《关于开展政府和社会资本合作的指导意见》中明确了PPP模式的适用范围，为宝坻区采取PPP模式的可行性和规范实施提供了强有力的政策支撑。对于政府来说，项目投资规模大、生命周期长，采用PPP模式进行农村生活污水处理设施建设可以平滑财政支出，缓解短期投资压力，保障公共服务供给；从社会资本方来看，与政府方合作，投资回报风险较小。最终实现政府和社会资本的合作共赢。

二是资金统筹，严格程序及资金监管。农村污水处理项目具有点多、面广、线长及投资大的特点，为了规范施工建设和后期长效运行管理，同时根据《财政部关于印发政府和社会资本合作模式操作指南（试行）的通知》

《政府和社会资本合作项目财政管理暂行办法》等文件。在2017年及2018年项目实施过程中，宝坻区提出了项目全生命周期的长效监督管理理念，引进了以绩效评价为导向的全生命周期第三方监管服务。

第三方监管机构为宝坻区提供专业的监管意见与技术支持，避免由于政府机构无法保证广泛的专业性而导致的损失；第三方监管作为项目整个生命周期全过程的监管，拥有确定的全过程监管职责，承担项目整个生命周期执行过程中政策咨询、参与项目审核、提供技术支持等工作，可以补充多重监管带来的低效率，避免监管意识不足带来的粗放式监管。

通过第三方监管机构的日常性督促考核，形成监管报告并出具绩效评价结论，用作政府支付运营绩效维护费的依据，确保污水处理设施能够长期稳定运行。

三是施工统筹，高效施工。宝坻区将“推进农村生活污染治理”纳入重点工作，即结合新农村建设，因地制宜地开展农村生活污水和垃圾污染治理。成立了农村生活污水处理工作领导小组和办公室，区政府主管副区长任组长，办公室设在区水务局，区农委、区水务局、相关街镇、区卫健委、区生态环境局、区规划和自然资源局、区财政局、区审批局为小组和办公室成员单位，共同推动农村生活污水处理工作。工作领导小组定期召开协调会议，解决出现的问题。按照部门分工，各部门各司其职，科学规划，认真组织实施，按计划完成各项建设任务。

在建设过程中，需事先同村内做好沟通，因地制宜，结合村内用地情况及意见，选取合适的位置建设污水处理站，污水处理站的站址附近需有大小合适的排污渠，污水处理站内设备需高于站内地坪，避免雨季出现倒灌导致处理站设备损坏。在村内进行管道施工时，应结合村内地下水位情况提前做好排水准备工作，以免耽误工期。

四是运维统筹，智慧运营。污水处理项目运营阶段采用全过程工程咨询与物联网相结合的创新模式，专业的咨询公司能够充分发挥工程咨询企业内部的、主动的沟通协调作用，有效协调各环节之间的关系，提高项目运作效率。项目公司为更好地实时监管现场运行情况，采取物联网模式对已进入运行的站点进行实时监测，将处理站运行、处理水量等情况实时反映至终端设备，使项目更加智能化，降低人工成本并提高生产效率，能够及时获取信息，借助通信网络，随时获取污水处理站的远端信息，便于实现安全的监管与监控，整体提高项目的信息化程度。

在实际运营维护过程中，需对处理站设备各部件进行定期维护保养，并对容易损坏的部件做好备品备件的储备，以便设备零部件出现问题影响运行时能够及时更换确保使用。在冬季运行过程中，需提前对设备及管道做好保温工作避免出现上冻。

12.2.2　国外农村生活污水的处理概述及经验借鉴

12.2.2.1　国外农村生活污水的处理概述

在农村生活污水的处理模式上，发达国家各种分散处理模式得到了快速发展，这很大程度上是由于农村生活污水处理的高成本。例如在美国：最初，各种生活污水分散处理模式被视为临时性措施，而在联邦政府取消这方面的财政拨款后，分散处理模式得到越来越多的重视，目前已发展成为农村生活污水处理的主要方式。美国环境保护署（EPA）还负责成立了“国家分散水资源能力发展项目”（NDWRCDP），就农村污水分散处理模式的经济管理和政策问题、工程技术问题、教育培训 3 大方面集中展开调查和研究，以此对农村社区污水的分散处理设施的建设、更新和管理运营提供指导。另外，如欧洲的芬兰，生活污水分散处理的管理服务市场也逐渐发展起来。

由于农村生活污水处理服务属于公共物品，政府需要承担主要责任。在发达国家，财政系统较为完善，政府间责任边界也比较清晰。如在美国，州和地方政府承担主要责任，提供各种资助和补助，如建设补贴、低息贷款、公共技术支持以及社区群众的各种教育、培训等。在日本，不同的中央省厅负责推行不同类型的农村污水治理工作，政府内部责任条块较为清晰。

此外，发达国家将利益相关方都纳入污水治理的责任分配体系中来。农户作为污水处理设施的直接受益者和使用者，承担一定责任被证实是必要且富有效率的。如美国、日本、英国都形成了政府、市场化主体、农户三方相互监督、合作共赢的责任分担模式。

12.2.2.2　国外农村生活污水处理的经验借鉴

（1）美国。美国作为典型的发达国家，农村污水处理在国际上也是一个开始较早的国家，其乡村污水治理主要指1万人以下的分散污水治理，且收效很好，因此有必要借鉴美国农村污水处理方面的经验。

一是法律法规和指导文件为保障。为了维持分散型污水处理系统的良好运行，美国以法律法规形式保障分散型生活污水治理。在联邦层面由一些主要的水污染控制法案来实现，例如清洁水法案（CWA），安全饮用水法案（SDWA）以及其他联邦法案。在州层面，通常以法令形式出现，法令种类较多，涉及公共安全法、妨害行为法、环境保护法或建筑法规等。但在大多数州，就地处理系统的管辖权一般下放至县或其他地方管辖部门。地方管辖部门在执法时可以直接执行州制定的法规或执行自行制定的更严格的法规。

美国环境保护署同时注重发布指南型文件，例如2003年和2005年发布了《分散型处理系统管理指南》和《分散型污水处理系统管理手册》等，帮助社区管理者与户主进行处理系统的运行和维护。

除此以外，美国国家卫生基金会和美国国家标准学会为就地处理系统设定了各类标准，包括堆肥厕所、化粪池出水过滤器、泵、消毒设备、沥滤场等就地处理系统和组件的设计标准，分散型污水的回用水标准以及场地性能测试标准等，以此将各类分散型污水处理设施的设计与验证过程标准化。

二是财政支持。1989年以后，美国联邦、州级政府更多地采取低息贷款的方式，帮助农村社区进行污水处理设施的建设与改善。联邦和州级政府共同建立水污染控制基金、农业部的废水处置项目，都有责任为农村污水处理设施建设提供贷款与补助。以水污染控制周转基金为例，美国在每个州都设立了相对独立的周转基金，联邦政府出款80%，州政府匹配20%，农村社区可以从周转基金中得到利率为0.2%～0.3%的长期贷款用于污水工程的建设（远低于5%市场利率），在获得充足的建设贷款以后地方政府需要通过地方财政或污水处理费的收入逐年还清这笔贷款。这种低息贷款方式既保证了地方政府能得到足量的资金进行污水处理工程的建设，又保持了周转基金长期积累与有效地运转。

三是完善的管理。美国环保署分别于1980年和2002年发布了《就地污水处理处置系统设计手册》与《就地污水处理处置系统指南》，详细介绍了分散型污水的处理、处置技术。具体的技术包括传统的化粪池——土壤吸收系统、沥滤场、间歇砂滤器、好氧处理系统、消毒技术、蒸散系统等。

四是高效的藻类塘系统和分散污水处理系统。高效藻类塘是通过传统的稳定塘改进的，对 COD、BOD5、氨氮、总磷以及病原体等的去除率均较高，同时收割的高等水生植物是很好的肥料。高效藻类塘的优势是施工工程量少，投资及运行费用少，便于管理和维护。

分散污水处理系统在美国农村应用的较多，这种技术常被用在人口密度较小的社区或乡村，因为输送这些地方的生活污水到一个较远的集中式污水处理厂将需要格外高的费用。另外，近些年很多分散居住的农户也应用自动水井和地下化粪罐处理污水。通过一个较深的污水井和地下水管，将生活污水中的固体或半固体物质沉淀井底，再利用沉淀后的污水灌溉草地。

五是高效率维护模式。美国分散型污水处理设施管理分为 5 种模式，分别是户主自主模式、维护合同模式、运行许可模式、集中运行模式和集中运营模式。较为简单的系统可以通过户主教育，依靠户主自行维护；较为复杂的系统则需要供应商提供维修服务；由管理责任实体运行的系统则由管理实体负责维护。同时还注重户主与社区管理者的教育，提高处理系统相关的操作与管理人员维护系统的意识和能力。分级管理维护可以最有效率地保障处理系统的性能。

六是加强部门间合作。联邦、州与地方政府共同协作保证资金良好运转，美国环保署设立了清洁水州周转基金以保证市政基础设施建设的资金来源，同时也是保证分散型污水处理项目的资金来源。美国环保署与分散系统相关从业者建立合作关系，与分散型污水处理的相关合作组织在 2005 年建立了谅解备忘录，并在 2014 年扩张至 18 个合作伙伴，更新了与合作组织的承诺，着手进一步加强分散系统的管理。

（2）日本。日本农村除了垃圾处理的成功，在农村污水处理方面也是世界领先，这得益于以下几点：

一是法律法规及配套政策体系为农村生活污水处理提供保障。日本以《净化槽法》为核心健全农村生活污水治理法规，建立了责任分工体系、技术标准体系和资金保障制度，有力推进了日本净化槽污水处理设施的建设和运行。在法律和在政策的约束下，各级政府统筹施策，地方政府、国家相关部门、企业和个人全程合作确保日本农村生活污水治理的有序开展。

二是政府部门各司其职是实现农村生活污水治理体系化管理的关键。日本在国家层面，根据规模和水域特点对污水治理提出不同控制目标，地方政府在此基础上制定更严格的标准，结合实际编制污水治理规划，组织基层统筹实施。使得污水治理工作能够突出地区差异性的科学实施。

三是企业和农民共同发挥作用推动农村污水长效治理。农村生活污水治理任务重、收益低、技术性强，公益属性十分突出。日本经验表明，实现农村生活污水治理体系可持续运作的前提是建立合理的投资回报机制，农村生活污水治理设施的建设运行应由政府主导、市场运作，吸引和规范企业进行规模化、专业化治理。同时，农民作为污水治理的直接受益者，有必要适当付费，强化责任意识，缓解设施长效运行带来的财政压力。

（3）德国。德国较为常用的农村污水处理方法是分流式污水处理系统。这种污水处理系统的第一种是分散市镇基础设施系统，即在没有接入排水网的偏远农村建造先进的膜生物反应器，平时把雨水和污水分开收集，然后通过先进的膜生物反应器净化污水。第二种分流式污水处理方法是 PKA 湿地污水处理系统，湿地由介质层和湿地植物两大系统组成，利用这两大系统共同营造的生态系统，使污水处理效果达到最大化。这个系统将农村生活污水通过水管道，汇集流入沉淀池，经过沉淀池的 4 层筛选之后，再经 PKA 湿地净化处理，然后达标排放或用于农田灌溉。系统运转不需要化学试剂，全部原材料来自大自然，对环境没有二次污染。湿地表面干燥无积水，形成了景观绿地，工艺流程和后期维护都极为简单。第三种分流式污水处理方法是多样性污水分类处理系统，将污水分为雨水、灰水和黑水，其中灰水指厨房、淋浴和洗衣等家政污水，黑水指经真空式马桶排放的厕所污水。居住区屋顶和硬质地面上的雨水被雨水管道收集，导入居住区内设置的渗水池。该渗水池属于小区的绿化设施，经过特殊的造型和环境设计，表面看起来就像景观设计的一部分，池底使用特殊材料如砾石等，使池中的水自然下渗并汇入地下水。在暴雨或降水量大的情况下，还可以把多余的雨水导入相连的蓄水池，使雨水自然蒸发或通过沟渠汇入地表水。通过这种处理方式，雨水可下渗或者直接进入自然界的水循环。洗菜、洗碗、淋浴和洗衣等灰水，通过重力管道流入居住区内的植物净水设施进行净化处理。

（4）韩国。韩国农村居民居住分散，生活污水不适合集中处理。湿地污水处理系统因其低能耗、低运行成本和低维护成本而在韩国得到广泛研究，其去污机理基于“陆地-植物系统”的生态功能。湿地处理后的污水灌溉水稻可以达到理想的净化效果。常用的湿地植物如芦苇、香蒲、灯芯草等，去污能力强，去除病原体效果好。

（5）法国。蚯蚓生态滤池是法国和智利近年来开发的，利用蚯蚓吞食有机物来提高土壤渗透性和蚯蚓与微生物的协同作用。设计的污水处理技术具有高效的去污能力，还可以减少剩余污泥量。蚯蚓生态过滤处理系统集初沉池、曝气池、二沉池、污泥回流设备和曝气设备于一体，大大简化了污水处理工艺。其优点是抗冲击负荷能力强，操作管理简单，不易堵塞等。其不足之处在于对外界环境要求高，容易受气温影响，影响系统的处理效率。

12.3　农村厕所及清洁饮水的处理

12.3.1　国内农村厕所及清洁饮水的处理——以江西省九江市彭泽县为例

农村环境卫生改善的重点之一是厕所及粪便的处理，世界卫生组织把农村改厕列为初级卫生保健的八大要素之一，我国也把农村改水改厕列为国民经济社会发展的重要指标。江西省九江市彭泽县是长江溯流入赣第一县，农村污水和饮水的处理具有特殊意义，本章将以此为例，探讨其在改厕过程中的经验做法。

彭泽县位于江西省最北端，是长江溯流入赣第一县。全县面积 1 544 平方千米，人口 38 万，辖 17 个乡镇。近年来，彭泽县委、县政府贯彻落实五大发展理念，坚持项目带动，工业、农业和第三产业齐头并进，经济水平和城乡面貌发生巨大变化。为了不断满足百姓对美好生活的向往，解决农村传统旱厕大量存在且脏乱差的问题，从 2018 年 1 月开始，彭泽县正式启动农村“厕所革命——旱厕两年清零行动”。彭泽县不断创新工作推进模式，将厕所革命与城乡环境整治、卫生城市创建、精准扶贫工作、土地增减挂项目、农村交通便民工程相结合，统一规划、统筹推进、统一奖补，逐渐实现了旱厕改造，改善农村人居环境。

彭泽县在厕所改造中的主要经验做法如下：

一是厕所改造与城乡环境整治相结合。厕所革命是城乡环境整治的任务之一。其一，拆旱厕与“拆三房”（空心房、危旧房、违建房）同步。针对农村旱厕大多建在室外，属于“三房”拆除范畴，彭泽县坚持“一拆到底、一室一厕、厕在屋内”的原则，运用旱厕改造补助的红利引导农民主动拆“三房”。其二，拆旱厕与新农村建设同步。所有的新农村建设点旱厕必须全面清零，并在千人以上村庄和部分有条件、有需求的村庄建设便民公厕。其三，拆旱厕与环卫市场化同步。在全县城乡全面推行环卫市场化，实行政府采购，实现垃圾清理和公厕保洁全覆盖。其四，拆旱厕和农村生活污水治理同步。一般户厕全部建成三格式化粪池，并逐步推进村庄污水收集处理设施建设。

针对农村旱厕改造，县财政安排 2 000 余万元专项资金，坚持“两补、两不补”，“两补”即对在规定时间拆除旱厕的，由县财政按照每户 650 元标准补助新建；对建档立卡贫困户、五保户拆除旱厕的，在财政补助基础上，由县扶贫办再统筹安排 350 元，达到每户补助 1 000 元。“两不补”即对原新农村建设点遗留旱厕的坚决不补；对已享受国家改厕政策补助但旱厕未拆除到位的坚决不补。

在乡镇重要节点，由县里统一规划、统一图纸、统一出资，乡镇负责建设，打造一批标杆性农村公厕，带动乡镇公厕标准化建设。同时为加强组织领导，彭泽县成立了厕所革命工作领导小组，领导小组下设办公室，统筹推进厕所革命相关工作，县直各部门各司其职、共同管理，落实工作责任，确保改厕任务落到实处。

二是厕所改造与卫生城市创建相结合。整合资源，推行共享。彭泽县鼓励有条件的宾馆、酒店、超市、机关单位对内部公厕进行改造，制定统一的编号、标识牌，设置公厕导向牌，由县城管局进行授牌认定，并对外开放。同时要求新建楼盘、大型公共服务设施，必须配套对外开放的标准化公厕。为了方便群众，采用 APP 形式让群众在最短时间内解决燃眉之急。

厕所革命与创卫工作高度融合。其一，按照 2019 年彭泽县创建国家卫生县城的要求，2018 年城区所在三个乡镇已全部率先完成旱厕清零，新建户厕全部达标改造，并接入城镇污水管网。其二，按照江西省厕所革命三年攻坚行动要求，彭泽县提出三年攻坚两年完成。其三，创建国家卫生乡镇、省级卫生乡镇和园区、景区所在乡镇，实现农户旱厕率先清零，集镇公厕率先覆盖。

科学规划、精致建设。该县聘请了九江市城市规划市政设计院，编制了专门规划，把公厕建设纳入城市规划范畴，按照“两个 10 分钟、四个 100%”如厕圈进行规划布局，即城区及乡镇政府所在地公厕全面完成标准化新改建，基本形成步行 10 分钟左右如厕圈；农村国省干线公路车辆行驶 10 分钟有 1 座公厕。农村旱厕全面清零，无害化卫生户厕普及率达到 100%；集中居住千人以上的村庄无害化卫生公厕覆盖率达到 100%；旅游景区、乡村旅游点等旅游公共场所相应等级的旅游公厕覆盖率达到 100%；火车站、汽车站、加油站等公共服务区域标准化公厕达标率达到 100%。

加强督导考核，实行问责。彭泽县厕所革命领导小组办公室不定期对厕所革命进展情况进行专项督查、明察暗访，对考核情况做出针对性奖惩。

三是厕所改造与精准扶贫工作相结合。彭泽县把“厕所革命”纳入精准脱贫，作为主要指标进行考核。其一，重点贫困村优先改造。其中十个省级重点贫困村为重点目标，由镇村统一组织施工队、统一拆除、统一改建。其二，精准贫困户优先奖补。对精准扶贫户改厕实行基本费用兜底保障，在县级每户 650 元补助基础上，由县扶贫办再每户增加 350 元，不足部分由乡镇政府兜底补贴，确保精准贫困户能够且优先享受厕所革命带来的便利。其三，不具备改厕条件的建设共用公厕。针对少数贫困户室外旱厕拆除后，房屋原有结构又不具备改厕条件的，彭泽县整合奖补资金，追加补助资金，采取多户联建、共建公厕的方式，确保贫困户都能用上卫生厕所。其四，驻村第一书记指导改厕。把农村旱厕改造技术指导作为驻村第一书记的重点工作内容，指导和帮助贫困户严格按照标准进行改厕。彭泽县多次组织召开驻村第一书记和帮扶干部旱厕改造技术培训会，并制作技术指导手册，做到改厕标准应知应会、精准指导。

四是厕所改造与土地增减挂项目相结合。土地是农民最关心的问题，土地相关权益是农村厕所革命过程中不可回避的重大问题，在处理土地问题时，彭泽县坚持“两个不变，两个用好”原则。

“两个不变”即农民原有旱厕和“三房”拆除后土地权属和土地性质不变。村民可通过村民理事会对土地所属权予以确认，对于个别有需要的，可以由村民理事会出具权属证明材料。土地性质原为农村宅基地的，可以由村民按农民建房规划的要求，向乡村两级申请农民建房指标；原为农用地的，面积小的，鼓励农民积极平整复垦，建成菜园地或种上果树，成为农民自家的自留地。

“两个用好”即用好农民原有旱厕和“三房”拆除后的大块土地和连片土地。大块土地根据村庄特点和群众需求，由村民理事会牵头，采取无偿提供或适当补偿的方式，县乡政府给予适当补助，建设小广场或小游园，方便群众自娱自乐，改善村庄环境。连片土地由县政府打包申报土地增减挂项目，既增加了土地复垦面积，又增加了建设用地指标。

五是厕所改造与农村交通便民工程相结合。旱厕多的地方，多是交通条件较差的地方。彭泽县把农村厕所革命与农村交通便民工程相结合，按照2020年村村通公交的目标，旱厕向前改，道路向前推，让如厕方便与出行方便相统一。

升级道路。近两年中彭泽县在建的有9个县道升级和16个乡道拓宽改造项目，共投入资金3亿多元；投入资金3 000多万元，完成98千米村级道路提升。全县所有行政村全部实现道路可通公交，所有自然村全部达到道路硬化标准，所有农户实现户户通水泥路，彻底告别“晴天一身灰，雨天一身泥”的历史。

完善道路配套设施。彭泽县把候车亭建设作为村村通公交的配套工程，作为农村厕所革命的延伸项目，科学规划，精致建设。在县道和乡道沿线建造复古的木质便民亭，改造老旧候车亭，兼具休息和候车功能。同时，按照开车10分钟有一座公厕的要求，部分便民亭还配套建设了高标准的旅游公厕。

注重美丽环境向美丽经济的转变。通过对沿路村庄的环境整治，特别是部分有条件、有特点的村庄，鼓励按照农家乐旅游标准，整治农村环境，率先整村推进旱厕改造，同时挖掘民俗文化，发展休闲农业。

总体而言，彭泽县农村生活污水治理的成功主要得益于上级政府的环境治理规划、财政支持以及考核制度。首先各级政府落实国家整体战略，结合本地村庄状况，做出科学的前瞻规划；其次各级政府给予强大的资金支持和完善的资金使用规划，使得基层政府工作积极性和效率较高；最后上级政府考核严格，监督管理制度完善，基层政府目标明确，标准统一，整体推进。

12.3.2　国外农村厕所及清洁饮水的处理

厕所革命的一个核心目的是杜绝粪口传染和水环境污染，保障生活卫生健康。全球范围现有 24 亿人口缺乏卫生设施，9.46 亿人被迫在露天排便。而贫困发展中国家的农村地区，卫生状况尤其恶劣。联合国千年发展目标也曾提出“截至 2015 年没有安全水和基本卫生设施（BASIC SANITATION）保障的人口比例，相比 1990 年的标准减少近半”的目标。可见，厕所虽小，但关系到广大人民群众公共卫生安全和健康生活环境质量，同时也关系到国民经济社会的高质量发展，因此受到各个国家和地区的高度重视。

PHAST 行动是 1993 年联合国开发项目/世界银行水和卫生计划和世界卫生组织（WHO）开发的参与型改善卫生行为和卫生设施行动。PHAST 行动分 7 个步骤推进，包括社区倡导员（一般是国际非政府组织 NGO 相关人员）发现问题、分析问题，策划实施解决方案，以及监测和评价等。每个步骤社区倡导员都会根据实际情况设定所用的不同工具，形成不同的 PHAST 解决方案，并配发 PHAST 手册。此行动通过改善成员的卫生意识，强化卫生行为习惯，优化目标社区的水环境和卫生设施已达到减少疾病传播的目的。

20 世纪 90 年代后期，孟加拉国农村地区采用一种叫作“社区领导全面卫生”的方法，缩写为 CLTS，是国际非政府组织 NGO 水援助与孟加拉国共同实施的项目。“社区领导全面卫生”这一方法的采取旨在消除低收入人群的开放排便。它的思想就是让人们意识到开放排便带来的健康危害，并激励他们自己采取行动解决这个问题。社区领导这一方法基于这样一种想法：为了改变不利条件、社会不公以及健康状况不佳的现状，自上而下的解决方案往往不足。这样，受到影响的村民了解到开放排便是卫生问题的根源，然后给出他们自己解决这一问题的其他方法。尽管没有标准化厕所设计，完全没有厕所建设资金援助，但整个社区的厕所建设成效显著，成功经验被推行到供水与环境卫生计划（WSP）等援助机构的支援项目中，对亚洲的卫生改善做出了巨大贡献。

20 世纪 50 年代起日本政府就开始关注农村厕所问题，随后在 20 世纪

70年代的“造村运动”及2015年的“厕所运动”中均取得了显著的功效，现在已经基本消除了城乡人居环境差距。从文化角度入手，引导人们学习了解厕所文化，鼓励“厕所创新”。日本政府设立了厕所学会，在大学中开设厕所学专业课程，建设“厕所博物馆”，设置了“日本厕所奖”等。

值得一提的是在日本厕所革命中的关键技术，即一体化粪污处理配套技术——净化槽。为保证净化槽技术的高效实施，形成了以《净化槽法》为核心的制度政策体系规范其实施；建立行业协会和培训机构解决该技术使用及维护的问题；与第三方机构合作构建了多主体运营管理体系，形成强制性约束的格局，构建了农村厕所从生产建设到运营维护全过程的行业机构负责制。以及其他高效节能技术创新，例如智能马桶盖、温水洗净坐便器等。

印度政府较早地意识到露天排便行为对卫生和经济发展的不良影响，从20世纪90年代末便开始了厕所革命行动。2014年大力推行“净化印度”运动，意在乡村内养成文明卫生的如厕习惯。规定厕所改造所需的费用绝大部分由政府出资，较少部分由农民家庭出资。尽管政府做了很多努力，但最终结果并不理想。在后续改造中，政府通过改变思想观念的角度，通过在广告上宣传、设置“洁净村庄奖”以及将厕所改造纳入职务竞选等方式来提高厕所改造的积极性。

参考文献

曹海林，刘焕智，许庞，2017. “一事一议”财政奖补政策实施的农户满意度及其影响因素分析——基于苏北 H 镇的田野调查 [J]. 经济问题探索，(1)：44 - 50.

曹海林，许庞，2014. “一事一议”财政奖补政策效应分析——基于苏皖二镇的实地调查 [J]. 农村经济，(12)：46 - 50.

柴时军，郑云，2019. 人格特征与农户创业选择 [J]. 经济经纬，36 (1)：34 - 40.

常伟，苏振华，2010. “一事一议”为何效果不佳：基于机制设计视角 [J]. 兰州学刊，2010 (5)：59 - 61.

陈艾琳，2018. 大五人格特质与风险偏好之间的关系研究 [D]. 杭州：浙江大学.

陈剑波，2000. 制度变迁与乡村非正规制度——中国乡镇企业的财产形成与控制 [J]. 经济研究，(1).

陈杰，刘伟平，余丽燕，2013. “一事一议”财政奖补制度绩效及评价研究——以福建省为例 [J]. 福建论坛（人文社会科学版），(9)：133 - 138.

陈美球，廖彩荣，刘桃菊，2018. 乡村振兴、集体经济组织与土地使用制度创新——基于江西黄溪村的实践分析 [J]. 南京农业大学学报（社会科学版），18 (2)：27 - 34，158.

陈鹏飞，2018. 农户对“一事一议”财政奖补制度满意度的影响因素分析 [D]. 沈阳：沈阳农业大学.

陈强，2014. 高级计量经济学及 STATA 应用（第二版）[M]. 北京：高等教育出版社.

陈硕，朱琳，2015. 基层地区差异与政策实施——以农村地区“一事一议”为例 [J]. 中国农村经济，(2)：66 - 75.

陈潭，刘祖华，2009. 迭演博弈、策略行动与村庄公共决策——一个村庄“一事一议”的制度行动逻辑 [J]. 中国农村观察，(6)：62 - 71，96 - 97.

陈珣，徐舒，2014. 农民工与城镇职工的工资差距及动态同化 [J]. 经济研究，(10)：74 - 88.

程虹，李唐，2017. 人格特征对于劳动力工作的影响效应——基于中国企业—员工匹配调查（CEES）的实证研究 [J]. 经济研究，52 (2)：171 - 186.

仇童伟，2017. 农地产权、要素配置与家庭农业收入［N］. 华南农业大学学报（社会科学版），16（4）：11－24.

邓大才，2014. 产权与利益：集体经济有效实现形式的经济基础［J］. 山东社会科学，（12）：29－39.

邸焕双，2014. 创新与重构：新农村建设背景下的农村社区公共产品供给制度分析［D］. 长春：吉林大学.

丁波，2020. 乡村振兴背景下农村集体经济与乡村治理有效性——基于皖南四个村庄的实地调查［J］. 南京农业大学学报（社会科学版），20（3）：53－61.

丁学东，张岩松，2007. 公共财政覆盖农村的理论和实践［J］. 管理世界，（10）：1－7，50.

丁忠兵，2020. 农村集体经济组织与农民专业合作社协同扶贫模式创新：重庆例证［J］. 改革，（5）：150－159.

董明涛，孙钰，2011. 农村公共产品供给方式的选择路径研究［J］. 西安电子科技大学学报（社会科学版），21（1）：70－74.

董明涛，孙钰，2010. 我国农村公共产品供给模式选择研究——基于地区差异的视角［J］. 经济与管理研究，（7）：110－128.

杜江，张伟科，范锦玲，2017. 农村金融发展对农民收入影响的双重特征分析——基于面板门槛模型和空间计量模型的实证研究［J］. 华中农业大学学报（社会科学版），（6）：35－43，149.

杜威漩，2015. “一事一议”制度运行的交易成本［J］. 福建江夏学院学报，（2）：36－42.

樊胜根，张林秀，张晓波，2002. 中国农村公共投资在农村经济增长和反贫困中的作用. 华南农业大学学报（社会科学版），（1）：1－13.

高强，2020. 农村集体经济发展的历史方位、典型模式与路径辨析［J］. 经济纵横，（7）：42－51.

高庆鹏，胡拥军，2013. 集体行动逻辑、乡土社会嵌入与农村社区公共产品供给——基于演化博弈的分析框架［J］. 经济问题探索，（1）：6－14.

高湘伟，许凤琴，朱爱侠，等，2004. 护士人格特征与学历、年龄的相关性［J］. 中国临床康复，（3）：419－424.

高子达，2016. 河北省农村公共服务运行维护机制研究［J］. 经济研究参考，（17）：36－39.

耿羽，2019. 壮大集体经济 助推乡村振兴——习近平关于农村集体经济重要论述研究

[J]. 毛泽东邓小平理论研究，(2)：14－19，107.

管兵，2019. 农村集体产权的脱嵌治理与双重嵌入——以珠三角地区40年的经验为例[J]. 社会学研究，34 (6)：164－187，245.

郭云南，姚洋，Jeremy Foltz，2012. 正式与非正式权威、问责与平滑消费：来自中国村庄的经验数据 [J]. 管理世界，(1)：67－78.

国家统计局 . 2018年国民经济和社会发展统计公报 [BE/OL] [2019－02－28]. HTTP：//WWW. STATS. GOV. CN/TJSJ/ZXFB/201902/T20190228_1651265. HTML.

韩鹏云，刘祖云，2011. 村级公益事业"一事一议"：历程、特征及路径创新——基于制度变迁的分析范式 [J]. 经济体制改革，(5)：31－34.

何文盛，何志才，唐序康，等，2018. "一事一议"财政奖补政策绩效偏差及影响因素——基于甘肃省10个县（区）的质化研究 [J]. 公共管理学报，15 (2)：1－13，153.

何文盛，姜雅婷，王焱，2015. 村级公益事业建设"一事一议"财政奖补政策绩效评价——以甘肃省6县（区）为例 [J]. 中国农村观察，(3)：38－51，96－97.

贺雪峰，2017. 农村集体产权制度改革与乌坎事件的教训 [J]. 行政论坛，24 (3)：12－17.

贺雪峰，2019. 乡村振兴与农村集体经济 [J]. 武汉大学学报（哲学社会科学版），72 (4)：185－192.

侯江红，2002. 农村公共产品的供求矛盾与财政支农的政策取向 . 经济问题探索，(1)：120－124.

胡晗，司亚飞，王立剑，2018. 产业扶贫政策对贫困户生计策略和收入的影响——来自陕西省的经验证据 . 中国农村经济，(1)：78－89.

胡静林，2013. 深刻学习领会党的十八大精神 加快"一事一议"财政奖补政策转型升级 [J]. 农村财政与财务，(7)：2－4.

胡瑞法，黄季焜，2001. 农业生产投入要素结构变化与农业技术发展方向 . 中国农村观察，(6)：9－16.

黄坚，2006. 论"一事一议"的制度困境及其重构 [J]. 农村经济，(11)：125－127.

黄维健，2009. 关于农村公共产品供给机制问题 [J]. 经济学家，(1)：26－28.

黄振华，2015. 能人带动：集体经济有效实现形式的重要条件 [J]. 华中师范大学学报（人文社会科学版），54 (1)：15－20.

黄志冲，2000. 农村公共产品供给机制创新的经济学研究 . 中国农村观察，(6)：35－39，78.

姜涛，2012. 农村基础设施公共投资与农业增长——基于省际面板数据的例证 [J]. 经济与管理，26（7）：24－28.

康壮，陈鹏飞，2019. 村级公共产品自愿性供给及其中国化——基于“一事一议”制度的文献综述［J］. 农村经济与科技，30（3）：214－217.

孔祥智，2020. 产权制度改革与农村集体经济发展——基于“产权清晰＋制度激励”理论框架的研究［J］. 经济纵横，（7）：32－41.

李成威，2005. 公共产品理论与“一事一议”制度［J］. 中央财经大学学报，（11）：13－17.

李大胜，范文正，洪凯，2006. 农村生产性公共产品供需分析与供给模式研究［J］. 农业经济问题，（5）：4－9，79.

李浩昇，2010. 经济水平与村庄精英：分析农村公共产品供给的“二维四分”框架——以江苏4村为例［J］. 南京农业大学学报（社会科学版），10（3）：8－13，27.

李丽莉，张忠根，2019. 农村公共产品供给的影响因素与经济效应——国内研究进展与深化［J］. 西北农林科技大学学报（社会科学版），19（1）：96－103.

李琴，熊启泉，孙良媛，2005. 利益主体博弈与农村公共品供给的困境［J］. 农业经济问题，（4）：34－37.

李琴英，崔怡，陈力朋，2018. 政策性农业保险对农村居民收入的影响——基于2006—2015年省级面板数据的实证分析 . 郑州大学学报（哲学社会科学版），51（5）：72－78.

李世刚，尹恒，2012. 县级基础教育财政支出的外部性分析——兼论“以县为主”体制的有效性［J］. 中国社会科学，（11）：81－97，205.

李帅，魏虹，倪细炉，2014.，等 . 基于层次分析法和熵权法的宁夏城市人居环境质量评价［J］. 应用生态学报，25（9）：2700－2708.

李涛，张文韬，2015. 人格经济学研究的国际动态［J］. 经济学动态，（8）：128－143.

李涛，张文韬，2015. 人格特征与股票投资［J］. 经济研究，（6）：103－116.

李秀义，刘伟平，2015. 财政奖补后村庄公益事业建设合作困境的破解——基于福建39个村庄的实证分析［J］. 农林经济管理学报，（1）：91－100.

李秀义，刘伟平，2016. 新“一事一议”时期村庄特征与村级公共物品供给——基于福建的实证分析［J］. 农业经济问题，（8）：51－62，111.

李燕凌，2014. 县乡政府农村公共产品供给政策演变及其效果——基于中央1号文件的政策回顾［J］. 农业经济问题，（11）：43－50.

李燕凌，2016. 农村公共产品供给侧结构性改革：模式选择与绩效提升——基于5省93个样本村调查的实证分析 . 管理世界，（11）：81－95.

李燕凌，曾福生，匡远配，2007. 农村公共品供给管理国际经验借鉴［J］. 世界农业，

(9)：19－22.

梁昊，2013.“一事一议”财政奖补项目后续管护机制研究［J］. 财政研究，(6)：31－34.

廖红丰，尹效良，2006. 农村公共产品供给的国际经验借鉴与对策建议［J］. 现代经济探讨，(2)：48－52.

林万龙，2007. 农村公共服务市场化供给中的效率与公平问题探讨［J］. 农业经济问题，(8)：4－10，110.

凌玲，2011. 基于村民参与视角的农村公共产品供给影响因素研究［D］. 杭州：浙江大学.

刘成斌，2019. 后增长理念与集体再造——新型城镇化进程中村庄改制的一种操作逻辑［J］. 社会发展研究，6 (2)：1－24，242.

刘娟，2018. 财政支农投入的减贫作用机制及效应分析［J］. 农业经济，(1)：98－99.

刘强，2019. 乡村振兴必需解决三个基本问题［J］. 华中师范大学学报（人文社会科学版），58 (1)：11－15.

刘魏，张应良，田红宇，2016. 人力资本投资与农村居民收入增长［J］. 华南农业大学学报（社会科学版），15 (3)：63－75.

刘晓玲，张璐，2017. 农村村级集体经济：功能作用、现实困境、发展建议［J］. 理论经济学，(4).

刘燕，冷哲，2016.“一事一议”财政奖补对微观主体的激励效应研究——一个理论分析框架［J］. 财政研究，(5)：76－89.

刘宇翔，2019. 村干部兼任管理者对农民合作社绩效的影响研究［J/OL］. 经济经纬，2019 (2)：1－9.

刘祖军，王晶，王磊，2018. 精准扶贫政策实施的农民增收效应分析［J］. 兰州大学学报（社会科学版），46 (5)：63－72.

柳士双，2007. 农村公共产品自愿供给研究［J］. 农业经济，(7)：37－38.

龙小宁，朱艳丽，蔡伟贤，等，2014. 基于空间计量模型的中国县级政府间税收竞争的实证分析［J］. 经济研究，49 (8)：41－53.

卢福营，2008. 村民自治背景下民众认同的村庄领袖［J］. 天津社会科学，(5)：59－64.

吕方，苏海，梅琳，2019. 找回村落共同体：集体经济与乡村治理——来自豫鲁两省的经验观察［J］. 河南社会科学，27 (6)：113－118.

罗敏，2012. 村级“一事一议”财政奖补政策执行中的问题及建议——以甘肃省农村公益事业建设为例. 财政研究，(3)：71－73.

罗明忠，陈明，2014. 人格特质、创业学习与农民创业绩效［J］. 中国农村经济，(10)：

62 - 75.

罗轻尘，2015. 宁南“一事一议”如何使百姓收入翻两番？四川日报，10 - 21（3）.

罗仁福，王宇，张林秀，等，2016.“一事一议”制度、农村公共投资决策及村民参与——来自全国代表性村级调查面板数据的证据［J］. 经济经纬，(2)：30 - 35.

罗万纯，陈怡然，2016. 农村公共物品供给：研究综述［J］. 中国农村观察，(6)：84 - 91.

骆永民，2010. 中国城乡基础设施差距的经济效应分析——基于空间面板计量模型. 中国农村经济，(3)：60 - 72，86.

骆永民，樊丽明，2012. 中国农村基础设施增收效应的空间特征——基于空间相关性和空间异质性的实证研究［J］. 管理世界，(5)：71 - 87.

毛程连，2003. 公共产品理论与公共选择理论关系之辨析［J］. 财政研究，(5)：13 - 15.

茆晓颖，成涛林，2014. 财政支农支出结构与农民收入的实证分析——基于全口径财政支农支出2010—2012年江苏省13个市面板数据［J］. 财政研究，(12)：68 - 71.

孟慧，李永鑫，2004. 大五人格特质与领导有效性的相关研究［J］. 心理科学，(3)：611 - 614.

彭长生，2011.“一事一议”将何去何从——后农业税时代村级公共品供给的制度变迁与机制创新［J］. 农村经济，(10)：7 - 10.

彭长生，2012. 基于村干部视角的“一事一议”制度绩效及评价研究［J］. 农业经济问题，(2)：24 - 31.

蒲艳萍，2010. 劳动力流动对农村居民收入的影响效应分析——基于西部289个自然村的调查. 财经科学，(12)：74 - 82.

齐立滢，2009.“大五”人格理论在人力资源管理中的应用［J］. 人口与经济，(S1)：105 - 106.

钱文荣，应一逍，2014. 农户参与农村公共基础设施供给的意愿及其影响因素分析［J］. 中国农村经济，(11)：39 - 51.

秦颖，2006. 论公共产品的本质——兼论公共产品理论的局限性. 经济学家，(3)：77 - 82.

任晓红，但婷，王春杨，2018. 农村交通基础设施对农村居民收入的门槛效应分析［J］. 经济问题，(5)：46 - 52，63.

史耀波，2012. 市场提供农村公共产品对农户收入的影响分析［J］. 中国农业大学学报，17（2）：177 - 184.

苏望月，2019. 乡村美·农业强［J］. 中国财经报，01 - 10（4）.

孙磊，陈端颖，2013. 国外农村公共产品供给：借鉴与启示［J］. 农业部管理干部学院学报，(2)：48 - 52.

谭之博，周黎安，赵岳，2015. 省管县改革、财政分权与民生——基于“倍差法”的估计 [J]. 经济学（季刊），14（3）：1093-1114.

唐超，罗明忠，罗琦，2018. 农地流转背景下农村集体经济有效实现形式——基于宿州市三个村实践的比较分析 [J]. 贵州社会科学，（7）：151-157.

唐娟莉，2015. 中国省域农村公共品供给水平测度与比较 [J]. 湖南农业大学学报（社会科学版），16（5）：82-89.

唐丽霞，2020. 乡村振兴背景下农村集体经济社会保障功能的实现——基于浙江省桐乡市的实地研究 [J]. 贵州社会科学，（4）：143-150.

田孟，2019. 发挥民主的民生绩效——村级公共品供给的制度选择 [J]. 中国农村经济，（7）：109-124.

仝志辉，陈淑龙，2018. 改革开放40年来农村集体经济的变迁和未来发展 [J]. 中国农业大学学报（社会科学版），35（6）：15-23.

汪红驹，张慧莲，2006. 资产选择、风险偏好与储蓄存款需求 [J]. 经济研究，（6）.

汪水波，1990. 村级经济建设与管理 [M]. 杭州：杭州大学出版社.

王安才，2009. 关于农村公益事业“一事一议”财政奖补的思考 [J]. 地方财政研究，（5）：19-21.

王凤羽，陈鹏飞，赵晓琳，等，2019. 基于农户视角的“一事一议”财政奖补制度评价研究——以辽宁省为例 [J]. 农业经济问题，（12）：52.

王国华，2004. 农村公共产品供给与农民收入问题研究 [J]. 中央财经大学学报，（1）：1-3，39.

王国华，李克强，2003. 农村公共产品供给与农民收入问题研究 [J]. 财政研究，（1）：46-49.

王会，2020. 沿海发达地区农村集体经济发展的内在性质——从珠三角和苏南农民的地权问题谈起 [J]. 甘肃社会科学，（4）：204-211.

王惠平，2011. 建设新型农村社区是推进城乡一体化的有效切入点——对河南、山东、湖北等新型农村社区改革试点的调研. 农村财政与财务，（10）：17-18.

王景新，2013. 村域集体经济历史变迁与现实发展 [M]. 北京：中国社会科学出版社.

王景新，郭海霞，2018. 村落公共产品供给机制的历史演变与当代创新 [J]. 农业经济问题，（8）：71-81.

王奎泉，范诗强，2011. 农村区域性公共品有效供给的新视角——基于浙江村级公共品供给的调研 [J]. 财经论丛，（4）：35-40.

王孟成、戴晓阳、姚树桥，2010，中国大五人格问卷的初步编制：理论框架与信度分析

[J]. 中国临床心理学杂志，18 (5)：545 - 548.

王庶，岳希明，2017. 退耕还林、非农就业与农民增收——基于21省面板数据的双重差分分析 [J]. 经济研究，52 (4)：106 - 119.

王卫星，黄维健，2012. “一事一议”财政奖补与农村公益事业建设机制研究 [J]. 农村财政与财务，(7)：11 - 15.

王雅丽，2013. 我国个人投资者的人格特征对投资行为的影响 [D]. 济南：山东大学.

王延中，江翠萍，2010. 农村居民医疗服务满意度影响因素分析 [J]. 中国农村经济，(8)：80 - 87.

王振标，2018. 论村内公共权力的强制性——从“一事一议”的制度困境谈起 [J]. 中国农村观察，(6)：12 - 25.

王子成，邓江年，2016. 劳动力外出是否弱化了村级自筹公共投资 [J]. 统计研究，33 (10)：75 - 82.

卫龙宝，凌玲，阮建青，2011. 村庄特征对村民参与农村公共产品供给的影响研究——基于集体行动理论 [J]. 农业经济问题，32 (5)：48 - 53，111.

卫龙宝，伍骏骞，施晟，2012. 农村公共品建设意愿一致性研究——基于我国“十县百村”的实证分析 [J]. 经济理论与经济管理，(1)：89 - 96.

卫龙宝，张菲，2012. 农村基层治理满意程度及其影响因素分析——基于公共物品供给的微观视角 [J]. 中国农村经济，(7)：87 - 98.

温忠麟，叶宝娟，2014. 中介效应分析：方法和模型发展 [J]. 心理科学进展，(5)：731 - 745.

吴自聪，王彩波，2008. 农村公共产品供给制度创新与国际经验借鉴——以韩国新村运动为例 [J]. 东北亚论坛，(1)：72 - 76.

项继权，李晓鹏，2014. “一事一议”财政奖补：我国农村公共物品供给的新机制 [J]. 江苏行政学院学报，(2)：111 - 118.

肖龙，马超峰，2020. 从项目嵌入到组织社会：村级集体经济发展的新趋势及其类型学研究 [J]. 求实，(3)：69 - 83，111 - 112.

徐海霞，2004. 公共财政：经历非典考验 [J]. 北方经贸，(1)：25 - 26.

徐琰超，尹恒，2017. 村民自愿与财政补助：中国村庄公共物品配置的新模式 [J]. 经济学动态，(11)：74 - 87.

徐勇，1997. 村干部的双重角色：代理人与当家人 [J]. 二十一世纪（香港），(8)：12.

徐勇，沈乾飞，2015. 市场相接：集体经济有效实现形式的生发机制 [J]. 东岳论丛，36 (3)：30 - 36.

徐勇，赵德健，2015. 创新集体：对集体经济有效实现形式的探索［J］. 华中师范大学学报（人文社会科学版），54（1）：1－8.

许春芳，曹海林，2019. 农户对“一事一议”财政奖补政策的认同分析——苏北F镇个案调查及启示［J/OL］. 江苏社会科学，（8）：13－15.

许庞，曹海林，2015. 农户对“一事一议”财政奖补政策实施的满意度研究——基于安徽省462家农户的问卷调查数据［J］. 湖南农业大学学报（社会科学版），（2）：85－89.

薛继亮，李录堂，2011. 我国农村集体经济有效实现的新形式：来自陕西的经验［J］. 上海大学学报（社会科学版），18（1）：115－123.

薛继亮，李录堂，罗创国，2010. 基于功能分类视角的中国村集体经济发展实证研究——来自陕西省三大区域494个自然村的经验［J］. 四川大学学报（哲学社会科学版），（5）：126－132.

杨娟，张绘，李实，2013. 中国农村居民的收入与农村特征关系研究［J］. 财政研究，（8）：43－47.

杨良初，2003. 我国公共财政及其职能问题的研究［J］. 财政研究，（9）：14－18.

杨卫军，王永莲，2005. 农村公共产品提供的“一事一议”制度［J］. 财经科学，（1）：181－187.

杨振杰，2020. “一事一议”财政奖补政策：国家目标、地方实践与基层自治［J］. 江汉论坛，（7）：19－24.

姚莲芳，2007. 我国农村公共产品供给研究观点综述［J］. 经济纵横，（5），76－79.

叶文辉，2004. 农村公共产品供给体制的改革和制度创新［J］. 财经研究，（2）：80－88，116.

叶文辉，姚永秀，2009. 新农村建设中公共产品供给模式研究——以云南为例［J］. 经济问题探索，（5）：41－46.

殷光胜，胡灿莉，2011. 西部地区农村公益事业建设财政奖补制度研究——以云南财政奖补制度实践为例［J］. 经济问题探索，（6）：54－58.

尹文静，Ted Mcconnel，2015. 农村公共投资对农民收入影响地域差异的时变分析［J］. 河北经贸大学学报，36（1）：40－45.

于雅璁，王崇敏，2020. 农村集体经济组织：发展历程、检视与未来展望［J］. 农村经济，（3）：10－18.

余丽燕，2015. “一事一议”农村公共产品供给分析——基于福建省的调查［J］. 农业经济问题，（3）：33－40，110.

俞锋，董维春，周应恒，2008. 不同收入水平下农村居民公共产品需求偏好比较研究——

以江苏为例 [J]. 江海学刊, (3): 217-223.

曾福生, 蔡保忠, 2018. 农村基础设施是实现乡村振兴战略的基础 [J]. 农业经济问题, (7): 88-95.

占少华, 2013. 乡村公共治理的六个视角及其问题——兼议“一事一议”财政奖补政策 [J]. 社会科学战线, (10): 221-227.

张俊, 2017. 高铁建设与县域经济发展——基于卫星灯光数据的研究 [J]. 经济学 (季刊), 16 (4): 1533-1562.

张明玖, 翁雪梅, 2020. 乡村振兴背景下农村公共物品供给制度研究——基于法经济学视角 [J]. 云南农业大学学报 (社会科学), 14 (4): 81-87.

张强, 张映芹, 2015. 财政支农对农民人均纯收入影响效应分析: 1981—2013——基于陕西省县际多维要素面板数据的实证 [J]. 西安交通大学学报 (社会科学版), 35 (5): 93-98.

张瑞涛, 夏英, 2020. 农村集体经济有效发展的关键影响因素分析——基于定性比较分析 (QCA) 方法 [J]. 中国农业资源与区划, 41 (1): 138-145.

张晓波, 樊胜根, 张林秀, 等, 2003. 中国农村基层治理与公共物品提供 [J]. 经济学 (季刊), (3): 947-960.

张秀生, 柳芳, 王军民, 2007. 农民收入增长: 基于农村公共产品供给视角的分析 [J]. 经济评论, (3): 48-55.

张勋, 王旭, 万广华, 等, 2018. 交通基础设施促进经济增长的一个综合框架 [J]. 经济研究, 53 (1): 50-64.

张亦弛, 代瑞熙, 2018. 农村基础设施对农业经济增长的影响——基于全国省级面板数据的实证分析 [J]. 农业技术经济, (3): 90-99.

张颖举, 2010. 村级公益事业投资中的政府角色与农民行为 [J]. 改革, (2): 119-122.

张志原, 刘贤春, 王亚华, 2019. 富人治村、制度约束与公共物品供给——以农田水利灌溉为例 [J]. 中国农村观察, (1): 66-80.

张忠明, 钱文荣, 2014. 不同兼业程度下的农户土地流转意愿研究——基于浙江的调查与实证 [J]. 农业经济问题, (3): 19-24, 110.

赵德起, 谭越璇, 2018. 制度创新、技术进步和规模化经营与农民收入增长关系研究 [J]. 经济问题探索, (9): 165-178.

周斌, 2012. 公正视野下的我国农村基础设施建设探讨 [J]. 农村经济, (8): 98-101.

周金燕, 2015. 人力资本内涵的扩展: 非认知能力的经济价值和投资 [J]. 北京大学教育评论, 13 (1): 78-95, 189-190.

周黎安，陈烨，2005. 中国农村税费改革的政策效果：基于双重差分模型的估计［J］. 经济研究，(8)：44－53.

周黎安，陈祎，2015. 县级财政负担与地方公共服务：农村税费改革的影响［J］. 经济学（季刊），14（2)：417－434.

周密，康壮，2019. 村级公共产品筹资方式异质性：基于村干部人格特征的视角［J］. 中国农村观察，(2)：78－92.

周密，刘华，屈小博，等，2017. "一事一议"财政奖补制度对村级公共投资项目的影响［J］. 西北农林科技大学学报（社会科学版），(9)：155－160.

周密，谭晓婷，黄利，等，2018. 村级公共产品自愿性供给问题研究［M］. 北京：中国农业出版社.

周密，张广胜，2009. "一事一议"制度与村级公共投资：基于对 118 位村书记调查的经验分析［J］. 农业技术经济，(1)：88－92.

周密，张广胜，2010. "一事一议"制度的运行机制与适用性研究［J］. 农业经济问题，(2)：38－43，110－111.

周密，张广胜，刘华，等，2017. "一事一议"财政奖补制度实施的双重效应及其协调机制——基于空间计量模型的实证分析［J］. 中国农村经济，(3)：60－73.

周密，张广胜，刘华，等，2017. "一事一议"财政奖补制度实施的双重效应及其协调机制——基于空间计量模型的实证分析［J］. 中国农村经济，(3)：60－72.

周密，赵晓琳，黄利，2019. 村内公共产品筹补结合供给模式的收入及空间效应——基于"一事一议"财政奖补制度的分析［J］. 农村经济，(12)：81－87.

周密，赵晓琳，黄利，2020. "一事一议"财政奖补制度对农村居民收入影响效应研究——基于中国县域面板数据的实证检验［J］. 南方经济，(5)：18－33.

周秀平，刘林，孙庆忠，2006. 精英"化缘型"供给——村级公共产品与公共服务的典型案例分析［J］. 调研世界，(5)：21－24.

朱建江，2020. "三资分置"前提下的农村集体经济发展［J］. 上海经济研究，(3)：5－9.

朱玉春，唐娟莉，郑英宁，2010. 欠发达地区农村公共服务满意度及其影响因素分析——基于西北五省 1478 户农户的调查［J］. 中国人口科学，(2)：82－91，112.

Acemoglu，Daron，James Robinson，2008. Persistence of Power，Elites，and Institutions［J］American Economic Review，98，(1) 267－293.

An Brian，Levy Morris，Hero Rodney. 2018. It's Not Just Welfare：Racial Inequality and the Local Provision of Public Goods in the United States. Urban Affairs Review，54 (5)：833－865.

Athey S, Imbens G W, 2017. The State of Applied Econometrics Causality and Policy Evaluation [J]. Journal of Economic Per-spectives, 31 (2): 3-32.

Baron R M, Kenny D A, 1986. The moderator-mediator variable distinction in social psychological research: Conceptual, strategic, and statistical considerations [J]. Journal of Personality and Social Psychology, 51: 1173-1182.

Brown, S. &K. Taylor, 2014. Household finances and the 'big five' personality traits, Journal of Economic Psychology, (12): 197-212.

Caspi, A. et al, 2005. Personality development: Stability and change, Annual Review of Psychology, 56: 453-484.

Charlery Lindy C., Qaim Matin, Smith-Hall Carsten, 2016. Impact of infrastructure on rural household income and inequality in Nepal. Journal of Development effectiveness, 8 (2): 266-286.

Chen Y, Liu Y, 2011. Rural development evaluation from the angle of territorial function. Journal of Northeast Agricultural University, 18 (1): 67-74.

Cobb-Clark, D. and S, 2012. Schurer. The stability of big-five personality traits, Economics Letters, (1): 11-15.

Corazzini Luca, Faravelli Marco, Stanca Luca, 2010. A Prize to Give For: An Experiment on Public Good Funding Mechanisms. Economic Journal, 120 (547): 944-967.

Costa, P. and R. McCrae, 1992. Four ways five factors are basic, Personality and Individual Differences, (6): 653-665.

Du J M., Wang B K. 2018. Evolution of Global Cooperation in Multi-Level Threshold Public Goods Games With Income Redistribution. Frontiers in Physics, 6 (3).

Edwards J R., Lambert L S, 2007. Methods for integrating moderation and mediation: A general analytical framework using moderated path analysis [J]. Psychological Methods, 12: 1-22.

Elhorst, J. P. and S. Fréret, 2009. Evidence of Political Yardstick Competition in France Using a Two-regime Spatial Durbin Model with Fixed Effects [J]. Journal of Regional Science, 49 (5): 931-951.

Feng K L, Zhang J H, Huang Y W, 2009. Review of China's agricultural integration development: 1978-2008. Agricultural Economic Review, 1 (4): 459.

Galderon C, Seven L, 2004. The effects of infrastructure development on growth and income distribution. World Bank Policy Research Working Paper.

Gherzi, S. et al, 2014. The meerkat effect: Personality and market returns affect investors' portfolio monitoring behavior, Journal of Economic Behavior&Organization, (11): 512 - 526.

Gravel N; Michelangeli A, Trannoy A, 2006. Measuring the social value of local public goods: an empirical analysis within Paris metropolitan area. Applied Economics, 38 (16): 1945 - 1961.

Guo Xiaoyan, Dong Zhiyun, Li Guanghui. 2015. Analysis on Financial Capital Efficiency of Supply of Public Products in New Rural Construction. Advances in Social Science Education and Humanities Research, 30: 699 - 703.

Heineck, G. and S, 2010. Anger, The returns to cognitive skills abilities and personality traits in Germany, Labour Economics, 17 (3): 535 - 546.

Johnson M, Fornell C, 1991. A frame work for comparing customer satisfaction across individuals and product categories. Journal of Economic Psychology, Vol. 12, 5: 267 - 286.

June Sekera, 2013. The Hidden Products of Public Service.

KHWAJA A, 2004. Is increasing community participation always a good thing? [J]. Journal of the European Economic Association, 2 (3): 427 - 436.

KHWAJA A, 2009. Can good projects succeed in bad communities? [J]. Journal of Public Economics, 93 (7): 899 - 916.

Martinez - Bravo, 2011. M; Qian, N. andYang, Y.: DoLocalElectionsinNon - democracies Accountability? Evidence from Rural China, NBER Working Paper No. 16948.

McCrae, R. et al, 2000. Nature over nurture: Temperament, personality, and life span development, Journal of Personality and Social Psychology, 78 (1): 173 - 186.

Meng Xin, Wu Harry X. 1998. Household income determination and regional income differential in rural China. Asian Economic Journal, (1): 65 - 88.

Michael Pickhardt. 2006. Fifty Years after samuelson's "The pure theory of Public Expenditure" what are we left with.

Mondal Debasis. 2015. Private provision of public good and immiserizing growth. Social Choice and Welfare, 45 (1): 29 - 49.

Murrell, P., K. T. Dunn, and G. Korsun, 1996. The Culture of Policy - Making in the Transition from Socialism: Price Policy in Mongolia [J]. Economic Development & Cultural Change, 45 (1): 175 - 194.

Pang Hui, Zhou Mi. 2013. Voluntary Provision of Village Level Public Goods, Advanced

Social Science Letters，(3)：248 - 251.

Patterson，F. and R，2014. Daigler，The abnormal psychology of investment performance，Review of Financial Econonmics，23 (2)：55 - 63.

Pei Z.，Wang B.，Du J. 2017. Effects of income redistribution on the evolution of cooperation in spatial public goods games. New Journal of Physics，19.

Ramón López，Gregmar I. Galinato，2007. Should governments stop subsidies to private goods? Evidence from rural Latin America，Journal of Public Economics，(6)：1071 - 1094.

Roberts，B，2009. Back to the future：Personality and assessment and personality development，Journal of Research in Personality，43 (2)：137 - 145.

Sajid Anwar，1997. Public Consumer Goods，Output - generated Variable Returns，and Labor Supply [J].

Samuelson，1954. The Pure Theory of Public Expenditure [J]. The Review of Economics and Statistics，36 (4)：387 - 389.

Sun Yongxiu，Cao Zhenglin. 2012. Study on the Influences the Supply of Rural Public Goods for Poverty - Supporting Have on Farmer's Income：An Example from Kai County in Chongqing. Proceedings of the 2012 International Conference on Management Innovation and Public Policy (ICMIPP 2012)，VOLS 1 - 6：1742 - 1746.

Sébastien Dessus，Rémy Herrera. 2000. Public Capital and Growth Revisited：A Panel Data Assessment. Economic Development and Culture Change，(2)：407 - 418.

Tao Biaohong，Kang Canhua. 2009. An Analysis of the Effective Supply of Rural Public Goods under the Situation of New Countryside Construction. Social Issues and Economic Policies，1：289 - 290.

Thomas Wolf. Taxation. 2008. public goods，and public trust：it's not just about the economy.

Wang GG，Wang ML，Wang JY，et al.，2005. Spatiotemporal characteristics of rural economic development in Eastern Coastal China. Sustainability，7 (2)：1542 - 1557.

Wolfgang Buchholz，Wolfgang Peters，2001. The Overprovision Anomaly of Private Public Good Supply [J].

Wu，Y. and J. Zhu，2016. When Are People Unhappy? Corruption Experience，Environment and Life Satisfaction in Mainland China" . Journal of Happiness Studies Vol，17 (3)：1125 - 1147.

Yang Hongyan. 2018. Income redistribution and public goods provision under tax competition. Journal of Urban Economics, 104: 94-103.

Zhang, G., Zhou M., 2010. Voluntary Provision of Village Level Public Goods: From the View of "One Case One Meeting" System, China Agricultural Economic Review, 2 (4): 484-494.

Ziblatt D, 2008. Why some cities provide more public goods than others: a subnational comparison of the provision of public goods in german cities in 1912 [J]. Studies in Comparative International Development, 43 (3): 273-289.

POSTSCRIPT 后 记

本书是辽宁省社科基金重点课题“辽宁省乡村振兴战略实施现状评价及优化策略”（项目编号：L19AGL011）的阶段性研究成果，在数据搜集、成果交流等过程中受到上述相关项目的资金支持。

项目研究过程中，我们始终奉行认真、严谨、前瞻和系统性的原则，一方面，力求紧扣项目的研究内容、研究思路和目标承诺，由浅入深、由点及面，确保研究成果质量；另一方面，紧密联系社会发展现状，洞察社会发展脉络，力求研究中所使用的数据、资料及方法、理念等既不落伍，又能够符合农村社会发展实际，确保研究结论的可靠性和可信性，以及对策研究的系统性和有效性。

在本书的撰写过程中，著者克服统计数据和同类可借鉴学术研究成果不足的困难，花费大量时间精力进行实地调研，取得了许多珍贵的数据，并召开专家论证会和学术研讨会，在深刻分析我国村级公共产品供给现状的基础上，提出了今后我国村级公共产品供给制度的完善对策，具有较强的应用价值。相信本书的研究成果能够给政府相关部门的决策者以参考和启发，也能够为后续研究奠定较为坚实的基础。

本书顺利完成还要归功于团队成员的共同努力，他们是沈阳农业大学经济管理学院研究生赵晓琳、康壮、吴青远、李鸣、杨钧慧、刘婧雯、吴恒、陈书鹏、马震龙等，他们不同程度地参加了本书的写作，在此对他们付出的巨大努力深表感谢。

由于水平和时间所限，书中难免有疏漏和不当之处，敬请读者批评、指正。

著 者

2021 年 4 月

图书在版编目（CIP）数据

村级公共产品自愿性供给问题研究．Ⅱ，“一事一议”财政奖补制度的运行机制及影响效应 / 黄利等著．—北京：中国农业出版社，2021.8

ISBN 978-7-109-28843-0

Ⅰ.①村… Ⅱ.①黄… Ⅲ.①农村－公共物品－供给制－研究－中国②农村－社会主义民主－建设－研究－中国 Ⅳ.①F299.241②D638

中国版本图书馆 CIP 数据核字（2021）第 209198 号

中国农业出版社出版

地址：北京市朝阳区麦子店街 18 号楼

邮编：100125

责任编辑：王秀田　　文字编辑：张楚翘

版式设计：王　晨　　责任校对：沙凯霖

印刷：北京中兴印刷有限公司

版次：2021 年 8 月第 1 版

印次：2021 年 8 月北京第 1 次印刷

发行：新华书店北京发行所

开本：700mm×1000mm　1/16

印张：20.5

字数：310 千字

定价：50.00 元